大数据技术及行业应用

许云峰　徐　华　张　妍　王杨君　马　瑞　著

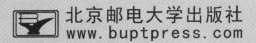

北京邮电大学出版社
www.buptpress.com

图书在版编目(CIP)数据

大数据技术及行业应用 / 许云峰等著. --北京:北京邮电大学出版社,2016.8(2018.8重印)
ISBN 978-7-5635-4918-4

Ⅰ.①大… Ⅱ.①许… Ⅲ.①数据处理 Ⅳ.①TP274

中国版本图书馆 CIP 数据核字(2016)第 199031 号

书　　　名：	大数据技术及行业应用
著作责任者：	许云峰　徐华　张妍　王杨君　马瑞　著
责 任 编 辑：	王丹丹
出 版 发 行：	北京邮电大学出版社
社　　　址：	北京市海淀区西土城路 10 号(邮编:100876)
发 　行 　部：	电话:010-62282185　传真:010-62283578
E-mail：	publish@bupt.edu.cn
经　　　销：	各地新华书店
印　　　刷：	北京玺诚印务有限公司
开　　　本：	787 mm×1 092 mm　1/16
印　　　张：	16.5
字　　　数：	469 千字
版　　　次：	2016 年 8 月第 1 版　2018 年 8 月第 2 次印刷

ISBN 978-7-5635-4918-4　　　　　　　　　　　　　　　定　价:35.00 元
·如有印装质量问题,请与北京邮电大学出版社发行部联系·

序 一

  自从世界上第一台真正意义上的电子计算机 ENIAC 在宾夕法尼亚大学的诞生开始,数据的存储与组织就成为了计算机技术走向实际应用过程中的一个重要课题。在随后的整整七十年间,以通过高效处理解决实际应用问题为目标的计算机科学得到了长足的发展,但在增长速度的赛跑中,存储器硬件的容量远远地被应用问题的规模甩在后面。进入新世纪后,随着这一矛盾在多样性、价值、速度等方面的日益突出,迫切需要综合已有技术给出系统性的、可扩展的解决方案,而大数据理论与方法也自然地应运而生。

  近十年来,这方面的专著、教材层出不穷,但摆在案头的这本《大数据技术及行业应用》却在很多方面令人耳目一新。该书的五位联合作者虽非名声显赫,但都是来自国内著名高校的青年才俊,他们活跃在大数据科学的技术前沿,同时善于汲取与融合来自工业界的先进工程经验和学术界的宝贵学术资源。其中首章简明地介绍了大数据的基本理论,辨析了相关的重要概念和理念。接下来的三章,从私有平台、虚拟化平台、综合性平台等层面系统介绍了现有的成熟技术方法。最后七章是本书的重点,依次剖析了大数据技术在图算法、环境科学、药物数据聚类、电子商务、社交网络、文本挖掘与情感分析、电力系统控制等领域的具体应用。透过这些应用,读者应该能够生动地看到大数据技术也已取得的巨大成效,以及未来发展的广阔前景。

  祝贺五位作者的这次成功合作,更祝愿他们能在这一领域继续前行,探索和发展出更多的新方法、新技术。

  是为序。

邓俊辉
2016 年 8 月于清华园

序 二

2010年，随着中国进入"移动互联网元年"，中国正式进入了移动端设备的全面上网时代。与传统互联网相比，移动互联网解决了任何人、任何时间、任何地点以多种方式上网的问题。伴随着移动互联网的普及，人与人之间、人与物之间、物与物之间实现了全面的互联互通。通过移动互联网，我们可以获得人和人之间互联的社交数据（微博、微信等）、人和物之间互联的行为数据（上网日志信息等）、物与物之间互联的环境数据（智能家居设备采集的环境数据等）。由于通过移动互联网采集的这些数据，具有高容量(Volume)、高生成速度(Velocity)、多样性(Variety)，同时具有潜在的应用价值(Value)等特点，所以我们常常称之为"大数据"。为了解决"大数据"的存储管理和计算难题，信息技术领域近些年深入研发了"云"计算技术。"互联网＋"正是在这样一个如何综合利用大数据，实现移动互联网与各个传统行业的深度融合与创新的背景下应运而生的。

互联网技术与应用的发展对于高校和IT行业，特别是信息技术专业领域的学生和工程技术人员，提出了掌握大数据的处理方法与技术的基本要求。本书正是针对这样一个技术与应用发展背景下的要求，系统性的介绍了大数据的相关概念、大数据平台的搭建与综合解决方案，以及国内相关领域的研究学者在环境、医药、电子商务、社交网络、文本挖掘和电力系统等分支领域的应用研究成果。

作为教育部支持的高级访问学者，许云峰老师曾在我所在的清华大学智能技术与系统国家重点实验室从事了为期一年的高级访问学者研究工作，重点研究了基于社交网络数据的社群发现算法。作为近年来在国内互联网社交数据挖掘与分析方面较为活跃的研究学者，他陆续在KBS和ESWA等国际期刊上发表了系列化社群发现的研究成果。本书既是对许云峰老师过去多年来在大数据应用方面的技术总结，也是将他对大数据技术的应用经验分享给相关同学和技术人员的一个很好的形式。相信各位读者能够从中熟悉大数据技术的深刻内涵。

徐华

2016年8月于清华园

前　言

如何定义大数据？如何应用大数据？什么是大数据思维？如何学习大数据？如何构建大数据平台？如何在行业中应用大数据？这一系列的问题，是当前在大数据热的时代背景里，让人感到非常迷茫的问题。本书直面这些问题，以从业者角度解答以上问题，希望能给大数据行业的初学者提供一些帮助。当然我们的观点并不是放之四海而皆准的唯一真理，随着大数据行业的发展，会有更全面的答案出现。希望这本书能起到抛砖引玉的作用。

本书第1章阐述了大数据的相关概念。第2章讲解了基于Hadoop的私有云平台搭建案例。第3章讲解了基于OpenStack和Docker的大数据平台的基础虚拟化平台搭建。第4章讲解了基于CDH和HDP的大数据平台搭建。第5章讲解了基于Spark平台的大数据处理应用，并展示了图挖掘中的经典案例。第6章讲解了大数据技术在环境科学中的应用案例。第7章讲解了一个大数据在DrugBank药物数据库聚类方面的应用案例。第8章讲解了一个大数据在电子商务数据分析中应用的案例。第9章讲解了一个大数据思维在社交网络数据分析中应用的案例。第10章讲解了大数据技术在情感分类中应用的案例。第11章讲解了大数据技术在电力数据分析中应用的案例。本书的案例虽然不能囊括大数据应用的所有领域，但是从不同的角度回答和解决了大部分人在当前大数据环境下面临的问题和挑战。

本书由清华大学、上海大学、河北科技大学、国网河北电科院等科研院所的一线教师和高级工程师合著。其中，许云峰完成了第1章、第7章和第9章。徐华完成了第10章，张妍和赖杰合作完成了第3章、第4章、第5章。王杨君完成了第6章。马瑞、陈二松和范辉共同完成了第11章。许云峰和陈书旺共同完成了第2章。许云峰和李媚共同完成了第8章。

本书由清华大学MOOC著名教育专家邓俊辉老师和清华大学智能技术国家重点实验室徐华老师倾情作序，邓老师多次入选清华大学我印象最深的十大教师（毕业生评选），徐华老师是我在清华访学期间的指导老师。两位老师治学严谨，是我学习的典范，在此表示深深的感谢。

本书得到来自工业界同行的宝贵意见和建议，他们是：阿里数据经济研究中心常务副主任兼秘书长潘永花，腾讯企业云架构师 潘晓东，百度 云服务架构师 董月照，51talk大数据专家资深架构师郝伟瑞、刘会山，央视网高级数据分析师孙泉，昆仑万维苗雨顺，北京星立方科技发展股份有限公司周长亮，北京图森王路，在此表示诚挚的感谢。感谢参加本书编辑和实验工作的同学，他们是：周莹莹、白云、么学媛、赖杰、俞孝聪、胡江涛、肖明美、刘芳彤、温亚东、李书航、刘利平。同时河北科技大学信息学院张建林书记对本书的悉心雅正，感谢石家庄京华电子实业有限公司远松灵总经理提供部分应用场景支持。

全书共47.9万字，许云峰完成了16.9万字，徐华完成了8.2万字，张妍完成了12.1

万字,王杨君完成了 3.7 万字,马瑞完成 1 万字,陈书旺完成 1 万字,李媚完成 1 万字,陈二松完成 1 万字,范辉完成 1 万字,许云岭完成 1 万字。赖杰等完成了 1 万字。

本书在初稿完成后,经多位工业界和学术界同行审阅,获得大家普遍认可。同时各位专家学者也提出了很多宝贵的意见和建议,我们做了对应修改,但是由于时间仓促,难免会有疏漏。在本书付梓之际,本人诚惶诚恐,失眠多日,但是在探寻真知的过程中偶得的宝贵知识和经验不敢私藏,所谓"愚者千虑,必有一得",希望本书中的工程经验和学术观点能够对广大读者有所启发,并起到抛砖引玉的效果。同时欢迎读者与我们交流,并提出宝贵意见,联系信息如下。

本书官方公众号:大数据技术及行业应用

本书官方网站:http://dxmall.com.cn:2016
作者邮箱:sjzxuyunfeng@126.com

许云峰
2016 年 8 月于河北科技大学

目　录

第1章　大数据相关概念 ... 1
1.1　什么是大数据？ ... 1
1.2　大数据有多大？ ... 3
1.3　大数据是一种思维方式 ... 3
1.4　大数据思维的应用案例 ... 4
1.5　大数据是如何产生的？ ... 6
1.6　美国和中国的大数据产业生态系统 ... 6
1.7　如何学习大数据技术 ... 7
本章小结 ... 8
参考文献 ... 8

第2章　搭建私有大数据处理平台 ... 10
2.1　FreeBSD 操作系统安装 ... 10
2.2　基础软件安装 ... 11
2.2.1　安装 Java 运行环境 ... 11
2.2.2　安装 bash ... 11
2.3　Hadoop 安装配置 ... 11
2.3.1　系统规划 ... 11
2.3.2　配置 conf/masters、conf/slaves 文件 ... 12
2.3.3　Hadoop 安装 ... 12
2.4　Hadoop 开发环境配置 ... 16
2.4.1　编译 Hadoop-eclipse-plugin-1.1.2.jar 插件 ... 16
2.4.2　eclipse 配置 ... 17
2.4.3　测试 ... 17
2.5　Hadoop 升级 ... 18
2.6　Zookeeper 安装 ... 19
2.6.1　在 FreeBSD 上安装 Zookeeper ... 19
2.6.2　启动并测试 Zookeeper ... 20

2.7　HBase 安装配置 …………………………………………………………… 21
2.8　FreeBSD 上网配置 ………………………………………………………… 26
　2.8.1　VPN 上网配置 ………………………………………………………… 26
　2.8.2　网页认证上网配置 …………………………………………………… 27
2.9　配置杀毒软件 ……………………………………………………………… 28
本章小结 ………………………………………………………………………… 29

第 3 章　大数据平台虚拟化解决方案 …………………………………………… 30

3.1　Ubuntu 上安装 Docker …………………………………………………… 30
　3.1.1　Docker 简介 …………………………………………………………… 30
　3.1.2　Docker 安装 …………………………………………………………… 31
　3.1.3　Docker 镜像相关命令 ………………………………………………… 31
　3.1.4　Docker 容器相关命令 ………………………………………………… 32
　3.1.5　Dockerfile 创建镜像 …………………………………………………… 34
　3.1.6　Docker 实现 Spark 集群 ……………………………………………… 36
　3.1.7　Docker 集中化 Web 界面管理平台 shipyard ……………………… 41
　3.1.8　DockerUI ……………………………………………………………… 43
3.2　OpenStack 搭建 ……………………………………………………………… 45
　3.2.1　下载工具和镜像 ……………………………………………………… 45
　3.2.2　配置网桥 ……………………………………………………………… 46
　3.2.3　安装 fuel ……………………………………………………………… 47
　3.2.4　安装 OpenStack 平台 ………………………………………………… 49
　3.2.5　使用 OpenStack 平台 ………………………………………………… 54
本章小结 ………………………………………………………………………… 61
参考文献 ………………………………………………………………………… 61

第 4 章　大数据平台解决方案 …………………………………………………… 62

4.1　大数据平台比较 …………………………………………………………… 62
4.2　CDH 大数据平台搭建 ……………………………………………………… 63
　4.2.1　Cloudera Manager 安装 ……………………………………………… 63
　4.2.2　添加服务 ……………………………………………………………… 64
4.3　HDP 大数据平台搭建 ……………………………………………………… 74
　4.3.1　部署 Ambari …………………………………………………………… 75
　4.3.2　用 Ambari_web 部署 HDP 平台 ……………………………………… 78
本章小结 ………………………………………………………………………… 86

第 5 章　Spark 在大数据处理中的应用 ………………………………………… 87

5.1　Spark 集群搭建 ……………………………………………………………… 87

5.1.1　Scala 在 Ubuntu 下的安装和配置 …………………………………… 87
　　5.1.2　Spark 集群搭建 …………………………………………………… 88
　　5.1.3　Spark 集群启动测试 ……………………………………………… 89
　5.2　Spark-shell 统计社交网络中节点的度 …………………………………… 90
　　5.2.1　启动 HDFS 和 Spark ……………………………………………… 90
　　5.2.2　运行 Spark-shell …………………………………………………… 91
　　5.2.3　统计社交网络中节点的度 ………………………………………… 92
　5.3　Spark GraphX …………………………………………………………… 94
　　5.3.1　属性图 ……………………………………………………………… 95
　　5.3.2　图操作 ……………………………………………………………… 98
　　5.3.3　构建图 ……………………………………………………………… 108
　　5.3.4　图计算相关算法 …………………………………………………… 109
　　5.3.5　GraphX 图计算实例 ……………………………………………… 112
本章小结 ………………………………………………………………………… 113
参考文献 ………………………………………………………………………… 113

第 6 章　大数据技术在环境科学中的应用 …………………………………… 115
　6.1　大气环境科学的数值模式的介绍 ………………………………………… 115
　　6.1.1　气象模式 …………………………………………………………… 115
　　6.1.2　区域空气质量模式 ………………………………………………… 119
　6.2　高分辨率实时观测的大数据 ……………………………………………… 127
本章小结 ………………………………………………………………………… 128
参考文献 ………………………………………………………………………… 128

第 7 章　大数据在 DrugBank 药物数据库聚类方面的应用 ………………… 130
　7.1　简介 ………………………………………………………………………… 130
　7.2　开发环境及编程语言 ……………………………………………………… 133
　7.3　算法设计 …………………………………………………………………… 134
　　7.3.1　算法设计流程 ……………………………………………………… 134
　　7.3.2　相似度的计算 ……………………………………………………… 135
　7.4　算法实现 …………………………………………………………………… 138
　　7.4.1　文件的解析 ………………………………………………………… 138
　　7.4.2　对靶标、作用酶的分析 …………………………………………… 138
　　7.4.3　对分子中原子百分比的处理过程 ………………………………… 140
　　7.4.4　结果的整合 ………………………………………………………… 145
　　7.4.5　最终结果展示 ……………………………………………………… 146
本章小结 ………………………………………………………………………… 147

参考文献 ·· 148

第8章 大数据在电子商务数据分析中的应用 ························· 150

8.1 研究现状 ·· 150
8.2 相关技术及概念 ·· 151
8.2.1 网络爬虫 ·· 151
8.2.2 HtmlUnit 工具包 ·· 152
8.2.3 Mahout ··· 152
8.2.4 朴素贝叶斯算法 ·· 152
8.2.5 文档向量 ·· 153
8.2.6 TF-IDF 改进加权 ··· 153
8.2.7 中文分词 ·· 154
8.3 需求分析 ·· 154
8.3.1 系统功能 ·· 154
8.3.2 系统界面 ·· 156
8.4 概要设计 ·· 157
8.4.1 系统模块设计 ··· 157
8.4.2 数据库设计 ·· 158
8.5 详细设计 ·· 162
8.5.1 用户登录模块 ··· 162
8.5.2 爬虫管理模块 ··· 163
8.5.3 算法管理模块 ··· 165
8.5.4 用户管理模块 ··· 166
8.6 系统测试 ·· 167
8.6.1 训练集准备 ·· 167
8.6.2 新数据准备 ·· 168
8.6.3 训练模型 ·· 170
8.6.4 数据分类 ·· 171
8.6.5 分类结果分析 ··· 171
本章小结 ··· 173
参考文献 ··· 173

第9章 大数据技术在社交网络研究中的应用 ·························· 174

9.1 社区发现研究简介 ··· 174
9.2 社区发现相关研究工作 ·· 175
9.2.1 相关工作 ·· 176
9.2.2 研究动机 ·· 177

9.3 模型与问题的形式化 …… 177
9.3.1 社区森林模型 …… 177
9.3.2 问题形式化 …… 179
9.4 骨干度算法 …… 180
9.4.1 骨干度算法框架 …… 181
9.4.2 算法的时间复杂度 …… 183
9.4.3 算法比较 …… 183
9.5 实验分析 …… 183
9.5.1 数据集 …… 183
9.5.2 一个特定人际关系网络的测试 …… 186
9.5.3 Zachary 的空手道俱乐部测试 …… 187
9.5.4 美国大学橄榄球队 …… 189
9.5.5 安然电子邮件公司数据集 …… 189
9.5.6 DBLP 合作网络 …… 191
9.5.7 结论 …… 192
本章小结 …… 192
参考文献 …… 193

第 10 章 大数据技术在文本挖掘和情感分类中的应用 …… 195
10.1 研究综述 …… 195
10.1.1 基于产品特征的观点挖掘研究 …… 195
10.1.2 产品评论结构化信息抽取方法 …… 198
10.1.3 评论信息分类相关研究方法 …… 200
10.2 评论文本的结构化信息抽取 …… 202
10.2.1 产品特征抽取 …… 202
10.2.2 基于关联规则抽取评论的隐式特征 …… 203
10.2.3 基于监督学习抽取评论的隐式特征 …… 207
10.3 情感分类研究综述 …… 209
10.3.1 基于词典与语言规则进行情感分类 …… 209
10.3.2 观点挖掘结果归纳 …… 213
10.4 算法评估结果与分析 …… 215
10.4.1 隐式特征抽取实验结果及分析 …… 215
10.4.2 篇章粒度情感分类实验结果及分析 …… 221
10.4.3 语句粒度情感分类实验结果及分析 …… 222
本章小结 …… 224
参考文献 …… 224

第11章 大数据技术在电力系统中的应用 …… 228

11.1 一种云可视化机网协调控制响应特性数据挖掘方法 …… 228
11.1.1 技术领域 …… 229
11.1.2 背景技术 …… 229
11.1.3 方案内容 …… 229

11.2 基于电力数据分析的河北南网电力市场化风险对冲方法 …… 231
11.2.1 电网对发电侧市场化风险对冲分析 …… 232
11.2.2 电网对用电侧市场化风险对冲分析 …… 233
11.2.3 基于方差偏离规律的统计套利对冲方法 …… 236

本章小结 …… 237

附录 FreeBSD 操作系统安装 …… 238

大数据实验教程

第1章 大数据相关概念

大数据就是互联网发展到现今阶段的一种表象或特征而已,我们无须神化它或对它保持敬畏之心,在以云计算为代表的技术创新大幕的衬托下,这些原本很难收集和使用的数据开始容易被利用起来了,通过各行各业的不断创新,大数据会逐步为人类创造更多的价值。

1.1 什么是大数据?

大数据并不是一个新的概念,大数据其实是随着计算机技术、通信技术、物联网技术的发展而必须面对的一个普遍的问题。类似计算机发展史上的软件危机,信息技术每发展到一定阶段就会遇到数量太大处理不了的问题,可以说大数据是一种信息技术发展的现象。20世纪60年代,随着商业软件的发展,原来的文件已经不能满足商业数据存储的要求,于是产生了关系型数据库。相对于当时的传统文件,关系型数据库是一种处理大数据的经典解决方案。戏剧性的是,随着互联网技术的发展,传统数据库也已不能解决对互联网文档数据的存储,于是产生了基于文档应用的NoSQL技术。可见在信息技术发展的过程中,人类在不停面对来自大数据的挑战。

麦肯锡咨询公司最早提出大数据时代的到来:"数据,已经渗透到当今每一个行业和业务职能领域,成为重要的生产因素。人们对于海量数据的挖掘和运用,预示着新一波生产率增长和消费者盈余浪潮的到来。"IBM将大数据的特征归纳为4个"V":量(Volume),多样(Variety),价值(Value),速度(Velocity)。特点有四个层面:第一,数据体量巨大。大数据的起始计量单位至少是P(1 000个T)、E(100万个T)或Z(10亿个T);第二,数据类型繁多。比如,网络日志、视频、图片、地理位置信息等;第三,价值密度低,商业价值高;第四,处理速度快。

麦肯锡咨询公司最早给出了大数据的定义:大数据是超过传统数据库工具的获取、存储、分析能力的数据集,并不是超过TB的才叫大数据。维基百科对大数据的定义:大数据是指无法在可承受的时间范围内用常规软件工具进行捕捉、管理和处理的数据集。作为多年从事数据处理工作的IT从业者,我们给出的大数据定义是:大数据是超出传统数据库工具、传统数据结构、传统程序设计语言、传统编程思想的获取、存储、分析能力的数据集。本书对大数据定义的补充是基于我们在长期的大数据处理中遇到的一些具体挑战而总结出的。

（1）关于传统数据库的局限。我们都知道 Oracle 数据库是大家常用的企业应用数据库。但是对于现在的一个小的物流公司来说，使用这个 Oracle 已经不能满足他们获取、存储、分析能力的需求。我们不妨分析下：对于一个二线城市中的一个小物流中心来说，每天保守地说如果是 1 万件的吞吐量，那么在数据库中会至少产生 1 万条记录，一年就会产生 365 万条记录，3 年就是 1000 万多条数据。对于千万级数据的调优，需要一个工作 5 年以上的数据库工程师才能胜任，据了解这样一个工程师的年薪应该是 20 万元以上，那么对于一个小的物流公司负担这样的薪水就有些困难了，所以大部分小物流公司对这些物流数据的处理措施是定期删除数据，但是这些数据其实是蕴含着非常宝贵的商业价值的。如果采用大数据时代的数据库管理工具，比如 MongoDB 等，那么成本就会降低很多，当然会使用基于大数据需求的数据库管理工具的人才也是非常难找，目前只有一些重点大学成立了大数据专业，比如清华大学的大数据学院等。

（2）关于传统数据结构的局限。大数据时代的数据具有 4V 的特性，数据类型繁多，数据量大，要求处理速度快，基于内存操作，因而传统的数据结构必须经过优化创新才能适应大数据时代的应用需求。例如 Google 的 BigTable 技术，Apache 软件基金会的 HDFS 文件结构，Mahout 中的数据结构，HIVE 数据库，学术界的热点知识图谱技术，这些都是顺应大数据时代而生的大数据时代的数据结构。这些数据结构相比与传统编程语言中的数组、结构体、ArrayList、HashMap 等数据结构具有更好地适应大数据 4V 特点的特性。现在已经广泛应用的大数据的数据结构都是根据大数据的具体应用场景进行优化和创新的，例如 Mahout 中的 FastByIDMap、FastIDSet 和 GenericItemPreferenceArray 等，相对于单机环境的 Java Collections 框架，它们降低了对内存的占用（欧文，2014）。

（3）关于传统的程序设计语言的局限。大数据应用环境下，产生了许多新兴的编程语言，如 R 语言、Python、Scala 等，这些语言天生具有操作分布式计算环境和进行机器学习运算的基因。以 R 语言为例，其完成一个逻辑回归分析并生成图像，大概只需要 5 行代码，而 Java 和 C# 却需要调用 N 多类库，写上数十行程序。Python 和 Scala 可以轻松操作 Hadoop 和 Spark 平台，而这些在 C# 和 Java 环境中，需要 N 多的类库和配置，再加上数十行代码。

（4）关于传统编程工具中的报表、datagrid 等控件的数据展示能力的局限。如需要展现上万个节点之间的关系，使用水晶报表或者 JFreeChart 是无法完成用户需求的，需要 EChart、Three.js 等大数据时代的报表工具。

（5）关于传统编程思想的局限。Jeffrey Scott 等提出在大数据环境下传统的编程思想和框架产生了瓶颈（Vitter，2008），因为传统的编程思想和框架将寄存器、缓存、内存、磁盘统一编址，是基于所有的存储器具有相同访问时间的假设（Vitter，2008）。因而用这样的思想来处理大数据，会造成效率低下，并且在这种框架和编程思想下开发的应用程序不能适应大数据时代的应用。例如对 600 万条数据做一次查询需要十几秒，如果采用大数据时代的编程思想，可以将查询控制在毫秒级别，当然还有服务器配置高低的问题，这里我们讨论的是在相同的运算环境下。

综上所述，我们概括了传统数据库、数据结构、程序设计语言、编程思想的局限，提出了大数据的定义。

1.2 大数据有多大？

大数据到底有多大？这个问题在大数据的定义里是可以界定的，大数据的大是相对于传统的数据库、编程语言、数据结构、编程思想和框架的处理能力的大，但是相对于现在的数据增长来说，以前的工具、思想、方法都是传统的。当遭遇新的智能硬件革命、新技术浪潮的时候，现在的技术工具方法等又会在未来成为传统的且阻碍潮流发展的。因而大数据的大是一个相对的大，人类在未来世界里会不断地遭遇大数据的问题，从而会有新的解决方案提出。因而大数据不是一个新问题，会是一个一直存在的问题。

1.3 大数据是一种思维方式

在大数据环境下，程序员、决策者、领导层等，应该具有大数据的思维方式，为什么要这么说？我们接触过教师、官员、企业主、金融从业人员、互联网从业者等很多人，发现很多人存在以下的几个思维定式：(1)认为大数据就是将传统的经验知识应用到海量数据里去，当然这是应用大数据的一种方式，但是大数据其实是可以展示很多现象的，这些现象中有人类在传统数据环境下不能发现的客观规律。如果一味地坚持已有知识的应用，而错过从全局角度去发现、理解大数据现象下新的客观规律，就如同一叶障目不见泰山。(2)习惯将传统的思维方式带入到大数据应用环境中。举个例子，一个编程能力很强的研究生在数据采集过程中总是很苦恼，工作进度很慢，我很奇怪，就问他为什么这么苦恼？进度这么慢，这明显不是他的风格。他告诉我说，在大数据采集过程中，总有一些网站出现莫名其妙的异常，而且这些异常超出了正常的逻辑。他一直试图把这些异常解决掉，但总是解决不了，所以耽误了进度。其实这个学生陷入一个传统程序设计思维在大数据应用场景下的误区。因为大数据采集过程中的异常来源是非常广泛的，如网络异常、网站改版、各种 Web 服务器的访问策略异常等，有的是人为的，有的是硬件的，还有的是软件造成的。传统程序设计思维因处理的应用场景单一，异常是可控的，程序员可以将程序写得非常完美，但是在大数据环境下，一天可能有上亿条数据的吞吐量，并且应用场景复杂，因而个别数据的不完整是可以忽略不计的，因为大数据观察的是大趋势、大方向，个例的差异是可以忽略的，如果一味地追求程序的完美，要处理所有异常，相对于大数据价值密度低、整体价值高的特点，在时间成本和用人成本上是得不偿失的。

由此可见，大数据环境下的数据思维方式是需要慢慢建立和适应的。那么大数据思维是什么？大数据思维主要包括两个方面：(1)从什么角度看数据。(2)怎样使用数据。

第一方面，大数据时代的到来，使人类以史无前例的低成本去获取和利用数据，人类的本能是利用已有的知识和经验去理解、分析和利用这些数据，但是所有新事物的出现都会带来新科学规律的发现，例如天文望远镜的出现使人类可以更直观地观测宇宙，而抛弃了原来的猜想方式，发现了木星的四个卫星等客观规律。大数据时代的到来，肯定会帮助人类发现新的客观规律。例如，我们依赖大数据技术和可视化技术对社交网络进行研究，从而更精准地对社区概念进行定义(Xu,Xu et al. 2015)。可见大数据可以给人类一个更有高度、更全局的观察视角对客观世界进行分析和发现。

第二方面,怎样使用大数据。首先要明确使用大数据的目的是解决问题、发现规律,那么如何根据要解决的问题去使用大数据?我们就需要使用数据的方法,通常我们叫作量化的方法。所谓量化的方法,就是解决问题的过程要可衡量、可评估、有明确的定义。车品觉等提出了PIMA定义(车品觉,2014):要解决的问题是什么,或者说目的是什么?(P);在要达到的这个目的的过程中要有非常明确的定义(I);在解决问题的过程中用的手段必须是可以量化的(M);解决问题的结果是可以评估的(A)。这实际上是一个相当严谨的研究问题的体系,是一种严谨的数据思维。由这个PIMA框架可以提供一个非常易用的大数据流程。

综上所述,大数据思维是一种从全局角度去明确问题、定义过程、量化过程、评估结果的数据思维方式。其不但可以跳出已有知识的界限,从全局角度发现新的规律,而且可以将已有知识、规律应用于大数据的解读过程中,是我们向科学领域进军的新的得力工具和武器。

1.4 大数据思维的应用案例

1.3节中我们提出了大数据思维的定义,这个定义局限于当前我们对大数据的认识。学界和工业界的学者和技术专家们一定会有不同于我们定义的大数据思维的意见,但是本节还是要把一些我们之所以产生这样定义的案例阐述一下。

随着计算和存储成本的降低,人类可将生产、工作、生活中产生的海量数据进行存储和分析,这些海量数据中蕴含着丰富的关系数据。在已有的计算和可视化条件下,结合云计算和社区发现技术从全局角度分析和挖掘数据中蕴含的丰富信息,可以为自然科学和商业应用等领域提供一种新的观察、分析和挖掘数据的视角,为发现数据中蕴含的结构、功能、规律等信息提供新的强有力的工具和方法。下面从正在研究的两个领域简要介绍下我们提出的大数据思维定义的产生背景。

(1)药物研究方面。当前国际上对新药物研发都是基于天然产物的活性新化合物的发现和已知结构化合物二次开发两种思路相结合来开展的。例如我们对Drugbank数据库中的八千多种药物基于靶标和作用酶进行聚类,图1-1中展示的是聚类后的可视化图,通过该图我们可以了解到不同药物种类的分布,药物聚类的内部结构和外部边界,从而指导新药的研发。该图是当前4K屏的可视化条件下的极限,上部和下部小的类别没有全部显示出来。聚类算法采用的是我们提出的骨干度算法(Xu,Xu et al. 2015),该算法采用从全局角度去明确问题、定义过程、量化过程、评估结果的思维方式,这部分工作已经发表在期刊《Expert Systems with Applications》上,并得到国际同行的认可。

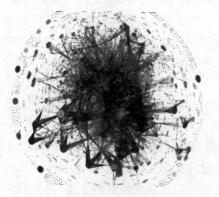

图1-1 DrugBank数据库中的八千多种药物基于靶标和作用酶进行聚类后的可视化图

（2）社交网络方面。近年来,随着时代的进步,社交网络的发展逐渐被人们关注,社交网络已成为人们生活的一部分,并对人们的信息获得、思考和生活产生巨大的影响,社交网络在人们的生活中扮演着重要的角色。社交网络成为人们获取信息、展现自我、营销推广的窗口。社交网络中用户之间的关系有:关注关系、社区中的好友或亲情关系、实时交互过程中因共同购买或评论产品而结成的共同兴趣关系等。这些关系所带来的信息量是巨大的,如果把这些信息收集起来并加以分析,就能把虚拟关系转化成利润,为企业提供有价值的关系网络,从而挖掘出潜藏在社交网络背后的巨大的经济价值,具体体现在:①帮助企业找到潜在的商机,比如分析某个用户的评论和发表内容,可知他的消费能力、喜好和最近的购买习惯,从而知道他购买自己产品的概率。②危机预警,根据用户的消息内容可以知道他对自己产品的满意度。③带动消息的传播速度和广度,企业可以利用这一点,为自己的产品更好地做宣传。

图 1-2～图 1-5 是某高校学术协作网络在 1996—2015 年的演化过程,这是一个真实的社交网络结构在时间轴上的演化过程的可视化。在该过程中,我们可以从全局视角观察到社区的产生、发展、融合等演化过程,另外也可以观察到网络中任意节点在这个过程中扮演的角色,如结构洞 Spanner、意见领袖等。不同时间跨度上的社交网络聚类算法采用的也是骨干度算法(Xu,Xu et al. 2015)。

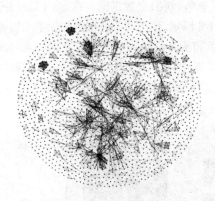

图 1-2　1996—2000 年某高校学术
协作网络的社交网络结构

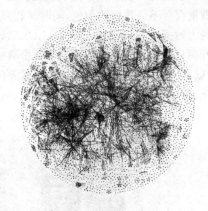

图 1-3　2001—2005 年某高校学术
协作网络的社交网络结构

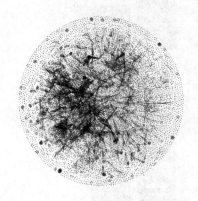

图 1-4　2006—2010 年某高校学术
协作网络的社交网络结构

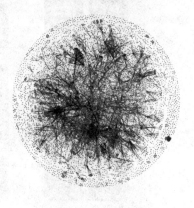

图 1-5　2010—2015 年某高校学术
协作网络的社交网络结构

1.5 大数据是如何产生的?

大数据的产生是互联网、智能终端、网络通信、物联网等技术发展的必然结果,赵刚等认为新兴技术的发展带来了数据产生的四大变化:(1)数据产生由企业内部向外部扩展;(2)数据产生由 Web 1.0 向 Web 2.0 扩展;(3)数据产生由互联网向移动互联网扩展;(4)数据产生由计算机/互联网向物联网扩展。

如何获取大数据?大数据获取方式有爬虫收集、行业数据、政府数据、企业自有数据等。例如,支付宝的用户数据、物流公司的用户数据、电商网站的销售数据等。获取的方式总结一下就是自身积累,再加上通过各个渠道收集。

1.6 美国和中国的大数据产业生态系统

美国的大数据产业已经形成比较完善的生态体系,各种商业公司、开源机构在这个生态体系中扮演着重要而不可替代的角色,同时又相互激烈竞争,新旧交替迅速。Lukas Lbiewald 画了一张美国的大数据生态系统图(Lbiewald,2015)如图 1-6 所示,该图非常详细地描绘了美国各种商业公司和开源机构在大数据生态系统中所扮演的角色和所处阶段。美国的大数据产业分成三个大环节:数据源、数据处理和数据应用。数据源包括数据库、商业应用和第三方数据;数据处理包括数据强化、数据转化、数据整合和 API 接口;数据应用包括数据洞察和数据模型。

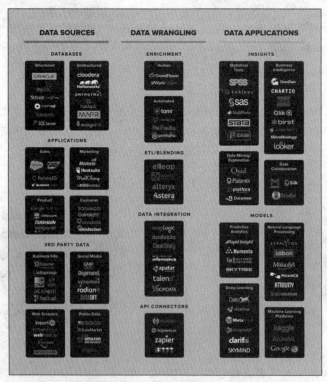

图 1-6　美国大数据生态系统全图(Lbiewald,2015)

数据源中,数据库包括结构化数据库和非结构化数据库。传统的结构化数据库,有 Oracle、MySQL、SYbase、memsql、TERADATA 和 SQL Server 等。非结构化数据库,有 cloudera、Hortonworks、DATASTAX、hadapt、MAPR 和 MongoDB。商业应用数据源包括销售、营销、产品和消费者四种。销售包括 SAP、RelateIQ 等;营销包括 Marketo、Hootsuite 等;产品包括 Google Analytics、Intercom、mixpanel;顾客方向包括 TOTANGO、Gainsight、zendesk。第三方数据源包括商业信息、社交媒体、网络信息抓取和公共信息。商业信息包括 infogroup、D&G、Experian(益博睿)、Acxiom(安客诚)、factual 等;社交媒体包括 GNIP、Digimind、Sysomos、DataSift;网络信息抓取包括 Import.io、KimonoLabs、webhose.io、Dataprovider;公开数据包括 DATAGOV、DataMarket、amazon。

数据处理包括数据浓缩、数据转化、数据整合、API 接口。数据浓缩包括人工的 Crowdflower、Workfusion;自动化的 Tamr、Paxata、Trifacta、pentaho。数据转化包括 etleap、cloverETL alteryx Astera。数据整合包括 snapLogic、databricks、ClearStory、informatica、apatar、talend 等。API 接口包括 MuleSoft、Segment.io、zapier。

数据应用包括数据洞察和模型。数据洞察又包括统计工具、商业智能、数据挖掘和探索、数据协作。模型包括预测分析、自然语言处理、深度学习和机器学习平台。统计工具包括 SPSS、SAS、STATA 、Excel、MathWorks 等。商业智能包括 GoodData、CHARTIO DOMO Qlik birst RJMETRICS MicroStrategy Looker 等。数据挖掘和探索包括 Quid Palantir platfora Datameer。数据协作包括 Silk RStudio 等。预测分析包括 Rapid Insight、Numenta、SALFORD SYSTEMS、SKYTREE。自然语言处理包括 LEXALYTICS、idibon、Maluuba、NUANCE、ATTENSITY、IBMWATSON 等。深度学习包括 Dato、vicaricus、MetaMind、AlchemyAPI、Clarifai、SKYMIND 等。机器学习平台包括 kaggle、AzureML、Google 等。

美国大数据生态系统的大部分企业是创业公司,当然也不乏原来老牌 IT 企业的子公司。总体来看美国的大数据行业生态体系已经日趋完善,并且具有蓬勃的创新能力和盈利能力。

中国 CDO 精英俱乐部在 2015 年 11 月汇集上百余大数据专家针对中国大数据全产业链近 400 家公司联合推出《2015 年中国大数据公司年度排行榜》,但是该联盟并未将传统互联网企业 TABLES 列入其中。TABLES 是改变中国互联网未来的六大力量,其中 T 代表腾讯,A 代表阿里巴巴,B 代表百度,L 代表雷军系,E 代表周鸿祎系,S 指以新浪、搜狐为代表的大型门户网站。该榜单中我们可以发现中国的大数据产业已经形成了比较完善的产业链条,其中不乏获得 B 轮和 C 轮融资的企业,但是真正有实力的还是以 TABLES 为代表的传统老牌互联网企业。

1.7 如何学习大数据技术

对于大数据技术的初学者,首先要明确学习大数据技术的目的,如就业、学术研究等。大数据就业机会大致分为三类:大数据平台搭建和维护、大数据软件开发、大数据分析工作。商业应用主要是对数据进行分析为商业决策提供支持。学术研究侧重对大数据的软硬件平台相关算法、性能的评测、分析和创新等。

对于要在大数据浪潮中寻找工作机会的初学者来说，迫切需要一个很好练手的云计算平台，而这样的平台需要自己搭建的门槛有些高，但的确是一个比较好的练手机会。Hadoop 和 HBase 是大数据平台中相对容易搭建的平台，建议初学者在自己的笔记本计算机上搭建。对笔记本的基本要求是固态硬盘并至少 8GB 的内存，推荐配置是 16GB 内存＋256GB 固态硬盘。首先安装 VMWare station，然后创建 3 台主机，每台 2GB 内存，20GB 硬盘，主机的操作系统可以选择 FreeBSD 或者 Ubuntu Linux，然后在这 3 个节点上配置 Hadoop 和 HBase。虽然笔记本上配置的大数据基础环境的性能和集群的性能相比较差异很大，但是这样的系统确实是初学者学习大数据编程框架和进行小规模实验方便的平台，因为可以随时随地学习。

对于学术研究的大数据初学者来说，同样需要一个上文中提出的小平台，但是如果数据量巨大，可以考虑在已有的大规模集群上部署私有大数据环境，或者购买多节点的云主机来实现。对于非计算机专业的大数据初学者，如果数据量不是十分巨大，可以考虑学习 R 语言进行大数据分析。

其实还有很多其他目的的大数据学习者，这里就不一一列举，无论什么目的，易用的大数据平台是进行大数据分析的基础，除了刚才列出的 Hadoop＋HBase，还有 Spark 等新兴的大数据工具。我们在以后相关的章节里还介绍了 Spark 的安装配置和 FreeBSD 的安装。

本章小结

大数据技术的应用是大数据技术的核心，一切技术都是从应用中来最终回到应用中去。触角比较敏感的 IT 从业者们在多年前就已经敏锐地感受到了大数据时代的到来。对于 IT 工程师来说，每次由于新技术的发展、新智能设备的普及，带来的海量数据对他们都是新的挑战、机遇或者说灾难。从固态硬盘、内存数据库、分布式运算和存储到接踵而来的大数据解决方案，需要 IT 从业者对新鲜事物有足够的耐心、热情，才能在大数据到来的时候顽强地适应并引领时代的发展。

参 考 文 献

[1] Lbiewald, L. (2015). "THE DATA SCIENCE ECOSYSTEM." from https://lukasbiewald.com/2015/06/11/the-data-science-ecosystem/.

[2] Vitter, J. S. (2008). Algorithms and Data Structures for External Memory, Now Publishers Inc.

[3] Xu, Y., et al. (2015). "A novel disjoint community detection algorithm for social networks based on backbone degree and expansion." Expert Systems with Applications 42(21): 8349-8360.

[4] 车品觉. 决战大数据. 杭州：浙江人民出版社，2014.

[5] 欧文. Mahout 实战. 北京：人民邮电出版社，2014.

第 2 章　搭建私有大数据处理平台

工欲善其事,必先利其器。大数据技术的应用,在初期需要一个随时都能使用的计算和存储环境,这样的环境是进行练兵使用的,需要自己搭建,以节约成本。本章提供一个最简单的私有大数据环境的搭建方案,该解决方案采用 FreeBSD+Hadoop+HBase 作为基础软件平台,硬件为三台 HP 服务器。

2.1　FreeBSD 操作系统安装

FreeBSD 是一个先进的操作系统,其速度快、稳定性高,是加州大学伯克利分校 BSD 版本的 UNIX 的分支,现在有非常大的社区维护它,FreeBSD 特点如下:

(1) 磁盘 I/O 速度

FreeBSD 的 UFS2 写入速度并不如 EXT4 快,甚至慢很多,但是读取速度明显快于 EXT4 和 EXT3。每读取 1GB 的数据,平均要比 EXT4 快 0.8~1.5 秒。reroot 初始化执行被加到 reboot 实用程序中,允许根文件系统挂载到临时源文件系统,而不需要一个完整的系统重新启动。UEFI 引导器也带来了更好的多设备支持、帧缓冲器驱动的通用图形适配器(UGA)和图形输出协议(GOP)处理改进,以及多个 ZFS 启动环境的支持。Hadoop 的 HDFS 是构建在基本文件系统上的,因此基本文件系统的读写速度决定了 HDFS 的读取速度,而 Hadoop 处理的都是 TB 级数据,所以 1GB 感觉不明显,而 1 TB 读取就大约快了 800~1 500 秒,相当于快了 15~30 分钟。HDFS 的设计初衷就是一次写入多次读取,所以读取速度越快越好。mkimg 在 GPT 和 MBR 分区方案中支持 NTFS 文件系统。

(2) 网络 I/O 速度

FreeBSD 是 TCP/IP 协议的最早实现者,因此在网络数据传输速度和稳定性上,FreeBSD 要优于 Linux。如 ifconfig-v 现在能报告 SFP/SFP+光模块数据,NIC 驱动可提供一些信息:例如 cxgbe、ixgbe、mlx5en 和 sfxge。

(3) 高度精简系统强壮,稳定和高安全性

FreeBSD 系统在默认安装情况下,是高度精简的,除了内核和常用命令,并没有多余的东西,非常干净和稳定。其稳定性也是久经考验,10 年不关机的故事不是神话,据说目前 Hotmail 还有一部分 FreeBSD 的服务器。网络安全方面得天独厚,被发现的远程漏洞明显少于 Linux。

基于以上几方面考虑,可认为,FreeBSD 更适合大数据的挖掘工作。由于 FreeBSD 的安装过程需要太多的截图,所以我们将其放到"附录"中,如果参考可以到本书的"附录"中查找。

2.2 基础软件安装

2.2.1 安装 Java 运行环境

进入/usr/ports/java/openjdk7 目录，执行 make install clean，等待安装完成。安装完毕后，输入"java"命令，如果找到 java，说明成功；如果没有找到，进入/usr/ports/java/openjdk6，执行 make install clean，等待安装完成，安装完毕后，输入"java"命令，如果找到 java，说明成功。

2.2.2 安装 bash

进入/usr/ports /shells/bash 目录，执行 make install clean，等待安装完成，安装完毕后，输入"bash"命令，如果找到 bash，说明成功。

2.3 Hadoop 安装配置

2.3.1 系统规划

本节以 Hadoop 的最小配置来演示 Hadoop 平台的搭建，只需使用三台机器来搭建环境。一台机器作为 NameNode 和 JobTracker，另外两台机器作为运行任务的 Datanode 节点，如表 2-1 所示。

表 2-1 分布式机器节点说明

Node	User	IP address	备 注
Namenode	Hadoop5.tsinghua.edu.cn		
Datanode	Hadoop6.tsinghua.edu.cn		Namenode 和 Jobtracker 使用同一台机器
Datanode	Hadoop8.tsinghua.edu.cn		

（1）修改 hosts

$ vi /etc/hosts　　　　//将所使用到的三台主机及其名称添加到该文件中

（2）配置 ssh

//在 Namenode 节点上运行命令，使得 Namenode 能够无密码访问 Datanode

$ scp root@hadoop6.tsinghua.edu.cn:/root/.ssh/id_dsa.pub　2_dsa.pub

$ cat 2_dsa.pub >> /root /authorized_keys

$ scp administrator@hadoop8.tsinghua.edu.cn:/ root/.ssh/id_dsa.pub　3_dsa.pub

```
$ cat 3_dsa.pub >> /root/authorized_keys
```
//在 Datanode 节点上运行命令,使得 Datanode 能够无密码访问 Namenode
```
$ scp administrator@hadoop5.tsinghua.edu.cn:/root/.ssh/id_dsa.pub 1_dsa.pub
$ cat 1_dsa.pub >> /root/authorized_keys
```
//在 Datanode 节点上运行命令,使得 Datanode 之间能够无密码访问

//在 Datanode1(hadoop6.tsinghua.edu.cn 上)
```
$ scp administrator@hadoop6.tsinghua.edu.cn:/home/administrator/.ssh/id_dsa.pub 3_dsa.pub
$ cat 3_dsa.pub >> /root/authorized_keys
```
//在 Datanode2(Hadoop8.tsinghua.edu.cn)上
```
$ scp administrator@hadoop6.tsinghua.edu.cn:/root/.ssh/id_dsa.pub 2_dsa.pub
$ cat 2_dsa.pub >> /root/authorized_keys
```

2.3.2 配置 conf/masters、conf/slaves 文件

在所有节点上都要配置:

(1) 在 $HADOOP_HOME/conf/masters 中加入 NameNode IP、Jobtracker IP,本节中添加一个 IP 地址即可。

(2) 在 $HADOOP_HOME/conf/slaves 中加入 slaveIPs,本节中添加两个节点的 IP 地址即可。

2.3.3 Hadoop 安装

执行以下步骤:
```
# cd /usr/ports/shells/bash
# make install
# cd /usr/ports/devel/apache-ant
# make install
### 添加 hadoop 用户
# pw user add hadoop
# chsh hadoop
### 将/bin/sh 改为/usr/local/bin/bash,保存退出
# chown -R hadoop:hadoop /path/to/your/hadoop
# su hadoop
# export JAVA_HOME=/usr/local/openjdk7
# export HADOOP_HOME=/path/to/your/hadoop
```
注意:现在是 Hadoop 用户,以下事情都要用 Hadoop 用户完成。

然后执行:
```
# cd $HADOOP_HOME
### 运行 ant
# ant
```
编辑 $HADOOP_HOME/conf/core-site.xml

vi $HADOOP_HOME/conf/core-site.xml
core-site.xml

删除所有内容，加入以下：

```xml
<?xml version="1.0"?>
<?xml-stylesheet type="text/xsl" href="configuration.xsl"?>
<configuration>
  <property>
    <name>fs.default.name</name>
    <value>hdfs://hadoop5.tsinghua.edu.cn:9000</value>
  </property>
  <property>
    <name>io.compression.codecs</name>
    <value>org.apache.hadoop.io.compress.DefaultCodec,com.hadoop.compression.lzo.LzoCodec,com.hadoop.compression.lzo.LzopCodec,org.apache.hadoop.io.compress.GzipCodec,org.apache.hadoop.io.compress.BZip2Codec</value>
  </property>
  <property>
    <name>io.compression.codec.lzo.class</name>
    <value>com.hadoop.compression.lzo.LzoCodec</value>
  </property>
</configuration>
```

hdfs-site.xml

```xml
<?xml version="1.0"?>
<?xml-stylesheet type="text/xsl" href="configuration.xsl"?>

<!-- Put site-specific property overrides in this file. -->

<configuration>
  <property>
    <name>dfs.name.dir</name>
    <value>/opt/data/hadoop/hdfs/name,/opt/data/hadoop1/hdfs/name,/opt/data/hadoop2/hdfs/name</value>
    <!-- 定义 hdfs namenode 所使用的硬盘路径名称 -->
    <description></description>
  </property>
  <property>
    <name>dfs.data.dir</name>
    <value>/opt/data/hadoop/hdfs/data,/opt/data/hadoop1/hdfs/data,/opt/data/hadoop2/hdfs/data</value>
    <!-- 定义 hdfs namenode 数据存储的路径 -->
    <description></description>
  </property>
  <property>
    <name>dfs.http.address</name>
```

```xml
            <value>hadoop5.tsinghua.edu.cn:50070</value>
<!--定义hdfs http 管理端口-->
    </property>
    <property>
        <name>dfs.secondary.http.address</name>
        <value>hadoopslave-189.tj:50090</value>
<!--定义备用节点的管理地址-->
    </property>
        <property>
            <name>dfs.replication</name>
            <value>3</value>
<!--定义数据的复制份数,份数越多越安全,但速度越慢-->
        </property>
        <property>
            <name>dfs.datanode.du.reserved</name>
            <value>1073741824</value>
<!--定义du操作返回-->
        </property>
        <property>
            <name>dfs.block.size</name>
            <value>134217728</value>
<!--定义hdfs的存储块大小,默认64M,我用的128M-->
        </property>
        <property>
            <name>dfs.permissions</name>
            <value>false</value>
<!--权限设置,最好不要-->
        </property>
</configuration>
```

还有一个很重要的配置,MapReduce 的配置:

```xml
mapred-site.xml
<?xml version="1.0"?>
<?xml-stylesheet type="text/xsl" href="configuration.xsl"?>

<!-- Put site-specific property overrides in this file. -->

<configuration>
    <property>
        <name>mapred.job.tracker</name>
        <value>hadoop5.tsinghua.edu.cn:9001</value>
<!--定义jobtracker的端口和主机-->
    </property>
```

```xml
<property>
    <name>mapred.local.dir</name>
    <value>/opt/data/hadoop1/mapred/mrlocal</value>
<!--定义mapreduce所使用的本机分发汇总数据存储路径-->
    <final>true</final>
</property>
<property>
    <name>mapred.system.dir</name>
    <value>/opt/data/hadoop1/mapred/mrsystem</value>
<!--定义map reduce系统的路径-->
    <final>true</final>
</property>
<property>
    <name>mapred.tasktracker.map.tasks.maximum</name>
    <value>6</value>
<!--这个很重要,定义任务map的最大槽位数,太小了会慢,太多了会内存溢出-->
    <final>true</final>
</property>
<property>
    <name>mapred.tasktracker.reduce.tasks.maximum</name>
    <value>2</value>
<!--也很重要,定义任务的reduce最大槽位数,设不好结果同上-->
    <final>true</final>
</property>
<property>
    <name>mapred.child.java.opts</name>
    <value>-Xmx1536M</value>
<!--mapred每个槽位所使用的内存大小,设定错误结果同上,通常是map最大数*虚拟机内存数,也就是6x1536,超过Datanode内存就会溢出-->
</property>
<property>
    <name>mapred.compress.map.output</name>
    <value>true</value>
<!--定义map采用压缩输出-->
</property>
<property>
    <name>mapred.map.output.compression.codec</name>
    <value>com.hadoop.compression.lzo.LzoCodec</value>
<!--定义map压缩输出所使用的编解码器-->
</property>
<property>
    <name>mapred.child.java.opts</name>
    <value>-Djava.library.path=/opt/hadoopgpl/native/Linux-amd64-64</value>
```

```xml
<!--非常重要,这是能正常使用数据压缩的保证,hadoopgpl-->
    </property>
    <property>
        <name>mapred.jobtracker.taskScheduler</name>
    <property>
        <name>mapred.jobtracker.taskScheduler</name>
        <value>org.apache.hadoop.mapred.CapacityTaskScheduler</value>
    </property>
    <property>
        <name>io.sort.mb</name>
        <value>300</value>
    </property>
    <property>
        <name>fs.inmemory.size.mb</name>
        <value>300</value>
    </property>
    <property>
        <name>mapred.jobtracker.restart.recover</name>
        <value>true</value>
    </property>
</configuration>
```

2.4　Hadoop 开发环境配置

2.4.1　编译 Hadoop-eclipse-plugin-1.1.2.jar 插件

1. 编辑{HADOOP_HOME}/build.xml

（1）对 build.xml 文件 31 行的 Hadoop 版本做修改。

```
<property name="version"value="1.1.2-SNAPSHOT"/>
```

修改为

```
<property name="version"value="1.1.2"/>
```

（2）对 build.xml 文件 2418 行的 ivy 下载进行注释，因为已经包含了 ivy.jar。

```
<!--target name="ivy-download"description="To download ivy"unless="offline">
    <get src="${ivy_repo_url}" dest="${ivy.jar}"usetimestamp="true"/>
</target-->
```

（3）对 build.xml 文件 2426 行去除对 ivy-download 的依赖关系，保留如下：

```
<target name="ivy-init-antlib"depends="ivy-init-dirs,ivy-probe-antlib"
```

2. 编辑{HADOOP_HOME}/src/contrib/build-contrib.xml

```
<projectname="hadoopbuildcontrib" xmlns:ivy="antlib:org.apache.ivy.ant">
    <propertyname="eclipse.home"location="eclipse的安装目录"/>
```

```
        <propertyname = "version"value = "1.1.2"/>    //build 的 hadoop 的版本号
        <propertyname = "name"value = "${ant.project.name}"/>
        <propertyname = "root"value = "${basedir}"/>
        <propertyname = "hadoop.root"location = "${root}/../../../"/>
</project>
```

3. building hadoop

```
cd ${HADOOP-HOME}
ant compile
building eclipse-plugin for hadoop
```

2.4.2 eclipse 配置

（1）打开 Window→Preferens，会发现 HadoopMapReduce 选项，在这个选项里用户需要配置 Hadoop installation directory，配置完成后退出。

（2）选择 Window→open perspective→Other…，选择有大象图标的 MapReduce，此时，就打开了 MapReduce 的开发环境。可以看到，右下角多了一个 MapReduce Locations 的框。

（3）设置 Hadoop 的环境参数。选择 MapReduceLocations 标签，点击该标签最右边的大象图标，即那个齿轮状图标右侧的大象图标，打开参数设置页面。

- LocationName：此处为参数设置名称，可以任意填写。
- MapReduceMaster：此处为 Hadoop 集群的 MapReduce 地址，应该和 mapred-site.xml 中的 mapred.job.tracker 设置相同。
- Host：10.0.0.211。
- port：9001。
- DFSMaster：此处为 Hadoop 的 master 服务器地址，应该和 core-site.xml 中的 fs.default.name 设置相同。
- Host：10.0.0.211。
- Port：9000。

设置完成后，点击 Finish 就应用了该设置。

此时，在最左边的 Project Explorer 中就能看到 DFS 的目录。

注意：解决 Linux 上运行权限的问题，可以在服务器创建一个和 Hadoop 集群用户名一致的用户，即可不用修改 Master 的 permissions 策略。

2.4.3 测试

1. 新建项目

File→New→Other→MapReduce Project，项目名可以任意取，如 HadoopTest。

2. 修改 WordCountTest.java

```
public static void main(String[] args) throws Exception {
    // Add these statements. XXX
    File jarFile = EJob.createTempJar("bin");
```

```
        EJob.addClasspath("/opt/hadoop-1.1.1/conf");
        ClassLoader classLoader = EJob.getClassLoader();
        Thread.currentThread().setContextClassLoader(classLoader);

String inputPath = "hdfs://hadoop5.tsinghua.edu.cn:9000/user/chenym/input/file*";
        String outputPath = "hdfs://hadoop5.tsinghua.edu.cn:9000/user/chenym/output2";

        Configuration conf = new Configuration();
        String[] otherArgs = new String[]{ inputPath,outputPath };
        if (otherArgs.length ! = 2) {
            System.err.println("Usage: wordcount <in> <out>");
            System.exit(2);
        }

        Job job = new Job(conf,"word count");
        // And add this statement. XXX
        ((JobConf) job.getConfiguration()).setJar(jarFile.toString());
        job.setJarByClass(WordCountTest.class);

        job.setMapperClass(TokenizerMapper.class);
        job.setCombinerClass(IntSumReducer.class);
        job.setReducerClass(IntSumReducer.class);

        job.setOutputKeyClass(Text.class);
        job.setOutputValueClass(IntWritable.class);

        FileInputFormat.addInputPath(job,new Path(otherArgs[0]));
        FileOutputFormat.setOutputPath(job,new Path(otherArgs[1]));

        System.exit(job.waitForCompletion(true) ? 0 : 1);
    }
```

输入上述程序后保存,然后右击执行：

run as mapreduece project

2.5 Hadoop 升级

(1) 下载 Hadoop1.1.2。

Fetch

http://mirror.bit.edu.cn/apache/hadoop/common/hadoop-1.1.2/hadoop-1.1.2.tar.gz

(2) 解压 Hadoop。

Tar xzvf hadoop-1.1.2.tar.gz

Cd hadoop-1.1.2

Ant compile

(3)将旧版的 conf 下的所有 XML 文件复制到/usr/local/hadoop112/conf/下,强制覆盖原来的配置文件。

将/usr/local/hadoop112/文件夹,压缩然后传送到 hadoop6 和 hadoop8

Tar czf hadoop112.tar.gz /usr/local/hadoop112/

Scp hadoop112.tar.gz remote@hoadoop6.tsinghua.edu.cn:/home/remote

Scp hadoop112.tar.gz remote@hoadoop8.tsinghua.edu.cn:/home/remote

(4)重新启动 Hadoop。

/usr/local/hadoop112/bin/start-all.sh

2.6 Zookeeper 安装

Zookeeper 的官网文档上指出其在 FreeBSD 上只支持 Client,但事实上我们在 FreeBSD 上把 Client 和 Server 全部安装成功了。

2.6.1 在 FreeBSD 上安装 Zookeeper

(1)下载 Zookeeper。

wget http://mirror.bit.edu.cn/apache//zookeeper/zookeeper-3.4.6/zookeeper-3.4.6.tar.gz(本次安装 3.4.6 版本)

其他版本下载地址(最好使用 stable 版本):http://zookeeper.apache.org/releases.html

(2)解压。

tar-xzf zookeeper-3.4.6.tar.gz

(3)将 zookeeper-3.4.6/conf 目录下的 zoo_sample.cfg 文件复制一份,命名为"zoo.cfg"。

(4)修改 zoo.cfg 配置文件。

修改 zoo.cfg 内容为

server.1 = hadoop5.tsinghua.edu.cn:2888:3888

server.2 = hadoop5.tsinghua.edu.cn:2888:3888

server.2 = hadoop6.tsinghua.edu.cn:2888:3888

server.3 = hadoop8.tsinghua.edu.cn:2888:3888

The number of milliseconds of each tick

tickTime = 2000

The number of ticks that the initial

synchronization phase can take

initLimit = 10

The number of ticks that can pass between

sending a request and getting an acknowledgement

syncLimit = 5

the directory where the snapshot is stored.

```
dataDir = /tmp/zookeeper
# the port at which the clients will connect
clientPort = 2181
```

其中,2888 端口号是 Zookeeper 服务之间通信的端口,而 3888 是 Zookeeper 与其他应用程序通信的端口。而 Zookeeper 是在 Hosts 中已映射了本机的 IP。

initLimit:这个配置项是用来配置 Zookeeper 接收客户端(这里所说的客户端不是用户连接 Zookeeper 服务器的客户端,而是 Zookeeper 服务器集群中连接到 Leader 的 Follower 服务器)初始化连接时最长能忍受多少个心跳时间间隔数。当已经超过 10 个心跳的时间(也就是 tickTime)长度后 Zookeeper 服务器还没有收到客户端的返回信息,那么表明这个客户端连接失败。总的时间长度就是 5×2 000 ms=10 秒。

syncLimit:这个配置项标识 Leader 与 Follower 之间发送消息,请求和应答时间长度,最长不能超过多少个 tickTime 的时间长度,总的时间长度就是 2×2 000 ms=4 秒。

server.A=B:C:D:,其中 A 是一个数字,表示这个是第几号服务器;B 是这个服务器的 IP 地址;C 表示的是这个服务器与集群中的 Leader 服务器交换信息的端口;D 表示的是万一集群中的 Leader 服务器挂了,需要一个端口来重新进行选举,选出一个新的 Leader,而这个端口就是用来执行选举时服务器相互通信的端口。如果是伪集群的配置方式,由于 B 都是一样,所以不同的 Zookeeper 实例通信端口号不能一样,所以要给它们分配不同的端口号。

(5) 创建 dataDir 参数指定的目录(这里指的是"/tmp/zookeeper"),并在目录下创建文件,命名为"myid"。

(6) 编辑 myid 文件,并在对应的 IP 的机器上输入对应的编号。如在 Hadoop 5 上,myid 文件内容是 1,Hadoop 6 上 myid 文件内容就是 2。

至此,如果是多服务器配置,就需要将 Zookeeper-3.4.6 目录复制到其他服务器,然后按照上述的方法修改 myid。

2.6.2 启动并测试 Zookeeper

(1) 在所有服务器中执行
/usr/local/zookeeper/bin/zkServer.sh start。

(2) 输入 jps 命令查看进程
namenode 上显示为
hadoop5# jps
60677 JobTracker
33520 Jps
2461 DataNode
5222 HQuorumPeer
5413 HRegionServer
60495 NameNode
5279 HMaster

其中,QuorumPeerMain 是 Zookeeper 进程,启动正常。(HMaster 和 HRegionServer 为已启动的 HBase 进程,其他为安装 Hadoop 后启动的进程。)

(3) 查看状态
/usr/local/zookeeper/bin/zkServer.sh status。
hadoop5# /usr/local/zookeeper/bin/zkServer.sh status

```
JMX enabled by default
Using config: /usr/local/zookeeper/bin/../conf/zoo.cfg
Mode: follower
```
(4) 启动客户端脚本

/usr/local/zookeeper/bin/zkCli.sh -server zookeeper:2181。
```
WatchedEvent state:SyncConnected type:None path:null
[zk: zookeeper:2181(CONNECTED) 0]
[zk: zookeeper:2181(CONNECTED) 0] help
Zookeeper - server host:port cmd args
        connect host:port
        get path [watch]
        ls path [watch]
        set path data [version]
        rmr path
        delquota [-n|-b] path
        quit
        printwatches on|off
        create [-s] [-e] path data acl
        stat path [watch]
        close
        ls2 path [watch]
        history
        listquota path
        setAcl path acl
        getAcl path
        sync path
        redo cmdno
        addauth scheme auth
        delete path [version]
        setquota -n|-b val path
[zk: zookeeper:2181(CONNECTED) 1] ls /
[hbase,zookeeper]
[zk: zookeeper:2181(CONNECTED) 2]
```
(5) 停止 Zookeeper 进程

/usr/local/zookeeper/bin/zkServer.sh stop。

2.7　HBase 安装配置

HBase 选用的最稳定版本 0.94.9。主要还是配置工作，依然将 HBase 放在/home 下，编辑/usr/local/hbase/conf 下的 hbase-site.xml，hbase-default.xml，hbase-env.sh 这几个文件，具体步骤如下。

(1) 编辑所有机器上的 hbase-site 文件，命令如下：

vi /usr/local/hbase/conf/hbase-site.xml

注意以下两点:

① 其中首先需要注意 hdfs://hadoop 5.tsinghua.edu.cn:9000/hbase 这里,必须与用户的 Hadoop 集群的 core-site.xml 文件配置保持完全一致才行,如果 Hadoop 的 HDFS 使用了其他端口,请在这里也修改。再者就是 HBase 该项并不识别机器 IP,只能使用机器 hostname,即若使用 hadoop5.tsinghua.edu.cn 的 IP 会抛出 Java 错误。

② hbase.zookeeper.quorum 的个数必须是奇数。

```xml
<?xml version = "1.0"?>
<?xml-stylesheet type = "text/xsl" href = "configuration.xsl"?>
<!--
/**
 * Copyright 2010 The Apache Software Foundation
 *
 * Licensed to the Apache Software Foundation (ASF) under one
 * or more contributor license agreements.  See the NOTICE file
 * distributed with this work for additional information
 * regarding copyright ownership.  The ASF licenses this file
 * to you under the Apache License, Version 2.0 (the
 * "License"); you may not use this file except in compliance
 * with the License.  You may obtain a copy of the License at
 *
 *     http://www.apache.org/licenses/LICENSE-2.0
 *
 * Unless required by applicable law or agreed to in writing, software
 * distributed under the License is distributed on an "AS IS" BASIS,
 * WITHOUT WARRANTIES OR CONDITIONS OF ANY KIND, either express or implied.
 * See the License for the specific language governing permissions and
 * limitations under the License.
 */
-->
<configuration>
<property>
    <name>hbase.rootdir</name>
    <value>hdfs://hadoop5.tsinghua.edu.cn:9000/hbase</value>
    <description>The directory shared by region servers.
    </description>
</property>
<property>
<name>hbase.cluster.distributed</name>
<value>true</value>
</property>
<property>
<name>hbase.master</name>
```

第2章 搭建私有大数据处理平台

```
          <value>hdfs://hadoop5.tsinghua.edu.cn:60000</value>
      </property>
      <property>
          <name>hbase.zookeeper.quorum</name>
          <value>hadoop5.tsinghua.edu.cn,hadoop6.tsinghua.edu.cn,hadoop8.tsinghua.edu.cn</value>
      </property>
</configuration>
```

（2）编辑所有机器的 hbase-env.sh,命令如下。

vi /usr/local/hbase/conf/hbase-env.sh

修改代码如下所示：

```
# *
# *     http://www.apache.org/licenses/LICENSE-2.0
# *
# * Unless required by applicable law or agreed to in writing,software
# * distributed under the License is distributed on an "AS IS" BASIS,
# * WITHOUT WARRANTIES OR CONDITIONS OF ANY KIND,either express or implied.
# * See the License for the specific language governing permissions and
# * limitations under the License.
# */


# Set environment variables here.

# This script sets variables multiple times over the course of starting an hbase process,
# so try to keep things idempotent unless you want to take an even deeper look
# into the startup scripts (bin/hbase,etc.)

# The java implementation to use.   Java 1.6 required.
# export JAVA_HOME = /usr/java/jdk1.6.0/
export JAVA_HOME = /usr/local/openjdk7/
# Extra Java CLASSPATH elements.   Optional.
 export HBASE_CLASSPATH = /usr/local/share/hadoop/conf

# The maximum amount of heap to use,in MB. Default is 1000.
# export HBASE_HEAPSIZE = 1000

# Extra Java runtime options.
# Below are what we set by default.   May only work with SUN JVM.
# For more on why as well as other possible settings,
# see http://wiki.apache.org/hadoop/PerformanceTuning
export HBASE_OPTS = " - XX: + UseConcMarkSweepGC"

# Uncomment one of the below three options to enable java garbage collection logging for the
```

server-side processes.

This enables basic gc logging to the .out file.
export SERVER_GC_OPTS="-verbose:gc -XX:+PrintGCDetails -XX:+PrintGCDateStamps"

This enables basic gc logging to its own file.
If FILE-PATH is not replaced,the log file(.gc) would still be generated in the HBASE_LOG_DIR.
export SERVER_GC_OPTS="-verbose:gc -XX:+PrintGCDetails -XX:+PrintGCDateStamps -Xloggc:<FILE-PATH>"

This enables basic GC logging to its own file with automatic log rolling. Only applies to jdk 1.6.0_34+ and 1.7.0_2+.
If FILE-PATH is not replaced,the log file(.gc) would still be generated in the HBASE_LOG_DIR.
export SERVER_GC_OPTS="-verbose:gc -XX:+PrintGCDetails -XX:+PrintGCDateStamps -Xloggc:<FILE-PATH> -XX:+UseGCLogFileRotation -XX:NumberOfGCLogFiles=1 -XX:GCLogFileSize=512M"

Uncomment one of the below three options to enable java garbage collection logging for the client processes.

This enables basic gc logging to the .out file.
export CLIENT_GC_OPTS="-verbose:gc -XX:+PrintGCDetails -XX:+PrintGCDateStamps"

This enables basic gc logging to its own file.
If FILE-PATH is not replaced,the log file(.gc) would still be generated in the HBASE_LOG_DIR.
export CLIENT_GC_OPTS="-verbose:gc -XX:+PrintGCDetails -XX:+PrintGCDateStamps -Xloggc:<FILE-PATH>"

This enables basic GC logging to its own file with automatic log rolling. Only applies to jdk 1.6.0_34+ and 1.7.0_2+.

（3）编辑所有机器的 HBase 的 HMasters 和 HRegionServers。修改/usr/local/hbase/conf 文件夹下的 regionservers 文件。添加 DataNode 的 IP 地址即可。代码如下：

hadoop5.tsinghua.edu.cn
hadoop6.tsinghua.edu.cn
hadoop8.tsinghua.edu.cn

至此，HBase 集群的配置已然完成。

（4）启动、测试 HBase 数据库。

在 HMaster 即 NameNode 上启动 HBase 数据库（Hadoop 集群必须已经启动）。启动命令：

/usr/local/hbase/bin/start-hbase.sh

然后输入如下命令进入 HBase 的命令行管理界面：

/usr/local/hbase/bin/hbase shell

在 HBase shell 下输入 list，列举当前数据库的名称，如图 2-1 所示。如果 HBase 没配置成功会抛出 Java 错误。

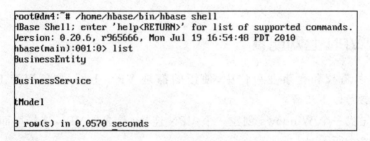

图 2-1　HBase shell 下列举当前数据库的名称

我们也可以通过 Web 页面来管理查看 HBase 数据库。

HMaster:http://hadoop5.tsinghua.edu.cn:60010/master.jsp

HBase 数据库截图，如图 2-2 所示。

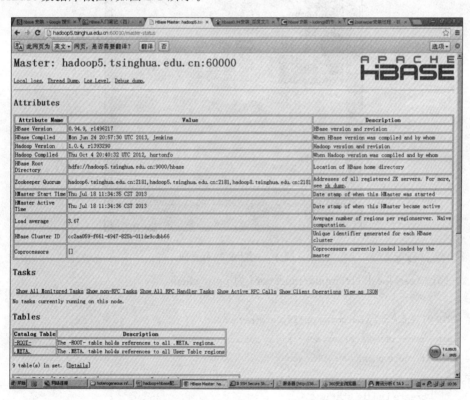

图 2-2　HBase 数据库 Web 管理界面

2.8 FreeBSD 上网配置

FreeBSD 支持 VPN 上网和网页认证上网等多种上网方式,本节将介绍这两种常用的认证上网方式。

2.8.1 VPN 上网配置

在国内很多高校和企事业单位中,使用的都是 VPN 上网,如何配置 FreeBSD 支持 VPN 上网,请参考以下步骤:

(1) 可以先找一个 Windows 创建一个 VPN 连接,看这个 VPN 连接里面的属性,VPN 状态界面如图 2-3 所示。

图 2-3 VPN 状态界面

(2) 修改/usr/local/etc/mpd5/mpd.conf 为 pptp_client。

```
#
# PPTP client: only outgoing calls, auto reconnect,
# ipcp - negotiated address, one - sided authentication,
# default route points on ISP's end
#
        create bundle static B1
        set iface route default
        set ipcp ranges 0.0.0.0/0 0.0.0.0/0
        set bundle enable compression
        set ccp yes mppc
```

```
            set mppc yes e40
            set mppc yes e128
            set mppc yes stateless
            create link static L1 pptp
            set link action bundle B1
            set link no pap   eap
            set link yes mschap
            set auth authname "xxxx"
            set auth password "xxxxxxxx"
            set link max-redial 0
            set link mtu 1460
            set link keep-alive 20 75
            set pptp peer xxx.xxx.xxx.xx
            set pptp disable windowing
            open
```

（3）运行。

```
route delete default
mpd5 pptp_client
```

2.8.2 网页认证上网配置

首先安装图形界面，其次通过网页上网。通常安装 FreeBSD 选择推荐方式的最小安装，安装完成后再通过编译源码或 pkg_add 命令安装其他软件。一般很少用到图形界面，以留备用。安装过程中，创建默认一个普通用户并指定组为 wheel，因为 ssh 远程登录禁用 root 用户，并且只有 wheel 组的用户可以 su 到 root 用户。

（1）通过 sysinstall 命令安装 gonme 和 Xorg。

复制代码，代码如下：

Configure->Packages->CD/DVD->gnome->gonme2-2.28.2_1

Configure->Packages->CD/DVD->X11->Xorg-7.4_3

安装完成后，不能直接运行 startx 命令，否则启动图形界面后系统无响应。

先编辑 /etc/rc.conf 文件，复制代码如下：

```
dbus_enable = "YES"
hald_enable = "YES"
```

重新启动后，如果出现"acd0：FAILURE - unknown CMD…"的错误信息，执行 hal-disable-polling --device /dev/acd0 命令即可。再运行 startx 命令，至少我们可以使用 Xorg 的简易图形界面。如果使用 gnome 界面，执行 echo "exec gnome-session" > .xinitrc；如果使用 kde 界面，执行 echo "exec startkde" > .xinitrc。

再运行 startx 即可。我们还可以进一步定制图形界面属性，利于配置刷新率、分辨率等。

（2）使用 root 用户运行 Xorg -configure，生成 xorg.conf.new 文件。

复制代码，代码如下：

```
Section "Monitor"
Identifier "Monitor0"
VendorName "Monitor Vendor"
ModelName "Monitor Model"
HorizSync 30 – 107
VertRefresh 48 – 120
EndSection
Section "Screen"
Identifier "Screen0"
Device "Card0"
Monitor "Monitor0"
DefaultDepth 24
SubSection "Display"
Viewport 0 0
Depth 24
Modes "1024×768"
EndSubSection
EndSection
```

再运行 Xorg-config xorg.conf.new -retro 进行测试,如果出现灰格子和 X 形鼠标,按 Ctrl+Alt+Backspace 组合键退出。测试完成后,运行 cp xorg.conf.new /etc/X11/xorg.conf 即可更新。安装 VMware tools 时需要 compat6x,可以下载 compat6x-i386-6.4.604000.200810.tbz。

2.9 配置杀毒软件

在 FreeBSD 系统中,使用 ports 来安装 Clamav 非常简单方便,下面就具体介绍一下这种方法。

(1) 输入命令"cd/usr/ports/security/clamav"。

(2) 输入命令"make",选上 clamav-milter。

(3) 输入命令"make install"。此时在/usr/local/etc/rc.d 这个目录下我们就能找到 Clamav 的三个文件:clamav-milter、clamav-clamd、clamav-freshclam。

(4) 输入命令"chmod +x clamd.conf",并在/etc/rc.conf 加入如下三行命令:

clamav_clamd_enable = "YES"
clamav_freshclam_enable = "YES"
clamav_milter_enable = "YES"

如图 2-4 所示。

```
clamav_clamd_enable="YES"
clamav_clamd_freshclam_enable="YES"
clamav_milter_enable="YES"
~
~
```

图 2-4 修改 clamd.conf

安装成功后,我们再介绍 Clamav 里两个重要命令的使用方法:

(1) 执行 freshclam 命令可以更新病毒库,具体位置在/usr/local/bin/freshclam,输入:freshclam。

(2) 执行 clamscan 和 clamdscan 这两个命令可以查杀病毒,它们的使用方法类似,在这里主要介绍一下 clamscan 命令的使用参数。

① 扫描指定的文件

clamscan　指定文件名

② 扫描当前目录

clamscan

③ 扫描/home 目录中所有文件(包括子目录)

clamscan -r /home

clamscan -r /(扫描所有目录以及其子目录)

④ 扫描数据流

cat testfile | clamscan -

⑤ 检查邮件目录

clamscan -r --mbox /var/spool/mail

其他差数:

- -l［路径］［文件名］把查杀的总结报告写入指定文件(不包含查杀了具体哪些文件)。
- --move［路径］移动病毒文件到指定目录中。
- --remove［路径］删除病毒文件。
- --unzip(unrar) 解压压缩文件扫描。

本 章 小 结

本章介绍了搭建私有大数据处理平台的流程,相信大部分读者看完这一章都对大数据平台的搭建望而生畏,但是不要放弃,如果想轻松地搭建和维护大数据平台,还有其他更轻松有效的方案,将会在本书的第 4 章详细介绍。

第 3 章 大数据平台虚拟化解决方案

在第 2 章我们学习了一个基于 FreeBSD UNIX 平台的小型私有云平台的搭建,这样的小型云平台适合大数据的初学者和小型企业等初级用户使用。这一章我们将介绍一些适合企业应用的大数据平台虚拟化解决方案。平台虚拟化是大数据平台的基础,因为对大规模集群的部署和维护需要耗费大量的人力物力,采用虚拟化平台是工业界和学术界的共识。

本章重点介绍两种大数据平台的基础虚拟化平台:Docker 和 OpenStack。这两种平台和在第 2 章中搭建的私有大数据实验平台不同。Docker 和 OpenStack 都是为了解决大数据平台的管理和维护的问题,解决物理机向虚拟机转化的问题。在第 2 章中使用的都是物理机节点,而 Docker 和 OpenStack 可以将物理节点转化成虚拟节点。虚拟化有多个优点,其解决物理节点维护烦琐的瓶颈,虚拟化具有备份、快照、双机热备等多种功能,这些在物理节点实现需要大量的人力、物力。但是虚拟化也有其缺点,上述功能很多是以牺牲硬件性能为代价的。由于硬件发展符合摩尔定律,硬件越来越便宜,当硬件的成本远低于人力成本的投入时,Docker 和 OpenStack 平台应运而生。用户可以选择将大数据平台部署在 Docker 和 OpenStack 上,也可以选择直接部署到物理节点上。除了 Docker 和 OpenStack 还有 VMWare、Citrix、Hyper-v、红山 vGate 等虚拟化软件,读者可以通过其官方网站进行了解,本书不作赘述。

3.1 Ubuntu 上安装 Docker

3.1.1 Docker 简介

Docker 是一个开源项目,其目标是提供开放工具帮助开发者打造开放 API,使系统管理员更好地管理其应用程序。Docker 可以创建非常轻量的"虚拟机",即容器,其核心思想是创建应用程序可移植的轻量容器。Docker 具有如下功能:隔离应用,创建、复制应用镜像,创建容易分发的即启即用的应用,允许实例简单、快速扩展,测试应用并删除等。

Docker 的重要概念包括镜像、容器和数据卷(DockerOne 2015)。

(1) 镜像:Docker 中的镜像类似虚拟机的快照,但是更轻量(DockerOne 2015)。Docker 镜像既可以重新创建,又可以在原有的镜像上创建。Docker 镜像有唯一的 ID,以方便用户调用。

(2) 容器:容器是独立运行的一个或者一组应用,以及他们的运行态环境(DockerOne 2015)。容器被设计用来运行单进程,无法很好地模拟一个完整的环境。Docker 提供了用来分离应用与数据的工具,用户可以快捷地更新运行中的系统或代码,而不影响数据。

(3)数据卷:数据卷是一个可供一个或者多个容器使用的特殊目录(DockerOne 2015)。数据卷可以使用户不受容器生命周期影响进行数据持久化,其表现为容器内的空间,但实际保存在容器之外,该特性可以使用户在不影响数据的情况下销毁、重建、修改和丢弃容器。

3.1.2 Docker 安装

(1)检测系统内核

使用 uname -r 命令检测系统内核,内核需在 3.10 以上。

```
$ uname -r
3.11.0-15-generic
```

(2)更新 apt 源

```
$ sudo apt-key adv --keyserver hkp://p80.pool.sks-keyservers.net:80 --recv-keys 58118E89F3A912897C070ADBF76221572C52609D
```

打开/etc/apt/sources.list.d/docker.list 文件查看是否有 docker.list 文件,若没有则创建,并在其中添加如下内容:

```
deb https://apt.dockerproject.org/repo ubuntu-precise main
```

更新 apt 包的 index:

```
$ sudo apt-get update
```

(3)下载并安装 Docker

```
$ sudo apt-get install docker-engine
```

(4)开启 Docker 服务

```
$ sudo service docker start
```

(5)验证是否安装成功

```
$ docker info
```

3.1.3 Docker 镜像相关命令

Docker 镜像相关命令如表 3-1 所示。

表 3-1 Docker 镜像相关的命令列表

命令	使用方法	功能
pull/push	docker pull/push <image>	下载、上传镜像
images	docker images	显示 Docker 镜像
import	docker import file|URL|-[REPOSITORY[:TAG]]	导入 Docker 镜像
load	docker load file|URL|-[REPOSITORY[:TAG]]	导入 Docker 镜像
save	docker save [OPTIONS] IMAGE [IMAGE...]	导出 Docker 镜像
rmi	docker rmi IMAGE	移除指定镜像
tag	docker tag [OPTIONS] IMAGE[:TAG] NAME[:TAG]	重命名镜像

1. Docker 获取镜像

docker pull ubuntu

Docker 默认是从 Docker Hub 上下载，Docker Hub 是 Docker 官网的镜像仓库，也是世界上最大的镜像仓库，基本能想到的镜像都能在其中找到。

2. Docker 镜像的重命名

可以使用 tag 命令对镜像重命名，如"docker tag ubuntu myubuntu"，将 ubuntu 镜像重命名为 myubuntu。

3. Docker 镜像的导入、导出

（1）导出

docker save - o /opt/dockerimagesfile/ubuntu - 14.04.tar ubuntu:14.04

将 ubuntu:14.04 镜像文件导出到/opt/dockerimagesfile 文件夹中，并命名为 ubuntu-14.04.tar。

（2）导入

docker load - i /opt/dockerimagesfile/ubuntu - 14.04.tar

4. Docker 镜像的删除

docker rmi ubuntu:14.04

在删除 Docker 镜像前需将由此镜像的容器先删除。push 命令是推送镜像的意思，可将做好的镜像推送至 Docker Hub 上，也可以推送至个人搭建的私人仓库中去。

3.1.4 Docker 容器相关命令

Docker 容器相关的命令如表 3-2 所示。

表 3-2 Docker 容器相关的命令列表

命令	使用方法	功能
run	docker run [OPTIONS] IMAGE	从镜像中运行一个容器
start/stop/restart	docker start/stop/restart CONTAINER	开始、暂停、重启容器
attach	docker attach [OPTIONS] CONTAINER	进入正在后台运行的容器
build	docker build [OPTIONS] PATH	从 Dockerfile 中构建新的 Image
inspect	docker inspect CONTAINER｜IMAGE [CONTAINER｜IMAGE...]	查看容器运行时详细信息，了解一个 Image 或者 Container 的完整构建信息
kill	docker kill [OPTIONS] CONTAINER [CONTAINER...]	杀死容器的进程
ps	docker ps [-a]	查看正在运行的容器，-a 查看全部的容器
rm	docker rm [OPTIONS] CONTAINER	移除容器
top	docker top CONTAINER [ps OPTIONS]	显示容器内部的进程
commit	docker commit [OPTIONS] CONTAINER [REPOSITORY[:TAG]]	Docker 容器转换为 Docker 镜像

以下是 Docker 容器相关命令使用实例：

(1) 运行容器

docker run －i －t ubuntu:14.04

在 ubuntu:14.04 镜像的基础上开一个具有标准的输入和输出流，一个伪终端的容器，如图 3-1 所示，其中 957d104932f9 为此容器的 ID。

图 3-1　运行一个容器

(2) 暂停容器

docker stop 957d104932f9

(3) 启动容器

docker start 957d104932f9

(4) 进入容器

docker attach 957d104932f9

启动和进入容器如图 3-2 所示。

图 3-2　启动和进入容器

查看 Docker 内部进程如图 3-3 所示。

docker top 957d104932f9

图 3-3　查看 Docker 内部进程

(5) 移除容器

docker rm 957d104932f9

(6) 容器转换为镜像

docker commit 957d104932f9 myubuntu

如图 3-4 所示。

```
root@ubuntu-jie:/opt/dockerimagesfile# docker commit 957d104932f9 myubuntu
64ba00aff6d6a1a60305484db0f59b331a3f0d6ab216e7ac84ea77a16b06e982
root@ubuntu-jie:/opt/dockerimagesfile# docker images
REPOSITORY              TAG            IMAGE ID          CREATED
 VIRTUAL SIZE
myubuntu                latest         64ba00aff6d6      9 seconds ago
 188.4 MB
jie/docker-desktop      latest         9722f6bd1d46      5 months ago
 1.127 GB
ubuntu                  14.04          d2a0ecffe6fa      6 months ago
 188.4 MB
```

图 3-4　容器转换为镜像展示

3.1.5　Dockerfile 创建镜像

1. Dockerfile 的基本语法

【例 3-1】 以 Ubuntu:14.04 为基础创建一个带有 OpenJDK7 的镜像。

```
# test
# author jie
# install open-jdk-7
# Format: FROM     repository[:version]
FORM ubuntu:14.04
# Format: MAINTAINER Name <email@addr.ess>
MAINTAINER Jie <jie147@yahoo.com>
# update apt-get and install openjdk 7
RUN apt-get update && apt-get install openjdk-7-jre-headless
```

在例 3-1 中,相当于有了一个能够运行 Java 代码的容器。在例 3-2 中,将 MongoDB 数据库安装在 Docker 中,Docker 容器具有快速创建和启动等优点,Dockerfile 相关命令列表如表 3-3 所示。

表 3-3　Dockerfile 相关命令列表

命令	基本用法	功能
FROM	FROM <Image>	以 image 为基础
MAINTAINER	MAINTAINER <author name>	Dockerfile 作者
RUN	RUN <common>	容器中运行的命令
ADD	ADD <src> <dest>	将本机的文件添加至容器中
CMD	CMD ["executable""param1""param2"] or CMD ["param1""param2"] or CMD command param1 param2	CMD 有三种格式
EXPOSE	EXPOSE <port>	暴露出容器端口
ENTRYPOINT	ENTRYPOINT ['executable' 'param1' 'param2'] or ENTRYPOINT command param1 param2	与 CMD 命令类似
WORKDIR	WORKDIR/path/to/workdir	容器的工作路径
ENV	ENV <key> <value>	环境变量
UID	USER <UID>	设置 UID
VOLUME	VOLUME ['/data']	添加数据卷

2. Dockerfile 创建 MongoDB

【例 3-2】 在 Ubuntu 中创建一个 MongoDB 数据库的 Docker 镜像。

```
# test
# author jie
# build mongodb
# come from https://docs.docker.com/engine/examples/mongodb/
# Format: FROM    repository[:version]
FROM ubuntu:14.04
# Format: MAINTAINER Name <email@addr.ess>
# Installation:
# Import MongoDB public GPG key AND create a MongoDB list file
RUN apt-key adv --keyserver hkp://keyserver.ubuntu.com:80 --recv 7F0CEB10
RUN echo "deb http://repo.mongodb.org/apt/ubuntu " $(lsb_release -sc)"/mongodb-org/3.0 multiverse" | tee /etc/apt/sources.list.d/mongodb-org-3.0.list
# Update apt-get sources AND install MongoDB
RUN apt-get update && apt-get install -y mongodb-org
# Create the MongoDB data directory
RUN mkdir -p /data/db
# Expose port 27017 from the container to the host
EXPOSE 27017
# Set usr/bin/mongod as the dockerized entry-point application
ENTRYPOINT ["/usr/bin/mongod"]
```

使用 Docker build 命令创建 MongoDB 镜像,执行命令 docker build ./,如图 3-5 所示。

```
root@ubuntu:/home/workspace/docker/dockerfile/mongodb# docker build ./
Sending build context to Docker daemon  2.56 kB
Sending build context to Docker daemon
Step 0 : FROM ubuntu:14.04
 ---> d2a0ecffe6fa
Step 1 : MAINTAINER Jie <jie147@yahoo.com>
 ---> Running in 92fd57eaf6ed
 ---> 42e5c79b1ae9
Removing intermediate container 92fd57eaf6ed
Step 2 : RUN apt-key adv --keyserver hkp://keyserver.ubuntu.com:80 --recv 7F0CEB
10
 ---> Running in eba58828a2b9
Executing: gpg --ignore-time-conflict --no-options --no-default-keyring --homedi
r /tmp/tmp.mMnfzsOlvn --no-auto-check-trustdb --trust-model always --keyring /et
```

图 3-5 使用 Docker build 命令创建 MongoDB 镜像

使用 Docker images 查看镜像,存在一个 mongodb:1.0,如图 3-6 所示。

```
root@ubuntu:/home/workspace/docker/dockerfile/mongodb# docker images
REPOSITORY          TAG                 IMAGE ID            CREATED             VIRTUAL SIZE
mongodb             1.0                 1cdb36279a5b        22 minutes ago      368.7 MB
```

图 3-6 使用 Docker images 查看镜像

通过 MongoDB 镜像创建容器,执行命令:

docker run －p 27017:2017 －－name mongodb_test mongodb:1.0,界面如图 3-7 所示。

```
root@ubuntu:/home/workspace/docker/dockerfile/mongodb# docker run -p 27017:2017
--name mongodb_test mongodb:1.0
2016-01-09T08:38:59.739+0000 I CONTROL  [initandlisten] MongoDB starting : pid=1
 port=27017 dbpath=/data/db 64-bit host=71dfba78eeba
2016-01-09T08:38:59.739+0000 I CONTROL  [initandlisten] db version v3.0.8
2016-01-09T08:38:59.739+0000 I CONTROL  [initandlisten] git version: 83d8cc25e0
e42856924d84e220fbe4a839e605d
2016-01-09T08:38:59.739+0000 I CONTROL  [initandlisten] build info: Linux ip-10-
187-89-126 3.13.0-24-generic #46-Ubuntu SMP Thu Apr 10 19:11:08 UTC 2014 x86_64
BOOST_LIB_VERSION=1_49
2016-01-09T08:38:59.739+0000 I CONTROL  [initandlisten] allocator: tcmalloc
2016-01-09T08:38:59.739+0000 I CONTROL  [initandlisten] options: {}
2016-01-09T08:38:59.782+0000 I JOURNAL  [initandlisten] journal dir=/data/db/jou
rnal
2016-01-09T08:38:59.782+0000 I JOURNAL  [initandlisten] recover : no journal fil
```

图 3-7　通过 MongoDB 镜像创建容器

创建完成界面,如图 3-8 所示。

```
2016-01-09T08:39:16.047+0000 I CONTROL  [initandlisten]
2016-01-09T08:39:16.049+0000 I INDEX    [initandlisten] allocating new ns file /
data/db/local.ns, filling with zeroes...
2016-01-09T08:39:16.146+0000 I STORAGE  [FileAllocator] allocating new datafile
/data/db/local.0, filling with zeroes...
2016-01-09T08:39:16.146+0000 I STORAGE  [FileAllocator] creating directory /data
/db/_tmp
2016-01-09T08:39:16.171+0000 I STORAGE  [FileAllocator] done allocating datafile
 /data/db/local.0, size: 64MB,  took 0.018 secs
2016-01-09T08:39:16.183+0000 I NETWORK  [initandlisten] waiting for connections
on port 27017
```

图 3-8　创建完成界面

3.1.6　Docker 实现 Spark 集群

1. 基础镜像的制作

基础镜像是在 ubuntu 14.04 的基础上安装了 JDK7.0、Scala、Hadoop 2.6、Spark 1.4 等软件。使用 Dockerfile 创建 dspark:basic 镜像,Dockerfile 内容如下:

```
FROM ubuntu:precise
# build dspark docker image
# Upgrade package index
# install a few other useful packages plus Open Jdk 7
# Remove unneeded /var/lib/apt/lists/* after install to reduce the
# docker image size (by~30MB)
RUN apt-get update && apt-get install -y less openjdk-7-jre-headless net-tools vim-ti-
ny sudo openssh-server && rm -rf /var/lib/apt/lists/*
#set environment
ENV SCALA_HOME /opt/scala
ENV HADOOP_HOME /opt/hadoop
ENV SPARK_HOME /opt/spark
ENV PATH $HADOOP_HOME/bin:$SPARK_HOME/bin:$SCALA_HOME/bin:$PATH
```

```
# install scala
ADD /home/pkg/scala/scala-2.11.7.tgz /opt
ADD /home/pkg/hadoop/hadoop-2.6.0.tar.gz /opt
ADD /home/pkg/spark/spark-1.4.1-bin-hadoop2.6.tgz /opt
RUN cd /opt && ln -s ./spark-1.4.1-bin-hadoop2.6 spark && ln -s ./hadoop-2.6.0 hadoop && ln -s ./scala-2.11.7 scala
# add some profiles: hadoop spark host
#
COPY ./hadoop/ /opt/hadoop/etc/hadoop/
COPY ./conf/ /opt/spark/conf/
# ssh login without password
RUN ssh-keygen -t dsa -P "" -f ~/.ssh/id_dsa
RUN mkdir -p /opt/data/hadoop/dfs/name && mkdir -p /opt/data/hadoop/dfs/data
# Hdfs ports
EXPOSE 50010 50020 50070 50075 50090 8020
# Mapred ports
EXPOSE 19888 10020 9001 9010
# Yarn ports
EXPOSE 8030 8031 8032 8033 8040 8042 8088
# SSH port
EXPOSE 22 8080
```

执行命令 docker build -t dspakr:basic ./ 创建镜像,并将镜像命名为 dspark:basic,如图 3-9 所示。

图 3-9 使用命令 Docker build 创建镜像

接下来将使用 dspark:basic 这个基础镜像制作出整个集群。

2. 集群的制作

集群中包含一个 Master 节点,两个 Slave 节点。设置 MASTER_IP=172.17.1.1,修改 slaves 文件,Dockerfile 如下:

```
FROM dspark:basic
# build dsparkmaster1:1.0
###
#    Add slave
###
ENV MASTER_IP 172.72.1.1
ADD slaves $HADOOP_HOME/etc/hadoop/
ADD slaves $SPARK_HOME/conf/
```

使用 docker build -t dsparkmaster：1.0. / 创建镜像，创建过程如图 3-10 所示。

```
root@ubuntu:/home/workspace/docker/dockerfile/spark/master# docker build -t dspa
rkmaster:1.0 ./
Sending build context to Docker daemon 3.072 kB
Sending build context to Docker daemon
Step 0 : FROM dspark:basic
 ---> 58248a18746c
Step 1 : ENV MASTER_IP 172.72.1.1
 ---> Running in 9850d8bcf9eb
 ---> f05ff6abf57b
Removing intermediate container 9850d8bcf9eb
Step 2 : ADD slaves $HADOOP_HOME/etc/hadoop/
 ---> ad57e4bf6f63
Removing intermediate container e6d6180599b1
Step 3 : ADD slaves $SPARK_HOME/conf/
 ---> ab3146aa5451
Removing intermediate container 41786c94e591
Successfully built ab3146aa5451
```

图 3-10　使用命令 Docker build 创建镜像

（1）启动 Master 容器

docker run －dit 　－p 22 －p 8080 －p 8088 －p 50070 －m 8g －－net＝none －－name master dsparkmaster /bin/bash

（2）启动 Slave 容器

docker run －dit －－net＝none －－name slave1 －m 6g dsparkmaster

docker run －dit －－net＝none －－name slave2 －m 6g dsparkmaster

```
root@ubuntu:/home/workspace/docker/dockerfile/spark/master# docker ps
CONTAINER ID    IMAGE          COMMAND      CREATED          STATUS
                PORTS          NAMES
c295269c880e    dsparkmaster   "/bin/bash"  About a minute ago   Up About a
 minute                        slave2
a3995b76be9d    dsparkmaster   "/bin/bash"  About a minute ago   Up About a
 minute                        slave1
c6438116b0e7    dsparkmaster   "/bin/bash"  About a minute ago   Up About a
 minute                        master
```

图 3-11　启动 Slave 容器

Docker 并无固定 IP 地址的命令或工具，可以通过虚拟网桥对来实现 IP 的固定，方法如下写成的 shell 文件：

＃！/bin/bash

＃ 1 master ip is 172.17.1.1

＃ 2 slave ip is 172.17.2.1 － 172.17.2.2

＃

if [！－d "/var/run/netns"]; then

　mkdir /var/run/netns

fi

＃ for the master

master_name＝master

declare － i master_ip

master_ip＝1

docker start ＄{master_name}

```
pid = $(docker inspect -f"{{.State.Pid}}" ${master_name})
echo "master pid = $pid"
ln -s /proc/$pid/ns/net /var/run/netns/$pid
ip link add veth_${master_name}_b type veth peer name veth_${master_name}_c
brctl addif docker0 veth_${master_name}_b
ip link set veth_${master_name}_b up
ip link set veth_${master_name}_c netns $pid
ip netns exec $pid ip link set dev veth_${master_name}_c name eth0
ip netns exec $pid ip link set eth0 address 12:34:56:78:9a:${master_ip}
ip netns exec $pid ip link set eth0 up
ip netns exec $pid ip addr add 172.17.1.${master_ip}/16 dev eth0
ip netns exec $pid ip route add default via 172.17.42.1
# end master set IP
# for the slave network
declare -i slave_num slave_i
slave_num = 2
for (( slave_i = 1; $slave_i <= $slave_num; slave_i = $slave_i + 1 ))
do
    slave_name = "slave$slave_i"
    declare -i slave_ip
    slave_ip = $slave_i
    docker start ${slave_name}
    pid = $(docker inspect -f'{{.State.Pid}}' ${slave_name})
    echo "$slave_name pid = $pid"
    ln -s /proc/$pid/ns/net /var/run/netns/$pid
    ip link add veth_${slave_name}_b type veth peer name veth_${slave_name}_c
    brctl addif docker0 veth_${slave_name}_b
    ip link set veth_${slave_name}_b up
    ip link set veth_${slave_name}_c netns $pid
    ip netns exec $pid ip link set dev veth_${slave_name}_c name eth0
    ip netns exec $pid ip link set eth0 address 12:34:56:78:9a:${slave_ip}
    ip netns exec $pid ip link set eth0 up
    ip netns exec $pid ip addr add 172.17.2.${slave_ip}/16 dev eth0
    ip netns exec $pid ip route add default via 172.17.42.1
done
# end slave set IP
```

将创建的三个容器：一个 Master 容器和两个 Slave 容器，启动后运行 shell 文件，即可固定 IP，如图 3-12 所示。

```
root@ubuntu:/home/workspace/docker/dockerfile/spark/master# ./start_2slave.sh
master
master pid=6620
slave1
slave1 pid=6644
slave2
slave2 pid=6667
```

图 3-12　启动设置固定 IP 的脚本

目前 Docker 官网没有提供固定 IP 的方法,容器重启后,又要重新设置固定 IP 相当麻烦。

3. 集群启动测试

(1) 先格式化 NameNode 节点,执行如下命令:

hdfs namenode - format

(2) 然后执行启动 Spark 集群的命令来启动 Spark 集群。命令如下,界面如图 3-13 所示:

cd /usr/local/spark - 1.4.1 - bin - hadoop2.6/

sbin/start - all.sh

```
root@master:/usr/local/spark-1.4.1-bin-hadoop2.6# sbin/start-all.sh
starting org.apache.spark.deploy.master.Master, logging to /usr/local/spark-1.4.1-bin-hadoo
p2.6/sbin/../logs/spark--org.apache.spark.deploy.master.Master-1-master.out
slave2: starting org.apache.spark.deploy.worker.Worker, logging to /usr/local/spark-1.4.1-b
in-hadoop2.6/sbin/../logs/spark-root-org.apache.spark.deploy.worker.Worker-1-slave2.out
slave1: starting org.apache.spark.deploy.worker.Worker, logging to /usr/local/spark-1.4.1-b
in-hadoop2.6/sbin/../logs/spark-root-org.apache.spark.deploy.worker.Worker-1-slave1.out
root@master:/usr/local/spark-1.4.1-bin-hadoop2.6# jps
416 SecondaryNameNode
226 NameNode
580 ResourceManager
1084 Jps
925 Master
```

图 3-13 启动 Spark 集群

(3) NameNode 节点上 Spark 集群启动界面。

登录 Slave 节点,执行 jps 命令,查看 Slave 节点上 Spark 是否启动了,当显示如下界面时,如图 3-14 所示,说明 Slave 节点上的 Spark 启动成功。

```
root@slave1:/usr/local/hadoop-2.6.0# jps
434 Worker
540 Jps
124 DataNode
238 NodeManager
```

图 3-14 验证 Slave 节点上的 Spark 启动成功

Slave 节点上的 Spark 启动成功界面如图 3-15 所示,至此 Docker 上的 Spark 安装成功。

接下来启动 Spark 集群的 Python 界面,在 NameNode 节点上输入如下命令:"./bin/pyspark",当出现如下界面时,代表 Python 界面启动成功,用户就可以输入 Python 程序进行实验了。

```
15/08/14 11:38:42 INFO storage.BlockManagerMaster: Trying to register BlockManager
15/08/14 11:38:42 INFO storage.BlockManagerMasterEndpoint: Registering block manager localh
ost:47350 with 265.1 MB RAM, BlockManagerId(driver, localhost, 47350)
15/08/14 11:38:42 INFO storage.BlockManagerMaster: Registered BlockManager
Welcome to
      ____              __
     / __/__  ___ _____/ /__
    _\ \/ _ \/ _ `/ __/  '_/
   /__ / .__/\_,_/_/ /_/\_\   version 1.4.1
      /_/

Using Python version 2.7.6 (default, Mar 22 2014 22:59:56)
SparkContext available as sc, HiveContext available as sqlContext.
>>>
```

图 3-15 启动 Spark 集群的 Python 界面

第 3 章 大数据平台虚拟化解决方案

3.1.7 Docker 集中化 Web 界面管理平台 shipyard

RethinkDB 是一个 shipyard 项目的一个 Docker 镜像，用来存放账号（account）、引擎（engine）、服务密钥（service key）、扩展元数据（extension metadata）等信息，但不会存储任何有关容器或镜像的内容。一般会启动一个 shipyard/rethinkdb 容器，shipyard-rethinkdb-data 使用它的/data 作为数据卷供另外一个 RethinkDB 挂载，专门用于数据存储。

1. 两个概念

（1）engine

一个 shipyard 管理的 Docker 集群可以包含一个或多个 engine（引擎），一个 engine 就是监听 TCP 端口的 Docker daemon。shipyard 管理 docker daemon、images、containers 完全基于 Docker API，不需要做其他的修改。另外，shipyard 可以对每个 engine 做资源限制，包括 CPU 和内存；因为 TCP 监听相比 UNIX socket 方式会有一定的安全隐患，所以 shipyard 还支持通过 SSL 证书与 Docker 后台进程安全通信。

（2）RethinkDB

RethinkDB 是一个 shipyard 项目的一个 Docker 镜像，用来存放账号（account）、引擎（engine）、服务密钥（service key）、扩展元数据（extension metadata）等信息，但不会存储任何有关容器或镜像的内容。一般会启动一个 shipyard/rethinkdb 容器 shipyard-rethinkdb-data 来使用它的/data 作为数据卷供另外 rethinkdb 一个挂载，专门用于数据存储。

2. 搭建过程

（1）修改 TCP 监听

shipyard 要管理和控制 Docker host 的话需要先修改 Docker host 上的默认配置使其监听 TCP 端口（可以继续保持 UNIX socket），有以下两种方式。

① 启动 docker daemon。如果为了避免每次启动都写这么长的命令，可以直接在/etc/init/docker.conf 中修改。

```
sudo docker -H tcp://0.0.0.0:4243 -H unix:///var/run/docker.sock -d
```

② 修改/etc/default/docker 的 DOCKER_OPTS。

```
DOCKER_OPTS="-H tcp://127.0.0.1:4243 -H unix:///var/run/docker.sock"
```

- 重启服务

```
$ sudo docker -H tcp://0.0.0.0:4243 -H unix:///var/run/docker.sock -d
```

- 验证

```
$ netstat -ant |grep 4243
tcp6       0      0 :::4243            :::*           LISTEN
```

（2）启动 RethinkDB

shipyard（基于 Python/Django）在 v1 版本时安装过程比较复杂，既可以通过在 Host 上安装，也可以部署 shipyard 镜像（包括 shipyard-agent、shipyard-deploy 等组件）。v2 版本简化了安装过程，启动两个镜像就可以完成。

① 获取一个/data 的数据卷。

```
$ sudo docker run -it -d --name shipyard-rethinkdb-data \
   --entrypoint /bin/bash shipyard/rethinkdb -l
```

② 使用数据卷/data 启动 RethinkDB。
docker run -it -P -d --name shipyard-rethinkdb \
 --volumes-from shipyard-rethinkdb-data shipyard/rethinkdb

（3）部署 shipyard 镜像

① 启动 shipyard 控制器。
sudo docker run -it -p 8080:8080 -d --name shipyard \
 --link shipyard-rethinkdb:rethinkdb shipyard/shipyard

至此，已经可以通过浏览器访问 http://host:8080 来访问 shipyard UI 界面了。

② 第一次 run 后，关闭再次启动时直接使用。
sudo docker stop shipyard shipyard-rethinkdb shipyard-rethinkdb-data
sudo docker start shipyard-rethinkdb-data shipyard-rethinkdb shipyard

3. 登录

登录界面如图 3-16 所示。

图 3-16　shipyard 登录界面

默认用户名/密码为 admin/shipyard，登录后的界面如图 3-17 所示。

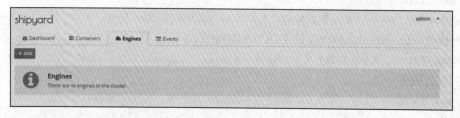

图 3-17　shipyard 登录后界面

（1）Dashboard 界面

Dashboard 展示在添加 engine 时指定的 CPU 以及内存的使用情况。

（2）Containers 界面

shipyard 管理的所有 Docker 主机的所有容器，包括 stop 和 running 状态的。可以直接点击 DEPLOY 按钮来从镜像运行出其他容器，与 Docker run 的选项几乎相同，可以限制 CPU 和内存的使用，详见 shipyard 的 containers 文档。

（3）engine 管理

一个 engine 就是一个 Docker daemon，Docker daemon 下启动着多个 containers engine 可以理解成一台主机，可以限制 docker 使用该主机的一些资源，比如 CUP 和内存。shipyard 通过 TCP 端口连接 daemon。需要注意的是 Docker client 与 server 的版本问题（因为 shipyard 目前还在快速的完善过程，不同版本的 Docker 应该是向下兼容的）。

3.1.8 DockerUI

1. DockerUI 界面搭建

run cmd docker run －d －p 9000:9000 －v /var/run/docker.sock:/var/run/docker.sock dockerui/dockerui
Open your browser to http://<dockerd host ip>:9000

2. DockerUI 管理界面的使用

（1）Dashboard 界面

Dashboard 界面显示着 Docker 的运行状态，如图 3-18 所示，同时能看到正在运行的容器。

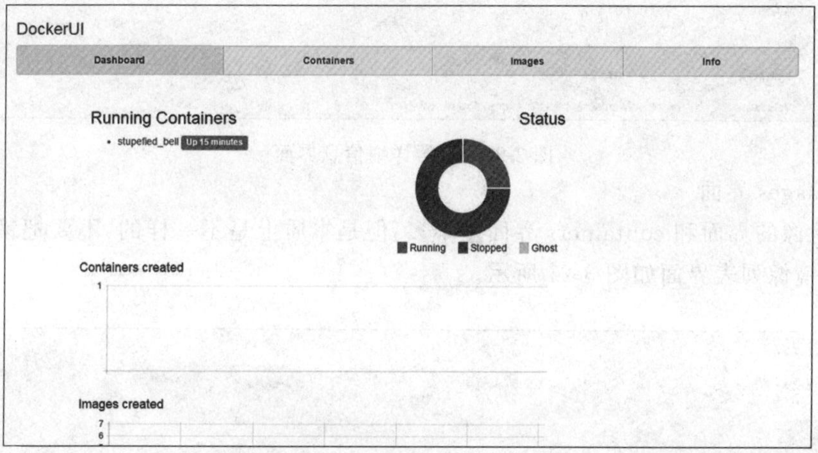

图 3-18 Docker 的运行状态界面

（2）Containers 界面

图 3-19 显示运行中和暂停的容器，点击容器前面的方框选择 action 能够暂停容器、kill 容器等一系列操作。点击容器的名字能显示详细信息，如图 3-20 所示。

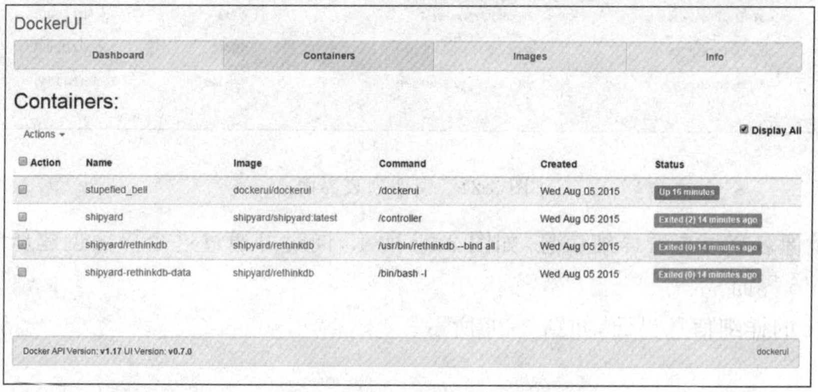

图 3-19 容器列表界面

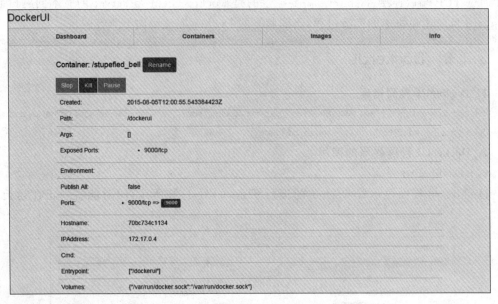

图 3-20　容器详细信息界面

(3) Images 界面

管理镜像的界面和 containers 界面差不多，但是本质上是不一样的，不要把镜像和容器混为一谈，镜像列表界面如图 3-21 所示。

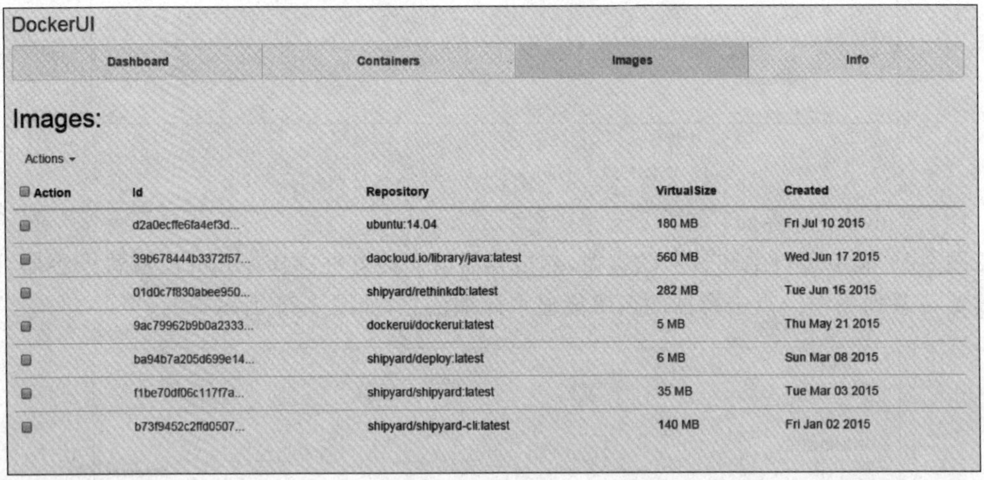

图 3-21　镜像列表界面

点击镜像名字可查看详细信息，如图 3-22 所示，同时可通过这个界面创建新的容器。

(4) Info 界面

Docker 的详细信息界面，如图 3-23 所示。

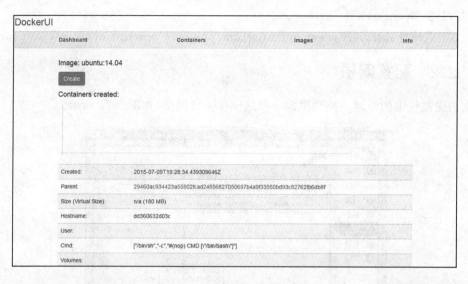

图 3-22　镜像详细信息界面

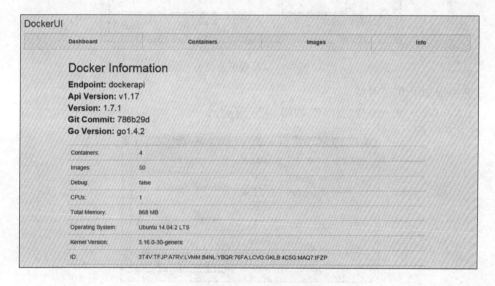

图 3-23　Docker 的详细信息界面

3.2　OpenStack 搭建

本节将进行 OpenStack 的搭建演示，采用 VirtualBox 虚拟机和 fuel 自动化部署工具。

3.2.1　下载工具和镜像

(1) 虚拟化工具：VirtualBox4.3。
(2) 下载地址：https://www.virtualbox.org/wiki/Downloads。

(3) 安装 OpenStack 工具:fuel6.0。

(4) 下载地址:https://www.mirantis.com/products/mirantis-openstack-software/。

3.2.2 配置网桥

点击虚拟机中的管理→全局设定→网络→仅主机网络,如图 3-24 所示。

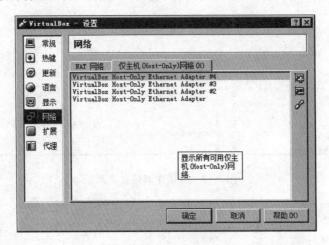

图 3-24 网桥配置界面

分别添加如下几个网桥。

(1) Net0:10.20.0.0/24:PXE,如图 3-25 所示。

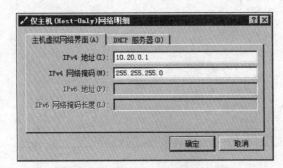

图 3-25 添加 PXE 网桥

(2) Net1:192.168.4.0/24:管理、存储,如图 3-26 所示。

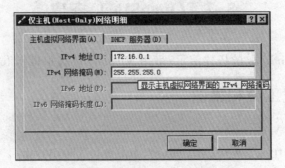

图 3-26 添加存储、管理网桥

第 3 章 大数据平台虚拟化解决方案

(3) Net2：172.16.0.0/24：公网 IP、浮动 IP，如图 3-27 所示。

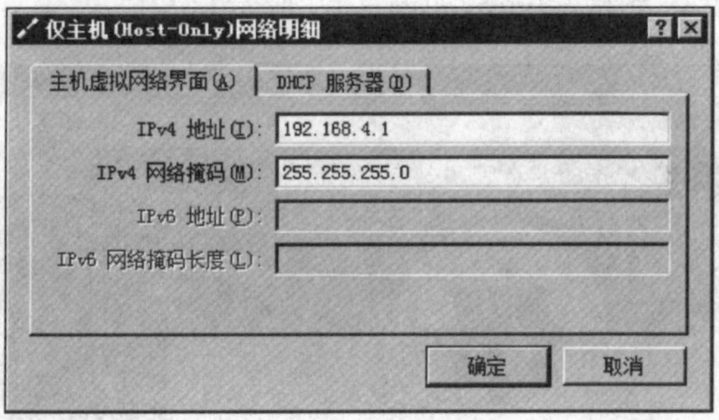

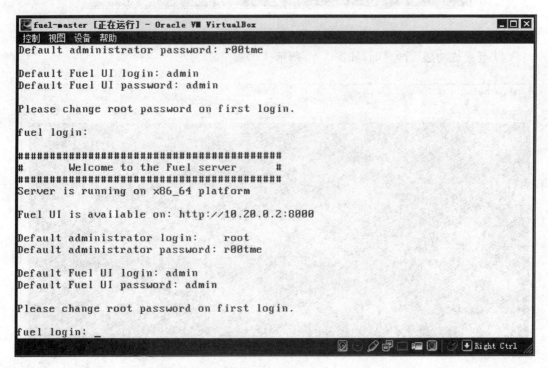

图 3-27　添加公网 IP 与浮动 IP 网桥

3.2.3　安装 fuel

(1) 配置 fuel 虚拟机，硬件环境如下。
内存：4 GB。
CPU：2 个。
硬盘：64 GB。
网络：net0（必选）、net1（可选）、net2（可选）。

(2) 将镜像放入，启动虚拟机即可安装，安装完成即可在虚拟机中看见如下信息，如图 3-28 所示。

图 3-28　fuel 安装完成界面

(3) 等待 fuel 虚拟机安装完成即可在浏览器中查看，输入 10.20.0.2:8080 即可进入登录界面，用户名和密码默认都是 admin，如图 3-29 所示。

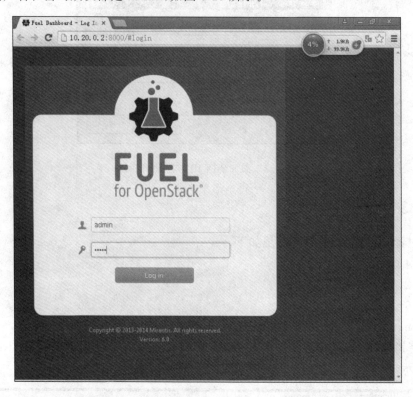

图 3-29　fuel 登录界面

(4) 登录成功之后的界面，如图 3-30 所示。

图 3-30　fuel 登录成功界面

3.2.4 安装 OpenStack 平台

1. 创建 OpenStack 环境

进入 fuel 界面后点击创建 OpenStack 环境即可,创建步骤如下。

(1) 填写 OpenStack 名称与选择 OpenStack 的版本,如图 3-31 所示。

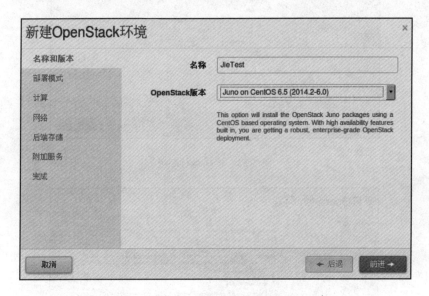

图 3-31　填写 OpenStack 名称与版本

(2) 选择部署模式,如图 3-32 所示。

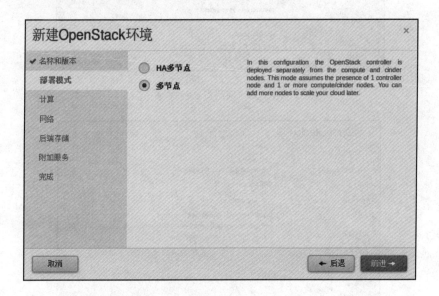

图 3-32　部署模式

(3) 选择运行环境,如图 3-33 所示。

(4) 网络类型的选择,如图 3-34 所示。

（5）存储模式的选择，如图 3-35 所示。

图 3-33　选择运行环境

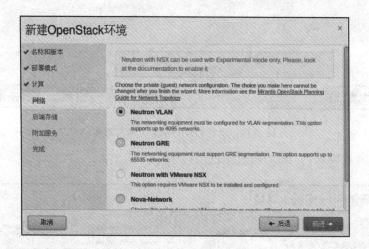

图 3-34　网络类型的选择

图 3-35　存储模式的选择

(6) 选择服务环境,如图 3-36 所示。

图 3-36　选择服务环境

(7) 完成 OpenStack 配置,如图 3-37 所示。

图 3-37　完成配置

(8) 点击完成后界面,如图 3-38 所示。

图 3-38　新建完成的 OpenStack 环境

2. 安装 OpenStack 环境

(1) 点击进入 testOpenStack，点击添加节点后，选择一个角色，对应的在下方选择一台主机，如图 3-39 所示。

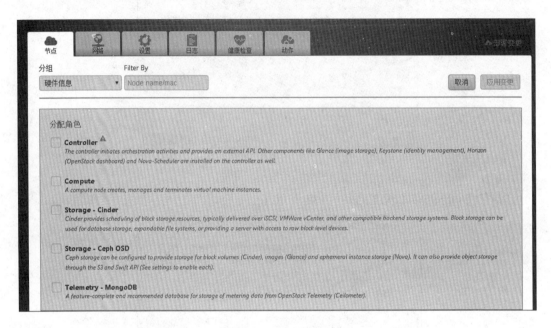

图 3-39　角色分配

(2) 分配完成后的角色，如图 3-40 所示。

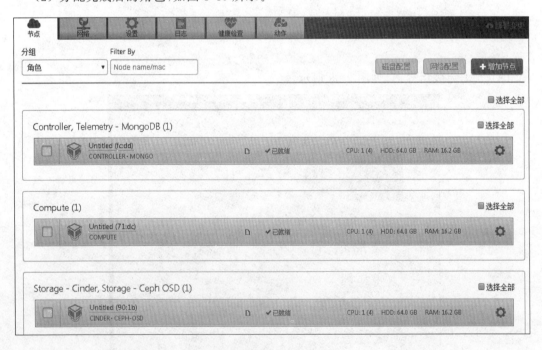

图 3-40　角色分配完成后

(3) 点击选项栏中的网络,然后点击验证网络,如图 3-41 所示。

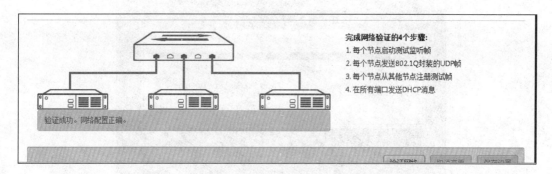

图 3-41 网络验证成功

(4) 节点网络和硬盘的调整:在节点页面,选择全部节点,点击网络配置进入网络配置界面,将管理网段和存储网段放在 net2 网段中;硬盘的调整,用户可根据应用需求进行相应的配置。在所有配置完成后点击部署,如图 3-42 所示。

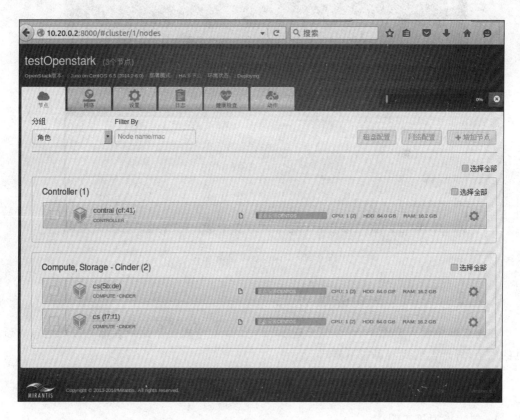

图 3-42 部署过程

(5) 对应虚拟机中也会进行安装,如图 3-43 所示。

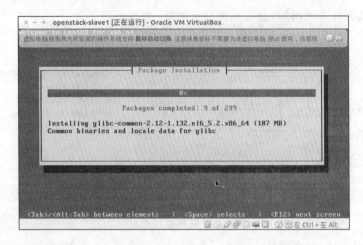

图 3-43　虚拟机中部署安装

(6) 漫长的等待后可在 Web 界面中看见部署成功的信息,如图 3-44 所示。

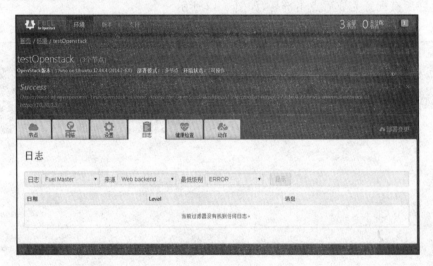

图 3-44　OpenStack 部署成功

3.2.5　使用 OpenStack 平台

在浏览器中输入 172.16.0.2 或者是 10.20.0.3,这个取决于用户在部署成功信息中看见的内容,每个人的机器可能不相同。

用户名和密码默认是 admin,如图 3-45 所示。

登录后界面,如图 3-46 所示。

1. 创建虚拟机实例

(1) 点击 Project→Instances→Launch Instance ,过程如图 3-47 所示。

(2) 进入配置虚拟机界面,如图 3-48 所示。

(3) 添加密钥对,在 Xshell 中先生成密钥对,再将公钥复制到虚拟机中,点击导入即可完成,如图 3-49 所示。

图 3-45　OpenStack 登录界面

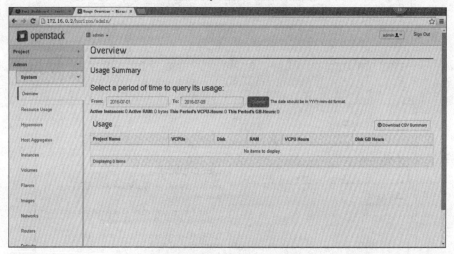

图 3-46　OpenStack 欢迎界面

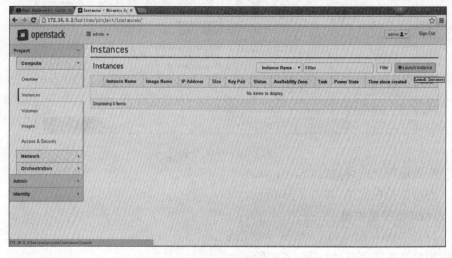

图 3-47　创建虚拟机实例界面

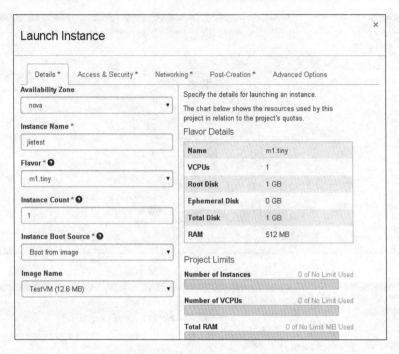

图 3-48　OpenStack 上配置虚拟机

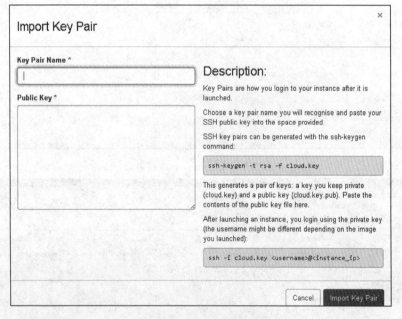

图 3-49　导入公钥

（4）配置虚拟机网络，选择 net04，如图 3-50 所示。

（5）创建虚拟机完成，如图 3-51 所示。

2. Xshell 连接虚拟机

（1）打开 Xshell 配置如下，如图 3-52 所示。

（2）用户名和密钥选择如图 3-53 所示。

（3）配置完成后，连接虚拟机，连接结果如图 3-54 所示。

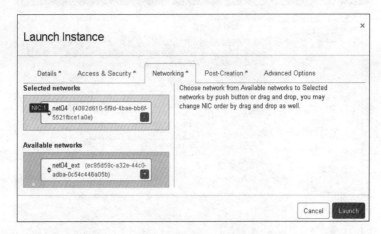

图 3-50　虚拟机网络配置

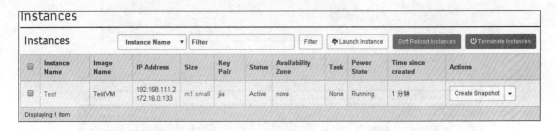

图 3-51　虚拟机创建完成

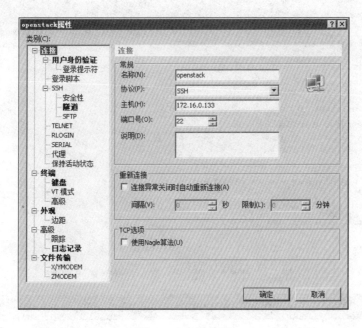

图 3-52　连接信息

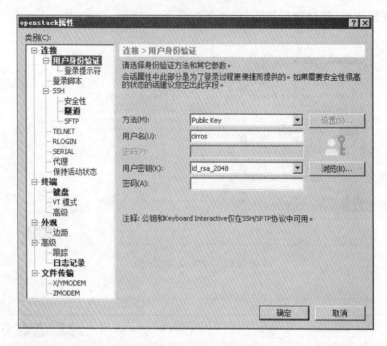

图 3-53 用户名与密钥选择

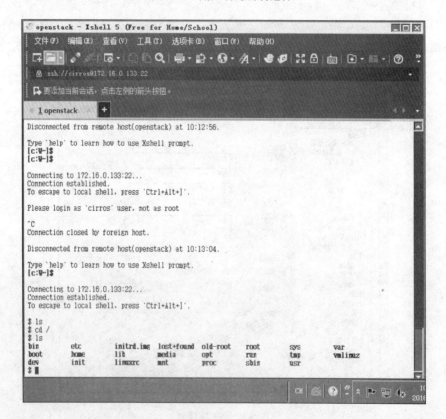

图 3-54 连接 OpenStack 虚拟机

3. 动态挂载卷

（1）OpenStack 卷界面如图 3-55 所示，OpenStack 创建卷如图 3-56 所示。

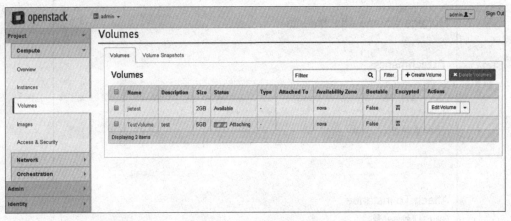

图 3-55　OpenStack 卷界面

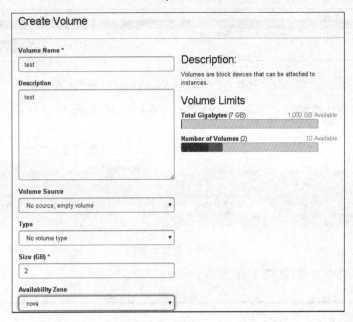

图 3-56　OpenStack 创建卷

（2）可将调整卷的大小、挂载卷到特定的主机，创建镜像、导出成镜像，如图 3-57 所示。

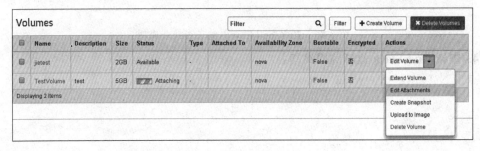

图 3-57　OpenStack 卷操作

(3) 动态的挂载卷到主机,如图 3-58 所示。

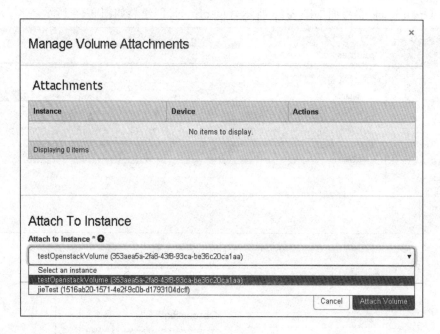

图 3-58　挂载卷到 testOpenStackVolume 虚拟机中

(4) 成功将卷挂载到 testOpenStackVolume 虚拟机中,如图 3-59 所示。

图 3-59　卷挂载成功

(5) 在虚拟机中查看,如图 3-60 所示。

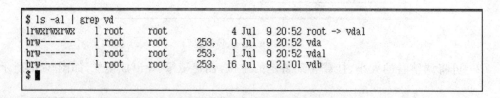

图 3-60　在 Xshell 中查看卷是否挂载成功

4. 查看 OpenStack 集群的网络拓扑

点击 Network→Network Topology 查看,结果如图 3-61 所示。

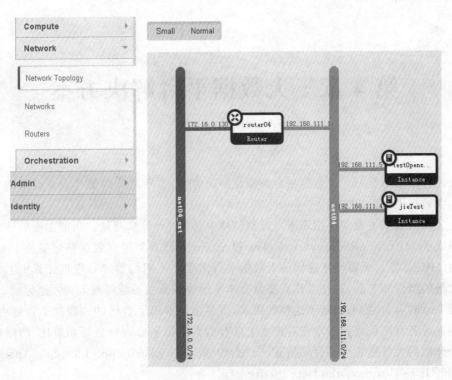

图 3-61　集群网路拓扑

本 章 小 结

当前工业界普遍将 Docker 和 OpenStack 结合使用,成功案例有蘑菇街、京东等。也有单独使用 Docker 的如雪球网、灵雀云、DaoCloud 等。Docker 和 OpenStack 能够提升对生产环境中大规模集群的部署和维护效率,降低人力物力成本,是大数据平台的基础环境。

参 考 文 献

[1] https://docs.docker.com.
[2] http://yaxin-cn.github.io/Docker/docker-container-use-static-IP.html.
[3] http://www.cnblogs.com/rilley/archive/2012/02/13/2349858.html.
[4] http://www.cnblogs.com/rilley/archive/2012/02/13/2349858.html.
[5] http://yuedu.baidu.com/ebook/d817967416fc700abb68fca1?fr=aladdin&key=docker.

第 4 章 大数据平台解决方案

我们在第 3 章学习了大数据平台虚拟化解决方案,本章将介绍适合企业应用的生产环境下的大数据平台解决方案。

企业对大数据平台的应用需求一般包括两个部分:计算和存储。当前主流的计算平台主要集成了 MPI、MapReduce、Spark、Tez 和 Storm 等计算架构。数据存储集成了 HDFS、Impala、HBase 等。而要构建这样的大数据平台需要在不同的物理和虚拟计算机上安装和部署大量的组件和工具,这些工作需要具有丰富运维经验的系统管理人员才能完成,并且需要耗费大量的人力、物力。基于这样的需求,很多企业推出了自己的大数据平台解决方案,而这些方案各有侧重点。本章先对市场上已有的大数据平台进行分析和对比,然后重点介绍两个开源的大数据管理平台的搭建:CDH(Cloudera's Distribution Including Apache Hadoop)和 HDP(Hortonworks Data Platform)。

4.1 大数据平台比较

当前主流的大数据平台提供机构包括 Cloudera、Hortonworks、MapR、华为、EMC、IBM、Intel 等,这些机构有公益的、商业的或者混合的多种形式,提供的大数据平台有开源的、商业的等多种版本,每个机构提供的大数据平台使用的用户场景各不相同,因而进行平台选择的时候,用户必须根据自己的需求进行选择。下面我们通过表格的形式,将各个机构提供的平台的特点列出,如表 4-1 所示。

表 4-1 主流大数据平台对比

机构名称	平台名称	是否开源	商业版本	定价	安装管理系统
Cloudera	CDH	是	有	4 000 美元/年/节点	Cloudera Manager
Hortonworks	HDP	是	有	12 500 美元/年/10 节点	Ambari
华为	FusionInsight	否	有	不详	不详
EMC	Pivotal HD	部分	有	不详	Ambari
IBM	InfoSphere BigInsights	否	有	不详	不详

Hadoop 的发行版除了 Apache 官方的 Apache Hadoop 外,Cloudera、Hortonworks、MapR、EMC、IBM、Intel 和华为等都提供了基于 Apache Hadoop 的社区版、试用版和商业版等。商业版与社区版或试用版的区别是提供了专业的技术支持,这对于从事大数据业务的企业非常重要。

4.2 CDH 大数据平台搭建

CDH 是 Cloudera 开发的完全开源的大数据管理平台,其集成了 Apache Hadoop 和一些专门为企业需求所做的优化。CDH 包括 Cloudera Manager、Cloudera Standard、Cloudera Enterprise Trial 和其他相关软件。CDH 安装首先要安装 Cloudera Manager。

4.2.1 Cloudera Manager 安装

Cloudera Manager 支持主流大数据平台的大部分组件,这些组件随着 CM 不同版本推出而更新,用户可以根据 Cloudera 给出的兼容性矩阵,查询相关组件的兼容性。具体网址参见:http://www.cloudera.com/documentation/enterprise/release-notes/topics/Product_Compatibility_Matrix.html。

1. 下载 CM 安装包

运行命令:wget http://arcHive.cloudera.com/cm5/installer/5.4.8/cloudera-manager-installer.bin。

2. 运行安装 CM

(1) 修改权限

chmod u + x cloudera – manager – installer.bin

(2) 执行 cloudera-manager-installer.bin

./cloudera – manager – installer.bin

(3) 开始安装 CM 许可认证,点击"是"即可,如图 4-1 所示。

Cloudera Manager 许可证界面如图 4-2 所示,选择"是(Y)"后继续。然后出现 Oracle 二进制代码许可证界面,如图 4-3 所示,选择 Next 继续。

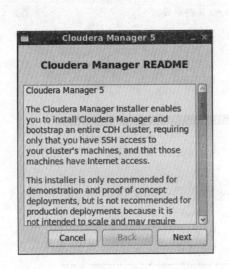

图 4-1 CM Readme 界面

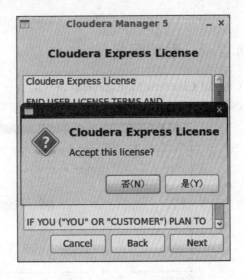

图 4-2 CM License 界面

继续选择 Next，开始安装 Cloudera Manager 5，界面如图 4-4 所示。

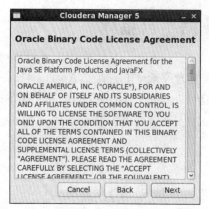

图 4-3 Oracle 二进制代码许可证界面

图 4-4 Cloudera Manager 5 安装界面

安装完成后，提示打开浏览器访问 CM5 的管理界面，用户名和密码都是"admin"，如图 4-5 所示。至此安装成功，打开浏览器输入 http://localhost:7180 即可进入 Web 界面。

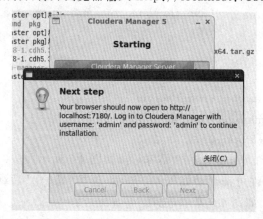

图 4-5 Cloudera Manager 5 提示界面

4.2.2 添加服务

1. 添加 Cloudera Management Service

点击右上角添加 CM Service，如图 4-6 所示。

图 4-6 添加 Cloudera Management Service 界面

选择 master 作为 Service Monitor 和 Host Monitor，如图 4-7 所示。

图 4-7　添加服务向导界面

目录的存储配置如图 4-8 所示。

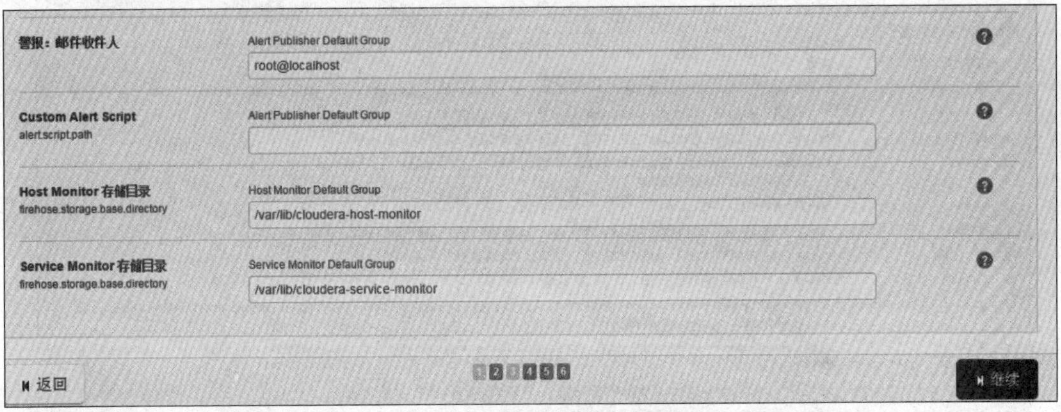

图 4-8　目录的存储配置界面

启动服务如图 4-9 所示。

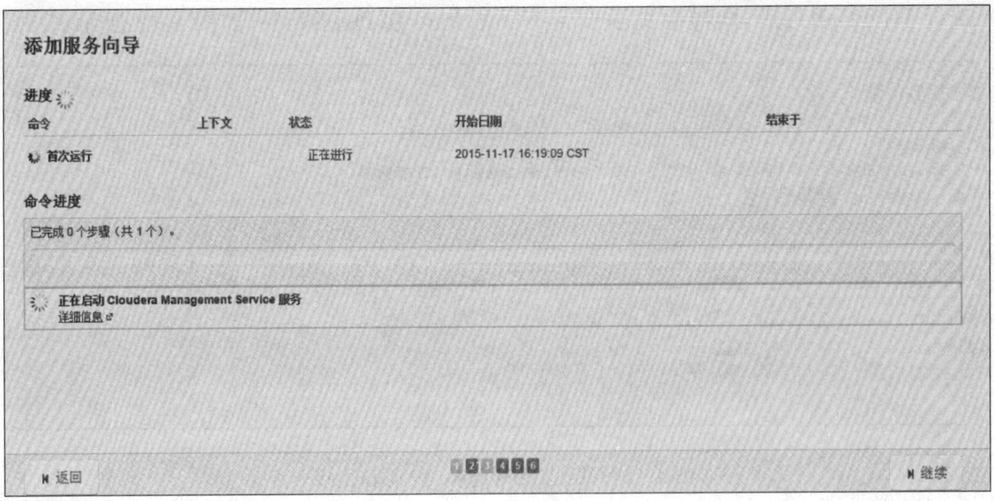

图 4-9　启动 Cloudera Management Service 服务界面

安装完成界面,如图 4-10 所示。

图 4-10　Cloudera Management Service 服务安装完成界面

2. 添加 HDFS 服务

"Cloudera Management Service 服务"添加成功后,可以通过"添加服务向导"添加其他服务。如想添加 HDFS 服务,请选择 HDFS 服务,如图 4-11 所示。

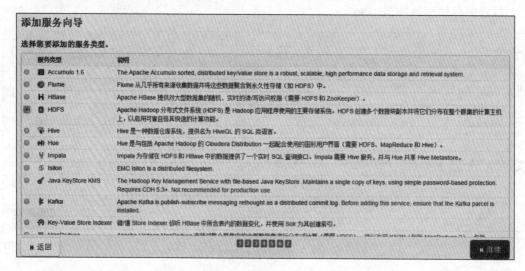

图 4-11　添加 HDFS 服务

选择 HDFS 服务后,向导会提示设置 NameNode 和 DataNode,如图 4-12 所示。

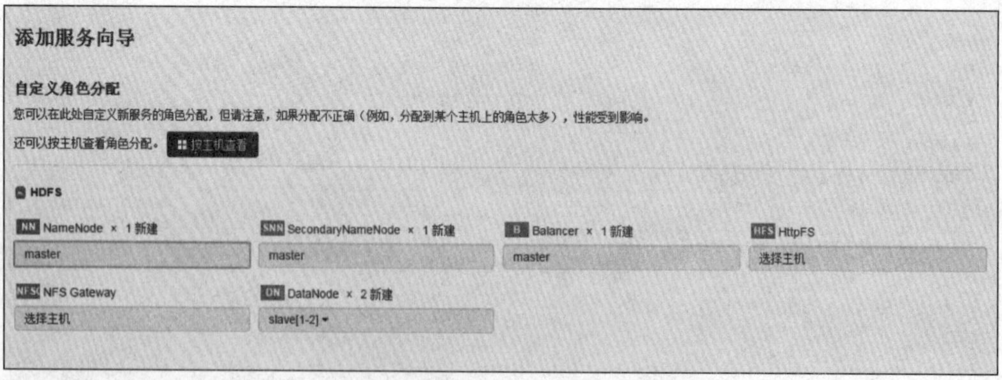

图 4-12　设置 NameNode 和 DataNode

设置 NameNode 和 DataNode 后,向导提示设置 DataNode 数据目录和 NameNode 数据目录,如图 4-13 所示。

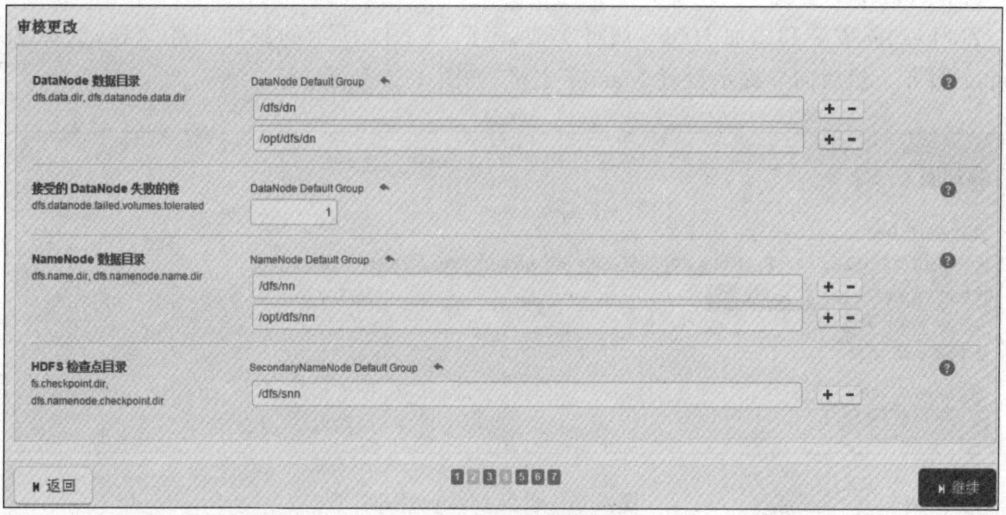

图 4-13 设置 DataNode 数据目录和 NameNode 数据目录

上述设置完成后,系统开始部署服务,如图 4-14 所示。

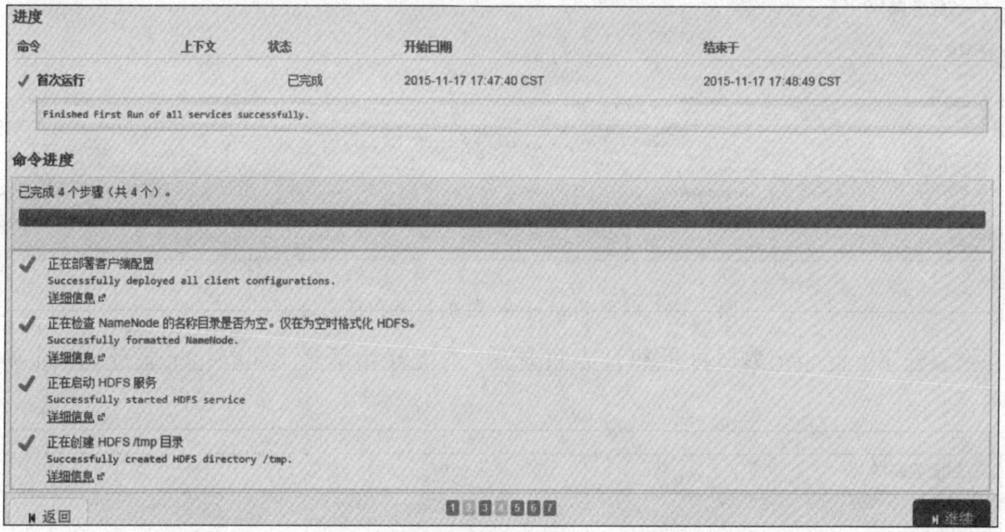

图 4-14 系统部署 HDFS 服务界面

当出现图 4-15 界面时,HDFS 服务部署完成。

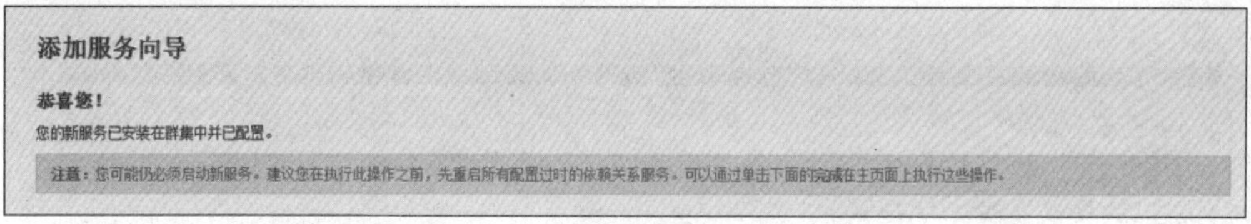

图 4-15 HDFS 服务部署完成

3. Zookeeper 安装

Zookeeper 安装和添加 HDFS 服务类似，返回图 4-11 所示的添加服务向导，选择 Zookeeper 服务。然后向导提示设置 Master 主机，如图 4-16 所示。

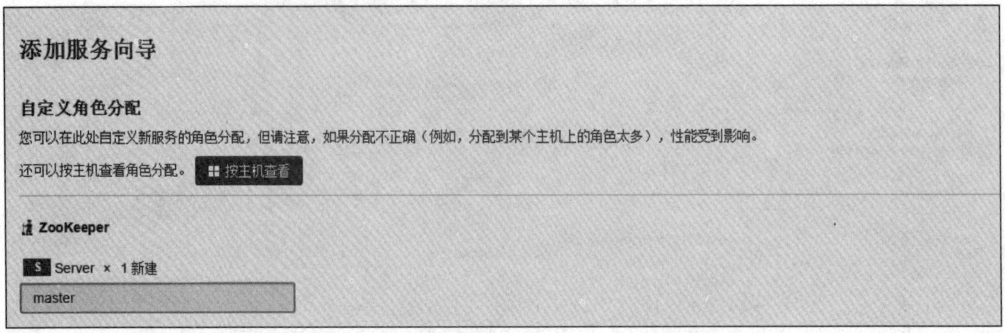

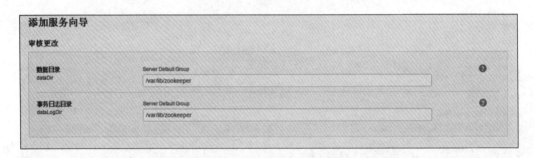

图 4-16　设置 Master 主机

设置完 Master 主机后，系统提示设置 Zookeeper 数据目录和日志目录，如图 4-17 所示。

图 4-17　设置 Zookeeper 数据目录和日志目录

设置完 Zookeeper 数据目录和日志目录后，系统开始部署 Zookeeper 服务，如图 4-18 所示。

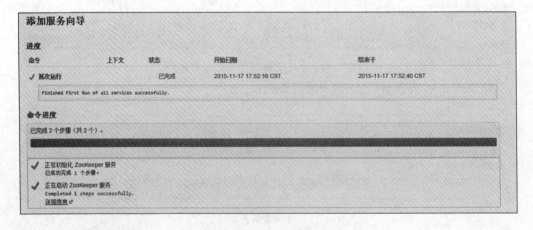

图 4-18　系统部署 Zookeeper 服务

4. YARN 安装

YARN 安装和添加 HDFS 服务类似,返回图 4-11 所示的添加服务向导,选择 YARN 服务,如图 4-19 所示。

图 4-19 选择 YARN 服务

然后向导提示设置依赖关系,如图 4-20 所示。

图 4-20 设置 YARN 依赖关系

设置依赖关系后进行主机配置,如图 4-21 所示。用户根据需求,设置主机的角色。

图 4-21 设置主机角色

设置主机完成后,选择安装路径,如图 4-22 所示。

图 4-22 安装路径选择

上述步骤设置完成后，系统开始部署并启动，如图 4-23 和图 4-24 所示。

图 4-23　YARN 部署界面

图 4-24　YARN 服务安装成功界面

5．Hive 安装

添加 Hive 服务和添加 HDFS 服务类似，返回如图 4-25 所示的添加服务向导，选择 Hive 服务。

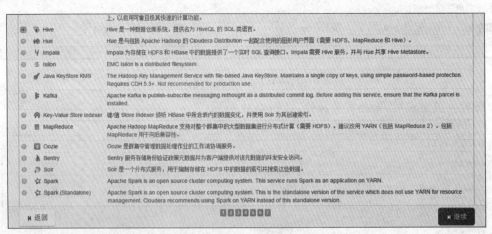

图 4-25　添加 Hive 服务界面

选择 Hive 服务的依赖关系，如图 4-26 所示。

选择 Hive 服务中主机的角色，如图 4-27 所示。

选择 Hive 服务的数据库，可以选择已经安装好的 MySQL，设置连接数据的主机名、用户名和密码，如图 4-28 所示。Hive 支持多种数据连接方式，具体可到其官网查询。

图 4-26　选择 Hive 服务的依赖关系

图 4-27　选择 Hive 服务中主机的角色界面

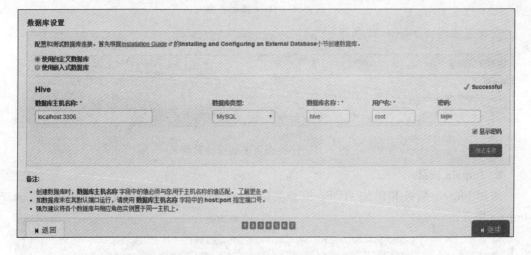

图 4-28　Hive 设置数据连接界面

设置 Hive 仓库的路径如图 4-29 所示。

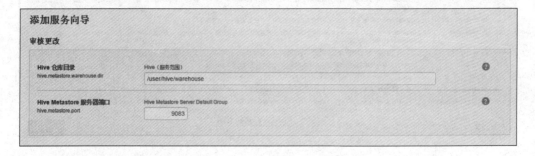

图 4-29　设置 Hive 仓库的路径界面

上述步骤完成后，系统开始部署安装，如图 4-30 所示。

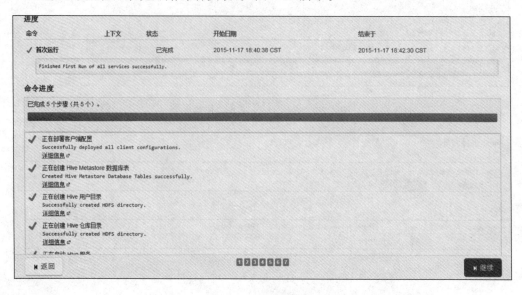

图 4-30　Hive 部署界面

安装完成界面如图 4-31 所示。

图 4-31　Hive 服务安装成功界面

6. Impala 安装

添加 Impala 服务和添加 HDFS 服务类似，返回如图 4-32 所示的添加服务向导，选择 Impala 服务。

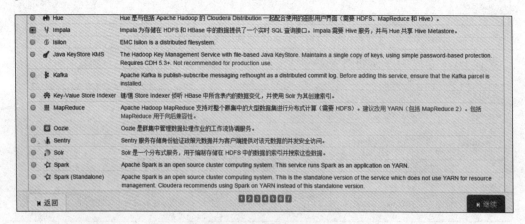

图 4-32　添加 Impala 服务界面

设置 Impala 服务依赖关系，如图 4-33 所示。

图 4-33　设置 Impala 服务的依赖关系

配置 Impala 的主机角色，如图 4-34 所示。

图 4-34　配置 Impala 的主机角色界面

配置 Impala 的缓存目录，如图 4-35 所示。

图 4-35　配置 Impala 的缓存目录界面

Impala 服务部署，如图 4-36 所示。

图 4-36　Impala 服务部署界面

Impala 服务安装成功，如图 4-37 所示。

7. CDH 状态一览

上述配置完成后，一个生产环境需要的大数据平台基本部署完成，包括 HDFS、YARN、Zookeeper、Hive 和 Impala 等，如果用户还需要其他服务如 Solr、Spark 等可以在安装向导中根据提示进行安装。CDH 对所有安装的服务都有状态报表，如图 4-38 所示。

图 4-37　Impala 服务安装成功

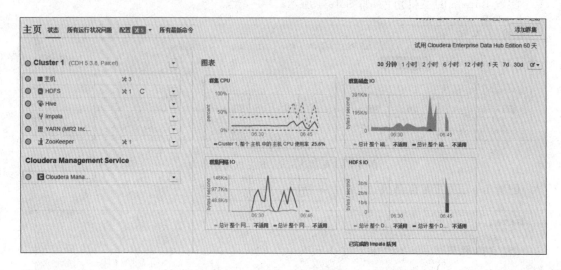

图 4-38　CDH 服务状态报表

CDH 主机信息列表，如图 4-39 所示。

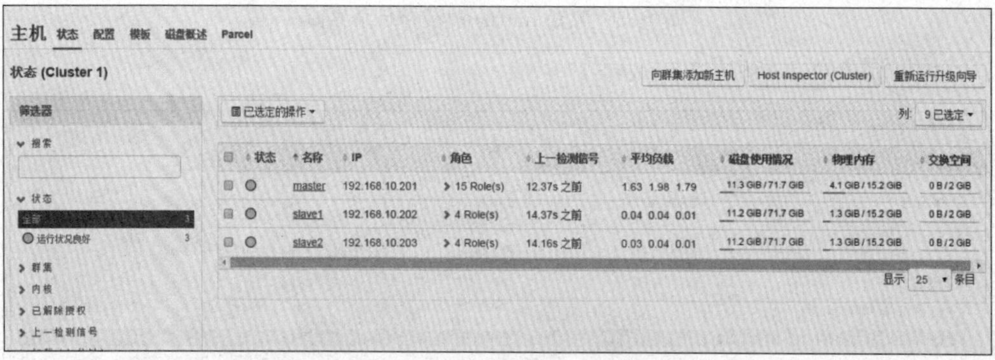

图 4-39　CDH 主机信息列表

4.3　HDP 大数据平台搭建

　　Hortonworks Data Platform 是基于集中式体系架构（YARN）的企业级开源 Apache Hadoop 分发版本。HDP 解决静态数据的全部需求，支持实时客户应用和提供鲁棒性分析,加快决策和创新。HDP 平台集成了大部分关键的大数据处理组件,并且随着这些组件的更新而更新,用户可以根据自己的需求,选择安装 HDP 的版本,HDP 版本和其集成的开源组件的版本对照表如图 4-40 所示。搭建 HDP 之前先部署 Ambari,因为 Ambari 可以方便 HDP 的自动化安装。

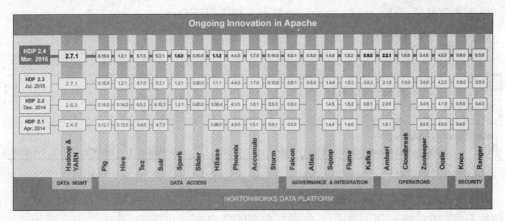

图 4-40　HDP 与其他开源项目的版本关系图

4.3.1　部署 Ambari

1. Ambari 集群规划

本节还是以最小的 Hadoop 集群架构来演示 Ambari 的部署。3 个节点的主机名列表如下:

(1) 192.168.10.101　　Ambari1

(2) 192.168.10.102　　master1.hadoop

(3) 192.168.10.103　　slave1.hadoop

Ambari1 是 http 服务器; master1.hadoop 是集群的 Master; slave1.hadoop 是集群的 NameNode。

2. 下载 Ambari

Apache Ambari 是一个完全开源的管理平台,其具有配置、管理、监控和确保 Apache Hadoop 集群的功能。Apache Ambari 是 Hortonworks Data Platform(HDP)的一部分,允许企业计划、安装和安全配置 HDP 平台,使其更容易地提供不间断的集群维护和管理,并且不限制集群的大小。

Ambari 目前支持 64 位的操作系统包括: RHEL(Redhat Enterprise Linux)6 和 RHEL 7、CentOS 6 和 CentOS 7、OEL(Oracle Enterprise Linux)6 和 OEL 7、SLES(SuSE Linux Enterprise Server) 11、Ubuntu 12 和 Ubuntu 14 以及 Debian 7。本章我们选择 Ubuntu 14。

Ambari 的官方文档对安装环境提出了最小系统要求。这些要求包括硬件要求、操作系统要求、浏览器要求、软件要求、数据库要求等。细节可以参照在网站 http://Ambari.apache.org 上的官方文档。其中比较重要的就是软件要求,Ambari 要求 Hadoop 集群的每个主机上必须安装 yum、rpm、scp、curl、wget、pdsh。这些软件都是在 Ambari 的安装脚本中使用的工具。

Ambari 有 2 种安装方式:第一种是从公用资源库安装,第二种是源代码安装。第一种简单方便,第二种因为以源代码编译安装,因而程序的执行效率会更高。

下面我们将介绍第一种安装方式。

3. 安装 Ambari

接下来就安装 Ambari,在 Ambari1 节点上输入以下命令:

```
yum -y install Ambari-server
```

出现如图 4-41 所示界面。

```
Total download size: 333 M
Installed size: 383 M
Is this ok [y/d/N]: y
Downloading packages:
(4/4): postgresql-server-9 22% [===-        ]  20 MB/s |  74 MB   00:12 ETA
```

图 4-41 下载 Ambari

在 HDP 的官网上下载 Ambari 的安装需要很长时间,用户可以自己搭建 HDP 的公共资源服务器,因为如果是上百个节点的集群都到服务器上去下载,确实是一个很漫长的过程,因而搭建一个本地的公共资源库确实很有必要,互联网上有很多配置本地资源库的文档,大家可以上网去搜索,本节不作赘述。

下载完成后执行如下命令:Ambari-server setup。

当出现如图提示时,输入 y 继续,如图 4-42 所示。

```
[root@localhost opt]# ambari-server setup
Using python  /usr/bin/python2.7
Setup ambari-server
Checking SELinux...
SELinux status is 'enabled'
SELinux mode is 'enforcing'
Temporarily disabling SELinux
WARNING: SELinux is set to 'permissive' mode and temporarily disabled.
OK to continue [y/n] (y)?
```

图 4-42 安装 Ambari 步骤 1

因为我们已经安装了 JDK 所以选 3,继续安装,如图 4-43 所示。

```
Customize user account for ambari-server daemon [y/n] (n)?
Adjusting ambari-server permissions and ownership...
Checking firewall status...
Redirecting to /bin/systemctl status  iptables.service

Checking JDK...
[1] Oracle JDK 1.8 + Java Cryptography Extension (JCE) Policy Files 8
[2] Oracle JDK 1.7 + Java Cryptography Extension (JCE) Policy Files 7
[3] Custom JDK
==============================================================================
Enter choice (1):
```

图 4-43 安装 Ambari 步骤 2

当出现如图 4-43 提示时,输入 JAVA_HOME 环境变量的路径,如图 4-44 所示。

```
Enter choice (1): 3
WARNING: JDK must be installed on all hosts and JAVA_HOME must be valid on all h
osts.
WARNING: JCE Policy files are required for configuring Kerberos security. If you
 plan to use Kerberos,please make sure JCE Unlimited Strength Jurisdiction Polic
y Files are valid on all hosts.
Path to JAVA_HOME: /opt/jdk
```

图 4-44　安装 Ambari 步骤 3

选择 y 进入数据库配置,如图 4-45 所示。

```
Validating JDK on Ambari Server...done.
Completing setup...
Configuring database...
Enter advanced database configuration [y/n] (n)?
```

图 4-45　安装 Ambari 步骤 4

这里要选数据库,我们现在的系统里安装了 PostgreSQL,所以我们选择 1,如图 4-46 所示。

```
==============================================================================
Choose one of the following options:
[1] - PostgreSQL (Embedded)
[2] - Oracle
[3] - MySQL
[4] - PostgreSQL
[5] - Microsoft SQL Server (Tech Preview)
==============================================================================
Enter choice (1):
```

图 4-46　安装 Ambari 步骤 5

图 4-47 是 Ambari 创建的数据库的名字、用户等。

```
Enter choice (1):
Database name (ambari):
Postgres schema (ambari):
Username (ambari):
Enter Database Password (bigdata):
Default properties detected. Using built-in database.
Configuring ambari database...
Checking PostgreSQL...
Running initdb: This may take upto a minute.
```

图 4-47　安装 Ambari 步骤 6

图 4-48 是安装 Ambari 成功界面,至此安装完成。

4. 启动 Ambari

启动 Ambari,输入命令:Ambari-server start。

```
About to start PostgreSQL
Configuring local database...
Connecting to local database...done.
Configuring PostgreSQL...
Restarting PostgreSQL
Extracting system views...
ambari-admin-2.1.0.1470.jar
......
Adjusting ambari-server permissions and ownership...
Ambari Server 'setup' completed successfully.
```

图 4-48　安装 Ambari 成功

当出现如图 4-49 界面时,代表启动成功。

```
[root@localhost opt]# ambari-server start
Using python  /usr/bin/python2.7
Starting ambari-server
Ambari Server running with administrator privileges.
Organizing resource files at /var/lib/ambari-server/resources...
Server PID at: /var/run/ambari-server/ambari-server.pid
Server out at: /var/log/ambari-server/ambari-server.out
Server log at: /var/log/ambari-server/ambari-server.log
Waiting for server start....................
Ambari Server 'start' completed successfully.
```

图 4-49　启动 Ambari

在其他计算机上用浏览器打开,输入 http://Ambari1:8080,进入 Ambari Web 登录界面,如图 4-50 所示,默认的 Username:admin,password:admin。

图 4-50　Ambari Web 登录界面

Ambari 搭建正式完成,如图 4-51 所示。接下来使用 Ambari 进行集群搭建。

4.3.2　用 Ambari_web 部署 HDP 平台

1. 集群规划配置

首先应规划好 HDP 集群:
(1) 192.168.10.104　master2

(2) 192.168.10.110   slave2-1.hadoop

(3) 192.168.10.111   slave2-2.hadoop

IP 的规划是 101~109 为 master 保留,110~254 是给 Slave 的。这里只做演示用,所以只搭建一个 Master 和两个 Slave 节点。进行集群操作之前,要做 ssh 无密钥登录配置,该配置的详细步骤请自行百度,注意要将 Ambari 主机上的密钥复制到每个节点上。注意:复制的是密钥,不是公钥。

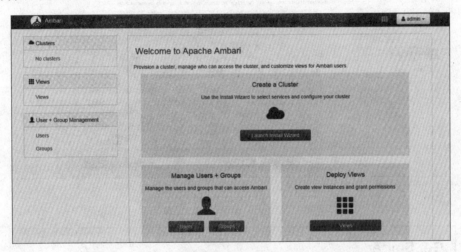

图 4-51 Ambari 控制台界面

2. 配置文件的复制

在 Ambari 主机上配置好 hosts 文件,使用 scp 复制至 Slave 节点上。

除了 hosts 文件还要复制 yum 下载的文件,分别是在/etc/yum.repos.d 下的:Ambari.repo、hdp.repo、hdp-util.repo 三个源文件,这是为了方便在本地的 http 服务器上下载安装包。

scp Ambari.repo slave2-1.hadoop:/etc/yum.repos.d/
scp Ambari.repo slave2-2.hadoop:/etc/yum.repos.d/
scp hdp.repo slave2-2.hadoop:/etc/yum.repos.d/
scp hdp.repo slave2-1.hadoop:/etc/yum.repos.d/
scp hdp-util.repo slave2-1.hadoop:/etc/yum.repos.d/
scp hdp-util.repo slave2-2.hadoop:/etc/yum.repos.d/

3. 使用 Ambari 搭建 HDP 集群

(1) 创建集群

点击 Launch Install Wizard 即可开始创建集群,如图 4-52 所示。

(2) 开始搭建 HDP 集群,如图 4-53 所示。输入集群的 Name,点击 Next。

(3) 选择 HDP 版本,如图 4-54 所示。

选择搭建 HDP 2.3 集群,另外为了加快部署速度,需要选择一下 Repository 选项,如图 4-55 所示。

在这次演示中,我们选择的操作系统是 centos7,因此选择相近的 redhat7,选择 redhat7 并修改安装源,在进行集群搭建之前,我们已经下载 HDP 并解压到 Ambari1 主机下的/var/www/html/hdp 目录,并将该目录映射到 http 服务器下的 http://Ambari1/hdp/ 目录，那么 HDP2.3 和 HDP-UTILS 的对应目录就是如图 4-55 所示。注意：如果不修改本地安装，那么 Ambari 就会直接从官网下载了。如果要部署的集群节点众多，并且网速跟不上的话，那么安装过程将会是个非常漫长的过程。

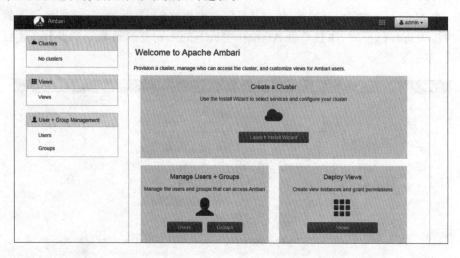

图 4-52　创建集群界面

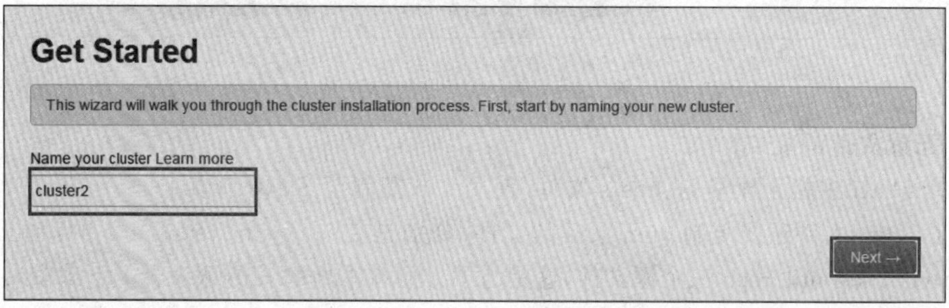

图 4-53　设置集群名字

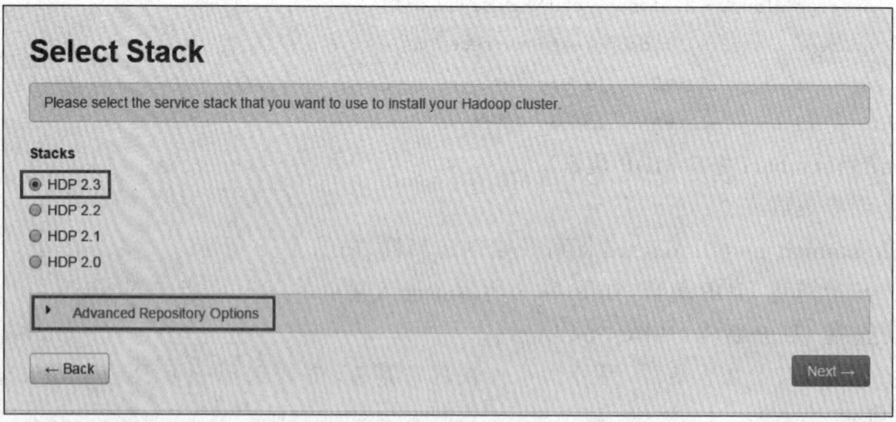

图 4-54　设置集群版本

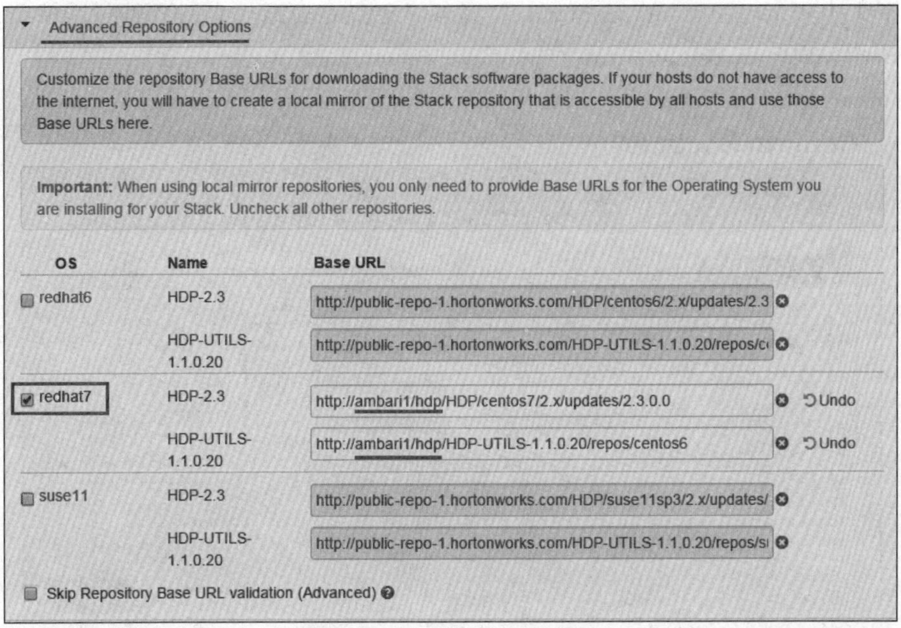

第 4 章　大数据平台解决方案

图 4-55　设置集群安装源

（4）集群主机配置与检测

接下来就是集群相关的配置,如图 4-56 所示。填写集群中所有节点的 hostname,一行一个主机名。下面填写 Ambari 主机的私钥,可以通过文件导入,也可以通过复制、粘贴的方式。注意：这里填写的 ssh 是密钥,不是公钥。公钥在文件 id_dsa.pub 中,而密钥是 id_dsa 这个文件中。

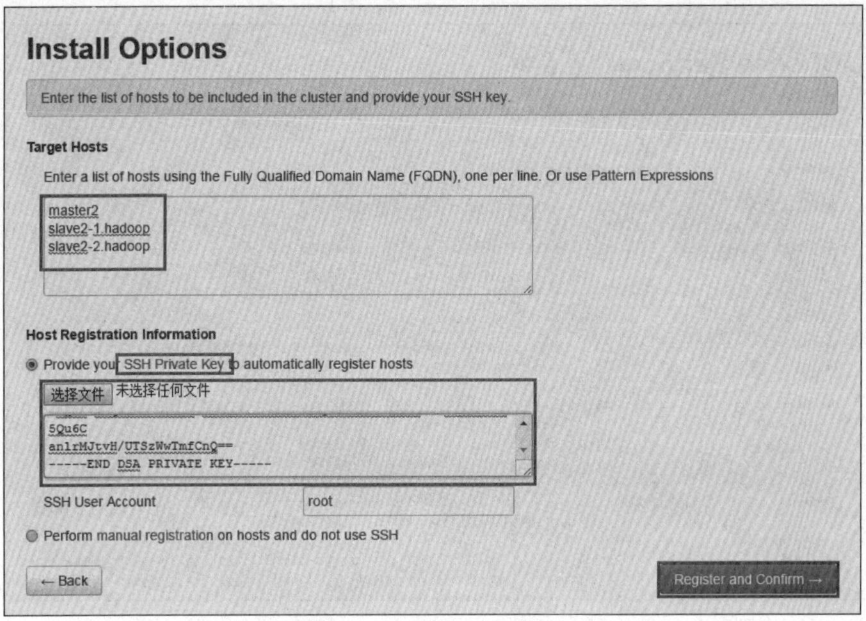

图 4-56　设置集群私钥

接下来点击 Register and Confirm，检测各个节点是否通，如果检测通过，就会出现如图 4-57 所示界面。

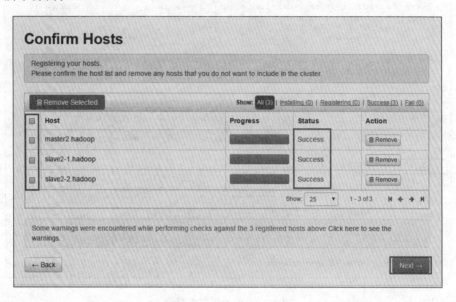

图 4-57　测试集群加密通信

把主机都选上，点击下一步。如果用户有 Fail 的情况，一般来说是 Hostname 和 Hosts 中设置有问题。

(5) 选择集群服务

接下来是选择服务，为了方便安装，只选择了 HDFS、YARN＋MapReduce2、Zookeeper 和 Spark 这四个服务，如图 4-58 所示。

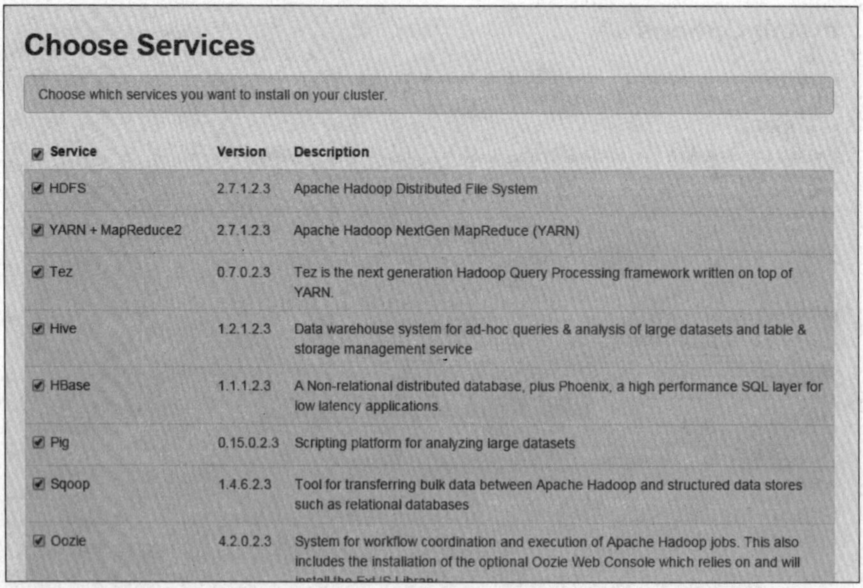

图 4-58　选择集群服务

（6）Master 节点和 Slave 节点的配置

接下来配置 Master 节点，根据应用需求，选择合适的主机做 Master 节点，如图 4-59 所示。

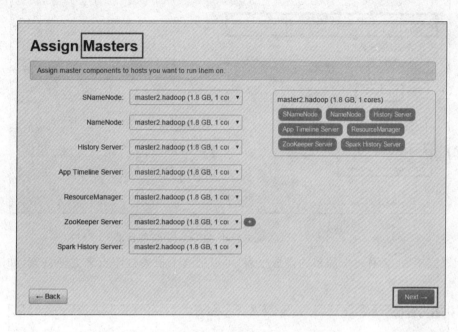

图 4-59　Master 节点配置

设置完 Master 节点，接下来选择 DataNode 节点和 Client 节点，设置完毕点击 Next，如图 4-60 所示。

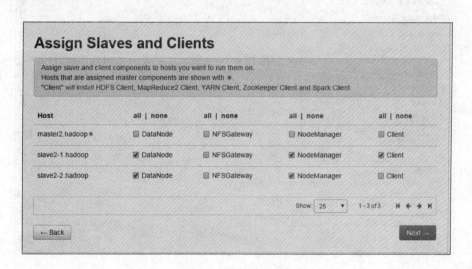

图 4-60　和 slave 节点配置

最后是对集群进行详细设置。这里对集群的设置还是相当详细的，可以设置 NameNode 存储位置和 DataNode 的位置，点击 Advanced 有更详细的设置。用户可以根据应用需求，进行详细定制，如图 4-61 所示。

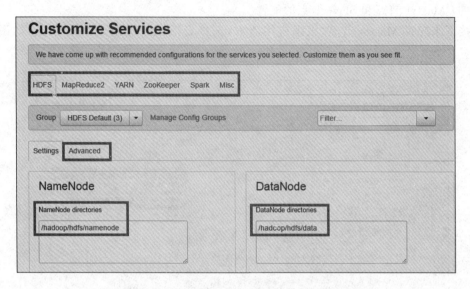

图 4-61　设置 NameNode 和 DataNode 的目录

配置完毕后,会有一个简单的设置报表,可以把这个报表打印出来方便备案,如图 4-62 所示。

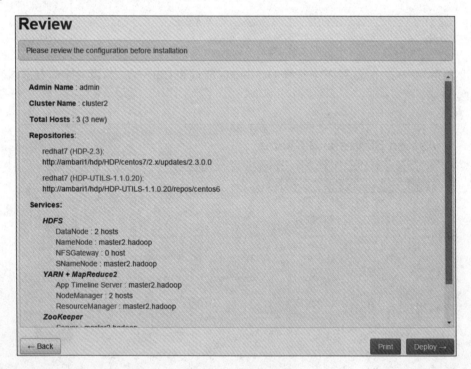

图 4-62　配置一览表

(7) 开始部署集群

开始安装,集群部署界面,如图 4-63 所示。

安装完成,集群部署成功界面,如图 4-64 所示。

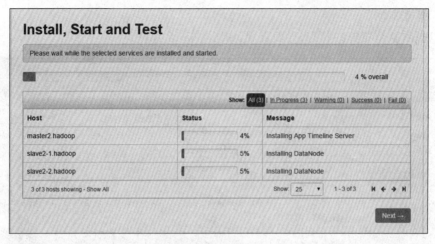

图 4-63　集群部署界面

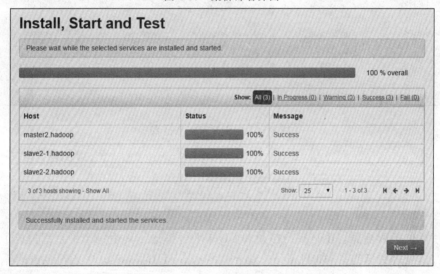

图 4-64　集群部署成功界面

点击 Conplete，进入集群部署总结界面，如图 4-65 所示。

图 4-65　集群部署总结界面

（8）部署成功

可以查看整个集群的状态，界面直观，如图 4-66 所示。

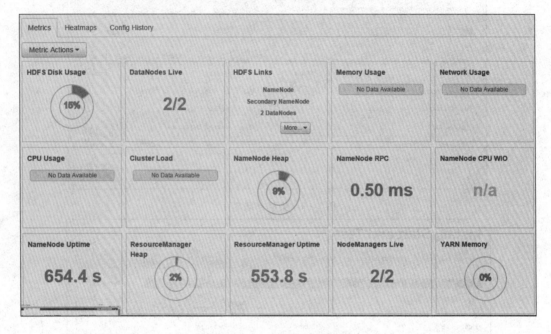

图 4-66　集群运行状态报表

本 章 小 结

这一章包括两部分：HDP 平台搭建和 CDH 平台搭建。其中每个平台都集成了当前主流的大数据处理关键组件，如 Hadoop、Spark、Storm、HBase、Storm、Zookeeper 等，这些组件满足企业对计算和存储的需求，从分布式文件存储到数据查询，再到高级机器学习算法全方位构建了满足生产环境的大数据平台。

大数据平台上的数据分析实验

第 5 章　Spark 在大数据处理中的应用

Spark 是 Apache 软件基金会旗下一个快速通用的大规模数据处理引擎。该软件具有四个特点：运行速度快、支持多种高级语言、通用性强、支持多种分布式文件系统和数据库。

Spark 的运行速度在内存中据称比 Hadoop 快 100 倍，在硬盘上比 Hadoop 快 10 倍。Apache Spark 拥有先进的 DAG 执行引擎，其支持循环数据流和内存计算。Spark 支持 Java、Scala、Python 和 R 等高级语言，并且提供 80 多种方便构建并行应用程序的高效操作。Spark 集成了 SQL、流计算和复杂网络分析，其支持一系列类库包括 SQL 和数据框架、MLib、GraphX 和 Spark Streaming，用户可以把这些类库无缝地封装到一个基于 Spark 的应用中去。Spark 可以运行在 Hadoop、Mesos、standalone 或者是云平台上，其可以访问多种数据源包括 HDFS、Cassandra、HBase 和 S3。

5.1　Spark 集群搭建

Spark 集群搭建需要在前期安装 JDK、Scala 和 Hadoop 集群。JDK 环境和 Hadoop 集群环境在第 2 章 Hadoop 环境搭建中已介绍，本节不再赘述。Spark 集群也可以通过第 3 章中的 CDH 和 HDP 进行自动化部署，本节将演示一个手动搭建 Spark 集群的过程，方便读者深入理解 Spark 的运行机制。

5.1.1　Scala 在 Ubuntu 下的安装和配置

Scala 是一种可扩展性语言，其既支持面向对象编程，也支持函数式编程。其运行在 Java 虚拟机上，可以轻松实现与 Java 类库互通。目前支持 Scala 的 IDE 环境有 Typesafe 公司开发的基于 Eclipse 的 IDE。该 IDE 提供了一个方便的功能 Worksheet。Worksheet 在用户输入 Scala 表达式并保存后立即可以得到程序的运行结果，非常方便用户体验 Scala 语言的各种特性。Spark 为 Scala 提供了脚本执行环境 Spark-shell。Spark 的内核是用 Scala 语言实现的，因而安装 Spark 之前，必须先安装 Scala 语言。

（1）下载 Scala 压缩包，下载地址：http://www.scala-lang.org/download/2.11.7.html。把下载好的 tar 包传到服务器上，解压 Scala 到 opt 目录下。

tar zxvf scala-2.11.7.tgz -C /opt/

（2）创建软链接"ls -s /opt/scala-2.11.7 /opt/scala"。

（3）配置 /etc/profile 文件"vi /etc/profile"。

（4）在 JDK 环境变量后加上：

#set scala environment

export SCALA_HOME=/opt/scala

export PATH=$PATH:$SCALA_HOME/bin

使用 source /etc/profile 编译,使 PATH 环境变量生效,scala-version 查看 Scala 版本,显示如图 5-1 所示内容,即安装成功。

图 5-1　查看 Scala 版本

所有要安装 Spark 的节点,都要先安装 Scala。也可以通过 scp 命令,将以上配置好的文件分发到其他节点。

注意:安装 Scala 之前,需提前安装 JDK 环境。

5.1.2　Spark 集群搭建

1. 集群规划

本次 Spark 集群搭建将使用 4 台主机,规划如下:

192.168.10.101　　master1.jie.com　（master）

192.168.10.111　　slave1-1.jie.com　（worker）

192.168.10.112　　slave1-2.jie.com　（worker）

192.168.10.113　　slave1-3.jie.com　（worker）

其中有一个 Master 节点,三个 Worker 节点。

2. ssh 免密钥登录配置

如果不会 ssh 免密钥登录,请参考 Hadoop 集群搭建中的 ssh 免密钥登录,在此不再赘述。

3. 下载安装 Spark

(1) 下载 Spark:wget http://www.apache.org/dyn/closer.lua/spark/spark-1.5.1/spark-1.5.1.tgz。

(2) 解压、安装 Spark:tar zxvf spark-1.5.1.tgz -C /opt/hadoop。

(3) 建立软链接:ln -s /opt/hadoop/spark-1.5.1 /opt/hadoop。

(4) 将 Spark 中 bin 目录添加到 PATH 路径中:vi /etc/profile。

(5) 在最后添加如下内容:

#set spark environment

export SPARK_HOME=/opt/hadoop/spark

export PATH=$SPARK_HOME/bin:MYMPATH

Spark 安装完成。

4. Spark 配置

Spark 的配置文件都在 $SPARK_HOME/conf 文件夹下。

(1) slaves 文件配置。

① 如果在 conf 目录下没有 slaves 文件,复制一份 slaves.template,重命名为 slaves:cp slaves.template slaves。

② 编辑 slaves 文件:vi slaves。

③ 将 Worker 节点添加到其中:

slave1-1.jie.com

slave1-2.jie.com

第 5 章 Spark 在大数据处理中的应用

slave1 - 3.jie.com

（2）spark-env.sh 文件配置。

cp spark - env.sh.template spark - env.sh

vi spark - env.sh

① 添加如下内容：

export JAVA_HOME = /usr/java/jdk　＃＃java 安装目录
export SCALA_HOME = /usr/scala - 2.11.4　＃＃scala 安装目录
export SPARK_MASTER_IP = 192.168.52.128　＃＃＃集群中 master 机器 IP
export SPARK_WORKER_MEMORY = 2g
＃＃＃指定的 worker 节点能够最大分配给 Excutors 的内存大小
export HADOOP_CONF_DIR = /opt/hadoop/etc/Hadoop
＃＃＃Hadoop 集群的配置文件目录

② 保存退出即可。

③ 最后通过 scp 命令，将以上配置好的文件分发到其他节点。

5.1.3　Spark 集群启动测试

1. Spark 启动

启动 Spark 集群：

$ SPARK_HOME/sbin/start-all.sh

如果没有报错，即说明搭建成功。使用 jps 查看是否在 Master 节点和 Worker 节点上启动 Master 进程和 Worker 进程，使用 jps 查看 Master 节点进程如图 5-2 所示，使用 jps 查看 Worker 节点进程如图 5-3 所示。

```
root@master1:/opt/hadoop/spark/conf# jps
1410 Master
1609 Jps
```

```
root@slave1-1:~# jps
1315 Jps
1180 Worker
```

图 5-2　使用 jps 查看 Master 节点进程　　图 5-3　使用 jps 查看 Worker 节点进程

2. Spark-shell

（1）启动 Spark-shell：$ SPARK_HOME/bin/sprk-shell 界面，如图 5-4 所示。

```
15/11/01 20:25:27 INFO HttpServer: Starting HTTP Server
15/11/01 20:25:28 INFO Utils: Successfully started service 'HTTP class server' on port 5357
0.
Welcome to
      ____              __
     / __/__  ___ _____/ /__
    _\ \/ _ \/ _ `/ __/  '_/
   /___/ .__/\_,_/_/ /_/\_\   version 1.4.1
      /_/

Using Scala version 2.10.4 (Java HotSpot(TM) 64-Bit Server VM, Java 1.8.0_51)
Type in expressions to have them evaluated.
Type :help for more information.
15/11/01 20:25:35 INFO SparkContext: Running Spark version 1.4.1
15/11/01 20:25:35 INFO SecurityManager: Changing view acls to: root
15/11/01 20:25:35 INFO SecurityManager: Changing modify acls to: root
15/11/01 20:25:35 INFO SecurityManager: SecurityManager: authentication disabled; ui acls d
isabled; users with view permissions: Set(root); users with modify permissions: Set(root)
15/11/01 20:25:36 INFO Slf4jLogger: Slf4jLogger started
15/11/01 20:25:36 INFO Remoting: Starting remoting
15/11/01 20:25:37 INFO Remoting: Remoting started; listening on addresses :[akka.tcp://spar
kDriver@192.168.10.101:33891]
```

图 5-4　Spark-shell 启动界面

(2) Spark 的欢迎界面,如图 5-5 所示。

```
engine=mr.
15/11/01 20:26:00 INFO SparkILoop: Created sql context (with Hive support)..
SQL context available as sqlContext.

scala>
```

图 5-5　Spark 的欢迎界面

当出现以上界面的时候,证明 Spark 平台搭建成功,接下来可以去 Spark 官网阅读相关文档进行实验了,网址如下 http://spark.apache.org/docs/latest/quick-start.html。

5.2　Spark-shell 统计社交网络中节点的度

5.1 节中我们搭建了 Spark 集群,本节我们将通过在社交网络计算中经常用到的一个操作来测试一下 5.1 节中搭建的 Spark 集群。

5.2.1　启动 HDFS 和 Spark

进入 Hadoop 的 sbin 目录,然后运行启动 HDFS 的命令,如图 5-6 所示。
cd　$ Hadoop_HOME/sbin/
./start-dfs.sh

```
root@master:/opt/hadoop/bin# cd /opt/hadoop/sbin
root@master:/opt/hadoop/sbin# ./start-dfs.sh
15/11/09 10:54:49 WARN util.NativeCodeLoader: Unable to load native-hadoop libra
ry for your platform... using builtin-java classes where applicable
Starting namenodes on [master]
master: starting namenode, logging to /opt/hadoop/logs/hadoop-root-namenode-mast
er.out
slave2: starting datanode, logging to /opt/hadoop/logs/hadoop-root-datanode-slav
e2.out
master: starting datanode, logging to /opt/hadoop/logs/hadoop-root-datanode-mast
er.out
slave1: starting datanode, logging to /opt/hadoop/logs/hadoop-root-datanode-slav
e1.out
slave4: ssh: connect to host slave4 port 22: No route to host
slave5: ssh: connect to host slave5 port 22: No route to host
slave3: ssh: connect to host slave3 port 22: No route to host
Starting secondary namenodes [master]
master: starting secondarynamenode, logging to /opt/hadoop/logs/hadoop-root-secondarynamenode-
15/11/09 10:55:06 WARN util.NativeCodeLoader: Unable to load native-hadoop library for your pl
tin-java classes where applicable
root@master:/opt/hadoop/sbin#
```

图 5-6　启动 HDFS

运行 jps,看 NameNode 和 DataNode 是否已经启动。如果没有启动 NameNode,需要对 NameNode 进行格式化,运行如下命令:$ Hadoop_HOME/bin/hadoop Namenode-format,如图 5-7 所示。

```
root@master:/opt/hadoop/sbin# jps
12020 NameNode
12405 SecondaryNameNode
12197 DataNode
13711 Jps
root@master:/opt/hadoop/sbin#
```

图 5-7　运行 jps 查看 NameNode 和 DataNode 是否已经启动

进入 Spark 的 sbin 目录,然后运行 start-all 的命令,如图 5-8 所示。

```
cd    $SPARK_HOME/sbin
      ./start-all.sh
```

```
root@master:/opt/hadoop/sbin# cd /usr/spark/sbin
root@master:/usr/spark/sbin# ./start-all.sh
starting org.apache.spark.deploy.master.Master, logging to /usr/spark/sbin/../logs/spark-root-org.apache.spark.dep
loy.master.Master-1-master.out
slave2: starting org.apache.spark.deploy.worker.Worker, logging to /usr/spark/sbin/../logs/spark-root-org.apache.s
park.deploy.worker.Worker-1-slave2.out
slave1: starting org.apache.spark.deploy.worker.Worker, logging to /usr/spark/sbin/../logs/spark-root-org.apache.s
park.deploy.worker.Worker-1-slave1.out
master: starting org.apache.spark.deploy.worker.Worker, logging to /usr/spark/sbin/../logs/spark-root-org.apache.s
park.deploy.worker.Worker-1-master.out
slave4: ssh: connect to host slave4 port 22: No route to host
slave5: ssh: connect to host slave5 port 22: No route to host
slave3: ssh: connect to host slave3 port 22: No route to host
```

图 5-8 启动 Spark

运行 jps 查看启动的服务,如图 5-9 所示。

```
root@master:/usr/spark/sbin# jps
14419 Worker
12020 NameNode
12405 SecondaryNameNode
12197 DataNode
14201 Master
14782 Jps
```

图 5-9 运行 jps 查看启动的服务

如果已经启动,查看 http://master:8080 的界面,如图 5-10 所示。

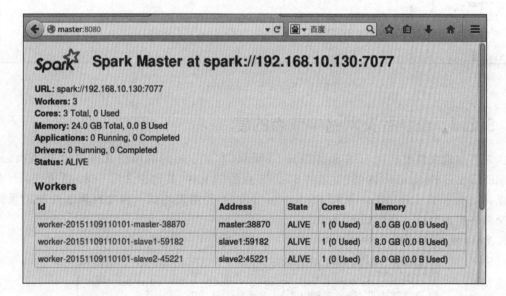

图 5-10 Spark 启动后显示状态的 Web 界面

5.2.2 运行 Spark-shell

运行 Spark-shell,命令如下:

```
$SPARK_HOME/bin/spark-shell
```

进入欢迎界面,如图 5-11 所示。

```
log4j:WARN See http://logging.apache.org/log4j/1.2/faq.html#noconfig for more info.
Using Spark's default log4j profile: org/apache/spark/log4j-defaults.properties
15/11/03 19:16:07 INFO SecurityManager: Changing view acls to: root
15/11/03 19:16:07 INFO SecurityManager: Changing modify acls to: root
15/11/03 19:16:07 INFO SecurityManager: SecurityManager: authentication disabled; ui acls d
isabled; users with view permissions: Set(root); users with modify permissions: Set(root)
15/11/03 19:16:07 INFO HttpServer: Starting HTTP Server
15/11/03 19:16:07 INFO Utils: Successfully started service 'HTTP class server' on port 3571
0.
Welcome to
      ____              __
     / __/__  ___ _____/ /__
    _\ \/ _ \/ _ `/ __/  '_/
   /___/ .__/\_,_/_/ /_/\_\   version 1.4.1
      /_/

Using Scala version 2.10.4 (Java HotSpot(TM) 64-Bit Server VM, Java 1.8.0_51)
Type in expressions to have them evaluated.
Type :help for more information.
15/11/03 19:16:14 INFO SparkContext: Running Spark version 1.4.1
```

图 5-11 Spark 运行界面

Spark 进入后的界面,启动 Spark-shell,使用的交互语言是 Scala,如图 5-12 所示。

```
15/11/03 19:16:37 INFO HiveMetaStore: Added public role in metastore
15/11/03 19:16:37 INFO HiveMetaStore: No user is added in admin role, since config is empty
15/11/03 19:16:37 INFO SessionState: No Tez session required at this point. hive.execution.
engine=mr.
15/11/03 19:16:37 INFO SparkILoop: Created sql context (with Hive support)..
SQL context available as sqlContext.

scala>
```

图 5-12 Spark 的 Scala shell 界面

5.2.3 统计社交网络中节点的度

先将本地文件发送到 HDFS,如图 5-13 所示,本文中使用的网络文件是由 LFR(Lan-cichinetti and Fortunato 2009)生成的 50 万节点的图文件,其包含 7 657 622 条边,50 万个节点。LFR 是由 Lancichinetti 和 Fortunato 开发的,是用来测试社区发现算法性能的模拟社交网络生成软件。执行如下命令:

$ hadoop_home $ /bin/hadoop fs-put /root/network.txt hdfs://master:9000/network.txt

```
root@master:/opt/hadoop/bin# ./hadoop fs -put /root/network.txt hdfs://master:90
00/network.txt
15/11/09 10:52:16 WARN util.NativeCodeLoader: Unable to load native-hadoop libra
ry for your platform... using builtin-java classes where applicable
root@master:/opt/hadoop/bin#
```

图 5-13 启动 HDFS

1. 读取 textFile

Spark shell 使用须知:Spark shell 自动初始化 SparkContext 命名为 sc ,所以不需要重复初始化 SparkContext。

首先,将 network 文件载入 Spark 中,读取 network. txt,如图 5-14 所示。

val line = sc. textFile("hdfs://master:9000/network. txt ")

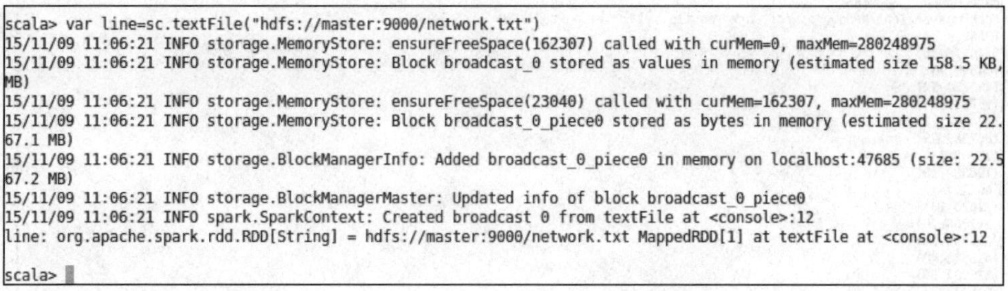

```
scala> var line=sc.textFile("hdfs://master:9000/network.txt")
15/11/09 11:06:21 INFO storage.MemoryStore: ensureFreeSpace(162307) called with curMem=0, maxMem=280248975
15/11/09 11:06:21 INFO storage.MemoryStore: Block broadcast_0 stored as values in memory (estimated size 158.5 KB,
MB)
15/11/09 11:06:21 INFO storage.MemoryStore: ensureFreeSpace(23040) called with curMem=162307, maxMem=280248975
15/11/09 11:06:21 INFO storage.MemoryStore: Block broadcast_0_piece0 stored as bytes in memory (estimated size 22.
67.1 MB)
15/11/09 11:06:21 INFO storage.BlockManagerInfo: Added broadcast_0_piece0 in memory on localhost:47685 (size: 22.5
67.2 MB)
15/11/09 11:06:21 INFO storage.BlockManagerMaster: Updated info of block broadcast_0_piece0
15/11/09 11:06:21 INFO spark.SparkContext: Created broadcast 0 from textFile at <console>:12
line: org.apache.spark.rdd.RDD[String] = hdfs://master:9000/network.txt MappedRDD[1] at textFile at <console>:12

scala>
```

图 5-14　读取 network. txt

其次,语句将分词、合并、统计一步到位,如图 5-15 所示。

line. flatMap(_. split("\\t")). map((_,1)). reduceByKey(_ + _). saveAsTextFile("hdfs://master:9000/network_results. txt")

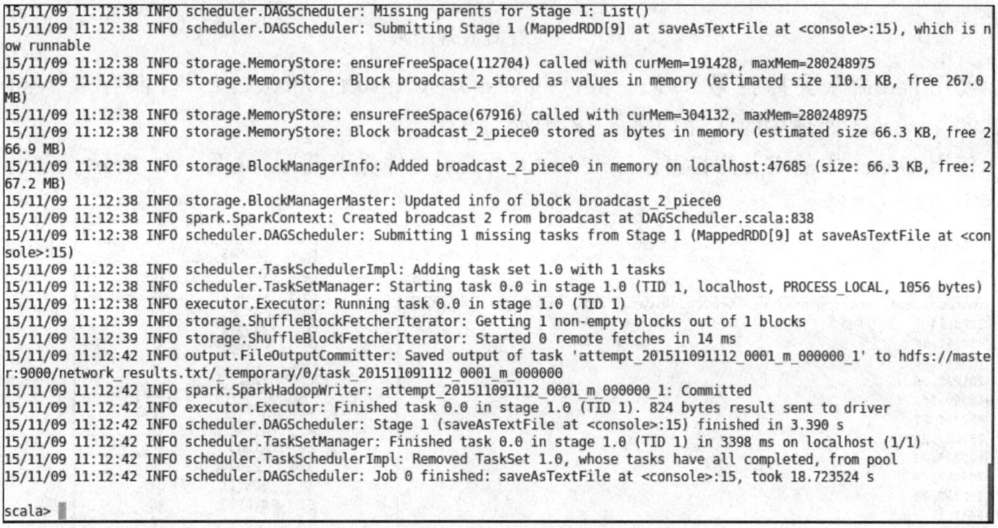

```
15/11/09 11:12:38 INFO scheduler.DAGScheduler: Missing parents for Stage 1: List()
15/11/09 11:12:38 INFO scheduler.DAGScheduler: Submitting Stage 1 (MappedRDD[9] at saveAsTextFile at <console>:15), which is n
ow runnable
15/11/09 11:12:38 INFO storage.MemoryStore: ensureFreeSpace(112704) called with curMem=191428, maxMem=280248975
15/11/09 11:12:38 INFO storage.MemoryStore: Block broadcast_2 stored as values in memory (estimated size 110.1 KB, free 267.0
MB)
15/11/09 11:12:38 INFO storage.MemoryStore: ensureFreeSpace(67916) called with curMem=304132, maxMem=280248975
15/11/09 11:12:38 INFO storage.MemoryStore: Block broadcast_2_piece0 stored as bytes in memory (estimated size 66.3 KB, free 2
66.9 MB)
15/11/09 11:12:38 INFO storage.BlockManagerInfo: Added broadcast_2_piece0 in memory on localhost:47685 (size: 66.3 KB, free: 2
67.2 MB)
15/11/09 11:12:38 INFO storage.BlockManagerMaster: Updated info of block broadcast_2_piece0
15/11/09 11:12:38 INFO spark.SparkContext: Created broadcast 2 from broadcast at DAGScheduler.scala:838
15/11/09 11:12:38 INFO scheduler.DAGScheduler: Submitting 1 missing tasks from Stage 1 (MappedRDD[9] at saveAsTextFile at <con
sole>:15)
15/11/09 11:12:38 INFO scheduler.TaskSchedulerImpl: Adding task set 1.0 with 1 tasks
15/11/09 11:12:38 INFO scheduler.TaskSetManager: Starting task 0.0 in stage 1.0 (TID 1, localhost, PROCESS_LOCAL, 1056 bytes)
15/11/09 11:12:38 INFO executor.Executor: Running task 0.0 in stage 1.0 (TID 1)
15/11/09 11:12:39 INFO storage.ShuffleBlockFetcherIterator: Getting 1 non-empty blocks out of 1 blocks
15/11/09 11:12:39 INFO storage.ShuffleBlockFetcherIterator: Started 0 remote fetches in 14 ms
15/11/09 11:12:42 INFO output.FileOutputCommitter: Saved output of task 'attempt_201511091112_0001_m_000000_1' to hdfs://maste
r:9000/network_results.txt/_temporary/0/task_201511091112_0001_m_000000
15/11/09 11:12:42 INFO spark.SparkHadoopWriter: attempt_201511091112_0001_m_000000_1: Committed
15/11/09 11:12:42 INFO executor.Executor: Finished task 0.0 in stage 1.0 (TID 1). 824 bytes result sent to driver
15/11/09 11:12:42 INFO scheduler.DAGScheduler: Stage 1 (saveAsTextFile at <console>:15) finished in 3.390 s
15/11/09 11:12:42 INFO scheduler.TaskSetManager: Finished task 0.0 in stage 1.0 (TID 1) in 3398 ms on localhost (1/1)
15/11/09 11:12:42 INFO scheduler.TaskSchedulerImpl: Removed TaskSet 1.0, whose tasks have all completed, from pool
15/11/09 11:12:42 INFO scheduler.DAGScheduler: Job 0 finished: saveAsTextFile at <console>:15, took 18.723524 s

scala>
```

图 5-15　分词、合并、统计运行界面

50 万节点的图文件的执行时间约为 18. 72 s。

2. 查看数据

先在 HDFS 上将目录获取下来。进入 Hadoop 下的 bin 目录,运行如下命令,如图 5-16 所示。

./hadoop fs-get hdfs://master:9000/network_results. txt

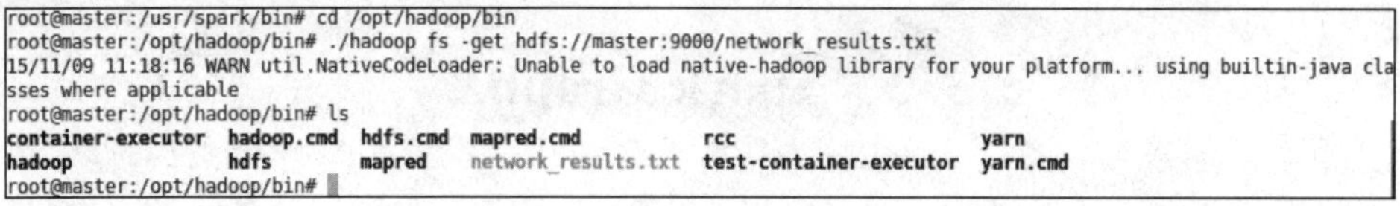

```
root@master:/usr/spark/bin# cd /opt/hadoop/bin
root@master:/opt/hadoop/bin# ./hadoop fs -get hdfs://master:9000/network_results.txt
15/11/09 11:18:16 WARN util.NativeCodeLoader: Unable to load native-hadoop library for your platform... using builtin-java cla
sses where applicable
root@master:/opt/hadoop/bin# ls
container-executor  hadoop.cmd  hdfs.cmd  mapred.cmd           rcc                     yarn
hadoop              hdfs        mapred    network_results.txt  test-container-executor yarn.cmd
root@master:/opt/hadoop/bin#
```

图 5-16　获取处理结果

接着执行命令:cd network_results. txt,使用 more 命令查看数据结果,如图 5-17 所示。

```
Terminal 终端 - root@master: /opt/hadoop/bin/network_results.txt
文件(F) 编辑(E) 视图(V) 终端(T) 标签(A) 帮助(H)
root@master:/opt/hadoop/bin/network_results.txt# ls
part-00000  _SUCCESS
root@master:/opt/hadoop/bin/network_results.txt# more part-00000
(328219,30)
(144176,18)
(43399,14)
(432234,52)
(257529,24)
(304364,28)
(302283,28)
(75768,14)
(156809,18)
(6611,14)
(22620,14)
(203668,20)
(300853,28)
(415932,48)
(326937,30)
(94803,16)
(389549,40)
(142717,18)
(257478,24)
(382686,40)
(26601,14)
(17789,14)
(27639,14)
(1655,14)
(137203,18)
(348125,34)
(278114,26)
```

图 5-17　查看处理结果

使用 sed 命令去掉括号 sed-i-e's/(//g'e's/)//g'result_500000. csv,,保存成 result_500000. csv,sed 处理后的文件如图 5-18 所示。

使用 Office 中的 Excel 打开 result-500000. csv 文件界面截图,如图 5-19 所示。

```
root@master1:/opt/tmpdata/result-5000000.data# more result_5000000.csv
2828,14
400543,44
136547,18
281270,26
43399,14
432234,52
257529,24
302283,28
253895,24
462712,68
6611,14
119687,16
22620,14
348711,34
415932,48
86251,16
94803,16
374499,38
356091,34
137731,18
```

图 5-18　sed 处理后的文件

	A	B	C
1	2828	14	
2	400543	44	
3	136547	18	
4	281270	26	
5	43399	14	
6	432234	52	
7	257529	24	
8	302283	28	
9	253895	24	
10	462712	68	
11	6611	14	
12	119687	16	
13	22620	14	
14	348711	34	
15	415932	48	
16	86251	16	
17	94803	16	
18	374499	38	
19	356091	34	
20	137731	18	
21	137203	18	
22	213844	20	
23	123383	16	
24	222585	22	

5-19　使用 Office 中的 Excel 打开 result-500000. csv 文件截图

5.3　Spark GraphX

GraphX 是 Spark 中针对图计算开发的新组件,可以实现并行图计算。GraphX 利用 Spark 为计算引擎实现了大规模图计算的功能,并提供了类似 Pergel 的编程接口。GraphX 将 ETL、探索性分析和迭代图计算统一在一个系统中。用户可以将相同的数据看成图和集合,用 RDD 高效地转换和加入图,用 PregelAPI 写定制的迭代图算法。"图计算"是以"图论"为基础的对现实世界的一种"图"结构的抽象表达,以及在这种数据结构上的计算模式。通常,在图计算中,基本的数据结构表达是:$G=(V,E,D)$,G 代表一个网络,V 是该网络中节点的集合,E 是该网络中边的集合,D 是该网络中权重的集合。

GraphX 扩展了 Spark RDD,并且引入图抽象,使得多重有向图的顶点和边带有属性。为了支持图计算,GraphX 提供了很多基本的操作(像 subgraph、joinVertices and aggregateMessages)和 Pregel 的一个优化变种。除此之外,GraphX 包含了一个正在增长的图算法和图构造的集合来简化图的分析任务。

5.3.1 属性图

属性图是一个多重有向图,连接着每个顶点和边。多重有向图是指有多条平行的边共同分享着相同的源节点和目的节点的有向图。对多条平行边的支持能简化多重关系的建模。每个节点有一个 64 位长的 ID 号唯一标识每一个节点,在 GraphX 中 ID 是不存在先后顺序的,但是在边中有源节点和目的节点的约束。

构建属性图需要有两个 vertex(VD)和 edge(ED)类型的参数。当数据类型为基础类型时,GraphX 会优化节点和边的表示,通过存储在特殊的数组中以减少内存开销。

在实际应用场景中,有些节点具有不同类型的属性,在 GraphX 中可以通过继承 VertexProperty 实现。例如,建模一个二分图中的用户和产品,我们可以通过如下代码实现:

```
class VertexProperty()
case class UserProperty(val name: String) extends VertexProperty
case class ProductProperty(val name: String, val price: Double) extends VertexProperty
// The graph might then have the type:
var graph: Graph[VertexProperty,String] = null
```

RDD,全称 Resilient Distributed Datasets,是一个容错的、并行的数据结构,可以让用户显式地将数据存储到磁盘和内存中,并能控制数据的分区。改变图的值和结构是通过生成包含改变的新图来实现。原始图的大部分(不影响结构、属性和索引)都可以在新图中重用,用来减少固有的功能数据结构的成本。通过 executors 方法能够在一个顶点范围内对一张图进行启发式分区。像 RDDs 一样,当发生故障时,图的每一个分区能被重新创建在不同的机器上。下面我们看一个属性图例子。

假设构建一个包含不同合作者的属性图,顶点属性包含用户名和职业,边使用字符串描述和作者之间的关系,如图 5-20 所示。

可以从原始文件、RDDs 或者是生成器构建一个图,最简单的方法是使用 RDDs 进行构建。例如下面代码所展示的,就是使用一系列 RDDs 集合构建一个图。

```
import org.apache.spark._
import org.apache.spark.graphx._
// To make some of the examples work we will
also need RDD
```

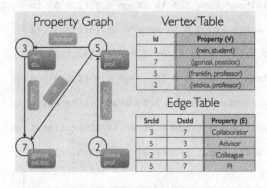

图 5-20 合作关系图

```
import org.apache.spark.rdd.RDD
// Assume the SparkContext has already been constructed
val sc: SparkContext
// Create an RDD for the vertices
val users: RDD[(VertexId,(String,String))] =
    sc.parallelize(Array((3L,("rxin","student")),(7L,("jgonzal","postdoc")),
                         (5L,("franklin","prof")),(2L,("istoica","prof"))))
// Create an RDD for edges
val relationships: RDD[Edge[String]] =
    sc.parallelize(Array(Edge(3L,7L,"collab"),    Edge(5L,3L,"advisor"),
                         Edge(2L,5L,"colleague"),Edge(5L,7L,"pi")))
// Define a default user in case there are relationship with missing user
val defaultUser = ("Jie","Missing")
// Build the initial Graph
val graph = Graph(users,relationships,defaultUser)
```

在上面的实例中,我们用到了 Edge 样本类。Edges 有两个参数 srcId 和 dstId 分别对应源节点和目标节点。除此之外,Edge 类有一个 attr 成员存储边属性。

使用 graph.vertices 和 graph.edges 解构出一个图对应的顶点和边。

```
val graph: Graph[(String,String),String] // Constructed from above
// Count all users which are postdocs
graph.vertices.filter { case (id,(name,pos)) => pos == "postdoc" }.count
// Count all the edges where src > dst
graph.edges.filter(e => e.srcId > e.dstId).count
```

运行结果如图 5-21 和图 5-22 所示,统计图中属性为 postdoc 的节点个数如图 5-21 所示,统计图中源节点大于目的节点边的条数如图 5-22 所示。

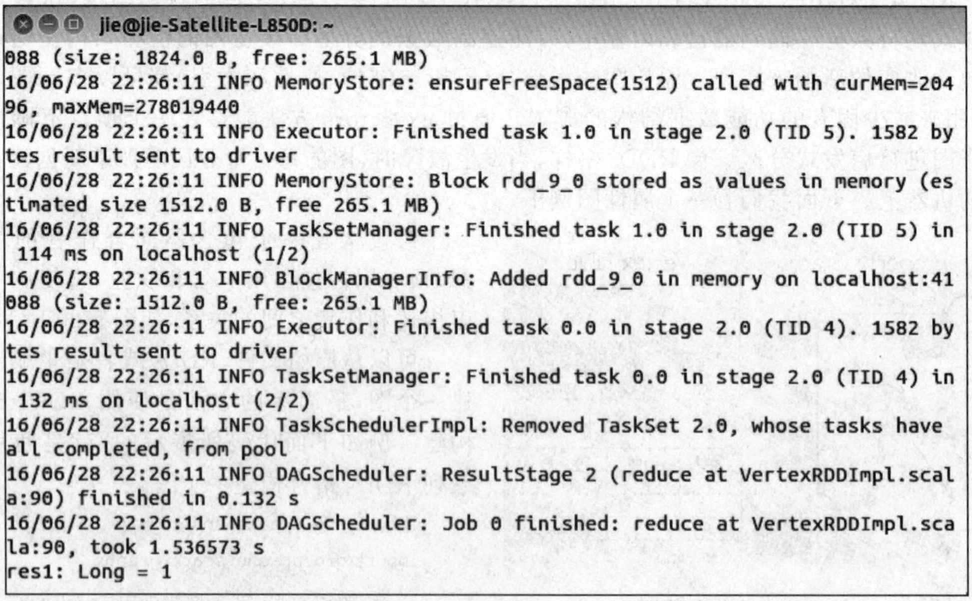

```
088 (size: 1824.0 B, free: 265.1 MB)
16/06/28 22:26:11 INFO MemoryStore: ensureFreeSpace(1512) called with curMem=204
96, maxMem=278019440
16/06/28 22:26:11 INFO Executor: Finished task 1.0 in stage 2.0 (TID 5). 1582 by
tes result sent to driver
16/06/28 22:26:11 INFO MemoryStore: Block rdd_9_0 stored as values in memory (es
timated size 1512.0 B, free 265.1 MB)
16/06/28 22:26:11 INFO TaskSetManager: Finished task 1.0 in stage 2.0 (TID 5) in
 114 ms on localhost (1/2)
16/06/28 22:26:11 INFO BlockManagerInfo: Added rdd_9_0 in memory on localhost:41
088 (size: 1512.0 B, free: 265.1 MB)
16/06/28 22:26:11 INFO Executor: Finished task 0.0 in stage 2.0 (TID 4). 1582 by
tes result sent to driver
16/06/28 22:26:11 INFO TaskSetManager: Finished task 0.0 in stage 2.0 (TID 4) in
 132 ms on localhost (2/2)
16/06/28 22:26:11 INFO TaskSchedulerImpl: Removed TaskSet 2.0, whose tasks have
all completed, from pool
16/06/28 22:26:11 INFO DAGScheduler: ResultStage 2 (reduce at VertexRDDImpl.scal
a:90) finished in 0.132 s
16/06/28 22:26:11 INFO DAGScheduler: Job 0 finished: reduce at VertexRDDImpl.sca
la:90, took 1.536573 s
res1: Long = 1
```

图 5-21 统计图中属性为 postdoc 的节点个数

第 5 章 Spark 在大数据处理中的应用

图 5-22 统计图中源节点大于目的节点边的条数

注意：graph.vertices 返回一个 VertexRDD[(String,String)]，其扩展自 RDD[(VertexID,(String,String))]，这样我们可以使用 Scala case 表达式来解构元组。另外，graph.edges 返回一个 EdgeRDD 包含 Edge[String]对象。我们也可以使用 case 类类型的构造器，如下所示：

graph.edges.filter { case Edge(src,dst,prop) = >src > dst }.count

除了属性图的顶点和边视图，GraphX 也提供了一个 triplet 视图。triplet 视图逻辑上连接了顶点和边属性，产生一个 RDD[EdgeTriplet[VD,ED]]，其包含 EdgeTriplet 类。join 可以表达成下面 SQL 表达式：

SELECT src.id,dst.id,src.attr,e.attr,dst.attr

FROM edges AS e LEFT JOIN vertices AS src,vertices AS dst

ON e.srcId = src.Id AND e.dstId = dst.Id

或者表示如图 5-23 所示。

图 5-23 Vertices、Edges 和 Triplets 视图

EdgeTriplet 类通过增加 srcAttr 和 dstAttr 成员扩展了 Edge 类，它们包含源和目的顶点属性。可以使用一个图的 triplet 视图来提供一些字符串描述用户之间的关系。

val graph: Graph[(String,String),String] // Constructed from above

// Use the triplets view to create an RDD of facts.

val facts: RDD[String] =

  graph.triplets.map(triplet = >

```
    triplet.srcAttr._1 + " is the " + triplet.attr + " of " + triplet.dstAttr._1)
facts.collect.foreach(println(_))
```

5.3.2 图操作

属性图包含一些基本的操作,这些操作采用用户自定义函数并产生转换属性和结构的新图。在 Graph 中定义的核心操作是已经被优化的实现,组合核心操作的便捷操作定义在 GraphOps 中。Scala 隐式转换在 GraphOps 中的操作可在 Graph 的成员中自动使用。例如,统计图中所有节点的入度:

```
val graph: Graph[(String,String),String]
// Use the implicit GraphOps.inDegrees operator
val inDegrees: VertexRDD[Int] = graph.inDegrees
inDegrees.foreach(println)
```

结果如图 5-24 所示。

```
jie@jie-Satellite-L850D: ~
16/06/29 10:04:21 INFO Executor: Running task 0.0 in stage 6.0 (TID 8)
16/06/29 10:04:21 INFO Executor: Running task 1.0 in stage 6.0 (TID 9)
16/06/29 10:04:21 INFO BlockManager: Found block rdd_9_1 locally
16/06/29 10:04:21 INFO ShuffleBlockFetcherIterator: Getting 2 non-empty blocks o
ut of 2 blocks
16/06/29 10:04:21 INFO ShuffleBlockFetcherIterator: Started 0 remote fetches in
1 ms
16/06/29 10:04:21 INFO BlockManager: Found block rdd_9_0 locally
16/06/29 10:04:21 INFO ShuffleBlockFetcherIterator: Getting 2 non-empty blocks o
ut of 2 blocks
16/06/29 10:04:21 INFO ShuffleBlockFetcherIterator: Started 0 remote fetches in
0 ms
(3,1)16/06/29 10:04:21 INFO Executor: Finished task 0.0 in stage 6.0 (TID 8). 20
08 bytes result sent to driver

(7,2)
(5,1)
16/06/29 10:04:21 INFO Executor: Finished task 1.0 in stage 6.0 (TID 9). 2008 by
tes result sent to driver
16/06/29 10:04:21 INFO TaskSetManager: Finished task 0.0 in stage 6.0 (TID 8) in
 23 ms on localhost (1/2)
16/06/29 10:04:21 INFO TaskSetManager: Finished task 1.0 in stage 6.0 (TID 9) in
 23 ms on localhost (2/2)
16/06/29 10:04:21 INFO TaskSchedulerImpl: Removed TaskSet 6.0, whose tasks have
```

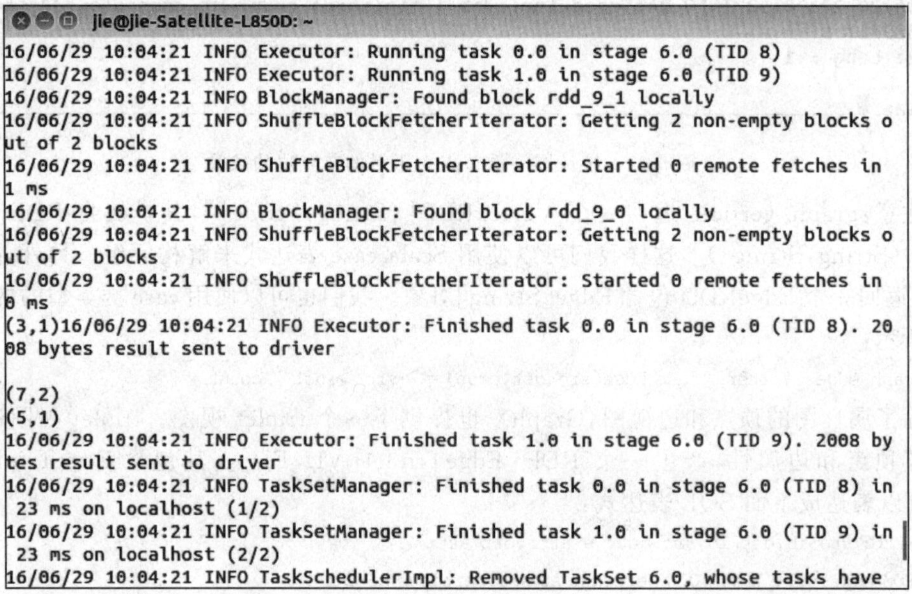

图 5-24　Graph 入度统计

1. 属性图函数操作一览

以下是一个定义在 Graph 和 GraphOps 中的函数列表,更详细的内容可以参考官方 API,官方网址:http://spark.apache.org/docs/latest/graphx-programming-guide.html。

```
/** Summary of the functionality in the property graph */
class Graph[VD,ED] {
  // Information about the Graph ===========================
  val numEdges: Long
  val numVertices: Long
  val inDegrees: VertexRDD[Int]
  val outDegrees: VertexRDD[Int]
```

```
val degrees: VertexRDD[Int]
// Views of the graph as collections ========================
val vertices: VertexRDD[VD]
val edges: EdgeRDD[ED]
val triplets: RDD[EdgeTriplet[VD,ED]]
// Functions for caching graphs ============================
def persist(newLevel: StorageLevel = StorageLevel.MEMORY_ONLY): Graph[VD,ED]
def cache(): Graph[VD,ED]
def unpersistVertices(blocking: Boolean = true): Graph[VD,ED]
// Change the partitioning heuristic  ============================
def partitionBy(partitionStrategy: PartitionStrategy): Graph[VD,ED]
// Transform vertex and edge attributes ======================
def mapVertices[VD2](map: (VertexID,VD) = >VD2): Graph[VD2,ED]
def mapEdges[ED2](map: Edge[ED] = >ED2): Graph[VD,ED2]
def mapEdges[ED2](map: (PartitionID,Iterator[Edge[ED]]) = >Iterator[ED2]): Graph[VD,ED2]
def mapTriplets[ED2](map: EdgeTriplet[VD,ED] = >ED2): Graph[VD,ED2]
def mapTriplets[ED2](map: (PartitionID,Iterator[EdgeTriplet[VD,ED]]) = >Iterator[ED2])
    : Graph[VD,ED2]
// Modify the graph structure ===========================
def reverse: Graph[VD,ED]
def subgraph(
    epred: EdgeTriplet[VD,ED] = >Boolean = (x = >true),
    vpred: (VertexID,VD) = >Boolean = ((v,d) = >true))
    : Graph[VD,ED]
def mask[VD2,ED2](other: Graph[VD2,ED2]): Graph[VD,ED]
def groupEdges(merge: (ED,ED) = >ED): Graph[VD,ED]
// Join RDDs with the graph ===========================
def joinVertices[U](table: RDD[(VertexID,U)])(mapFunc: (VertexID,VD,U) = >VD): Graph[VD,ED]
def outerJoinVertices[U,VD2](other: RDD[(VertexID,U)])
    (mapFunc: (VertexID,VD,Option[U]) = >VD2)
    : Graph[VD2,ED]
// Aggregate information about adjacent triplets =================
def collectNeighborIds(edgeDirection: EdgeDirection): VertexRDD[Array[VertexID]]
def collectNeighbors(edgeDirection: EdgeDirection): VertexRDD[Array[(VertexID,VD)]]
def aggregateMessages[Msg: ClassTag](
    sendMsg: EdgeContext[VD,ED,Msg] = >Unit,
    mergeMsg: (Msg,Msg) = >Msg,
    tripletFields: TripletFields = TripletFields.All)
    : VertexRDD[A]
// Iterative graph-parallel computation =====================
def pregel[A](initialMsg: A,maxIterations: Int,activeDirection: EdgeDirection)(
    vprog: (VertexID,VD,A) = >VD,
```

```
    sendMsg: EdgeTriplet[VD,ED] = >Iterator[(VertexID,A)],
    mergeMsg: (A,A) = >A)
  : Graph[VD,ED]
// Basic graph algorithms =============================
  def pageRank(tol: Double,resetProb: Double = 0.15): Graph[Double,Double]
  def connectedComponents(): Graph[VertexID,ED]
  def triangleCount(): Graph[Int,ED]
  def stronglyConnectedComponents(numIter: Int): Graph[VertexID,ED]
}
```

2. 属性图操作

属性图包括下面操作：

```
class Graph[VD,ED] {
  def mapVertices[VD2](map: (VertexId,VD) = >VD2): Graph[VD2,ED]
  def mapEdges[ED2](map: Edge[ED] = >ED2): Graph[VD,ED2]
  def mapTriplets[ED2](map: EdgeTriplet[VD,ED] = >ED2): Graph[VD,ED2]
}
```

这里每一个操作产生一个新图，其顶点和边被用户定义的 map 函数修改了。

注意：上述属性图操作不改变图的结构，这是属性图操作的关键特征，这也就意味着允许结果图重复利用原始图的结构索引。下面的代码片段逻辑上是等同的，但是第一个没有保存结构索引，其不会从 GraphX 系统优化中获益：

```
val newVertices = graph.vertices.map { case (id,attr) = >(id,mapUdf(id,attr)) }
val newGraph = Graph(newVertices,graph.edges)
```

使用 mapVertices 保护结构索引：

```
val newGraph = graph.mapVertices((id,attr) = >mapUdf(id,attr))
```

这些操作经常用来初始化图，为了进行特殊计算或者排除不需要的属性。例如，给定一个图，它的出度作为顶点属性（之后描述如何构建这样一个图），初始化它为 PageRank：

```
// Given a graph where the vertex property is the out degree
val inputGraph: Graph[Int,String] =
  graph.outerJoinVertices(graph.outDegrees)((vid,_,degOpt) = >degOpt.getOrElse(0))
// Construct a graph where each edge contains the weight
// and each vertex is the initial PageRank
val outputGraph: Graph[Double,Double] =
  inputGraph.mapTriplets(triplet = >1.0 / triplet.srcAttr).mapVertices((id,_) = >1.0)
```

初始化结果如图 5-25 所示。

3. 结构操作

当前，GraphX 仅仅支持一个简单的常用结构操作，将来会不断完善。下面是基本结构操作列表：

```
class Graph[VD,ED] {
  def reverse: Graph[VD,ED]
  def subgraph(epred: EdgeTriplet[VD,ED] = >Boolean,
               vpred: (VertexId,VD) = >Boolean): Graph[VD,ED]
```

```
    def mask[VD2,ED2](other: Graph[VD2,ED2]): Graph[VD,ED]
    def groupEdges(merge: (ED,ED) => ED): Graph[VD,ED]
}
```

图 5-25　Graph 初始化为 PageRank

reverse 使所有边的方向反向,操作返回一个新图。反转操作没有修改顶点或者边属性或者改变边数量,因而能够高效地实现反转。

subgraph 操作返回一个新图,包含满足要求的顶点和边。subgraph 操作可以用在限制部分图顶点和边、删除损坏连接等场景。例如,在下面代码中,我们可以移除损坏连接:

```
// Create an RDD for the vertices
val users: RDD[(VertexId,(String,String))] =
   sc.parallelize(Array((3L,("rxin","student")),(7L,("jgonzal","postdoc")),
                        (5L,("franklin","prof")),(2L,("istoica","prof")),
                        (4L,("peter","student"))))
// Create an RDD for edges
val relationships: RDD[Edge[String]] =
   sc.parallelize(Array(Edge(3L,7L,"collab"),    Edge(5L,3L,"advisor"),
                        Edge(2L,5L,"colleague"),Edge(5L,7L,"pi"),
                        Edge(4L,0L,"student"),   Edge(5L,0L,"colleague")))
// Define a default user in case there are relationship with missing user
val defaultUser = ("John Doe","Missing")
// Build the initial Graph
val graph = Graph(users,relationships,defaultUser)
// Notice that there is a user 0 (for which we have no information) connected to users
// 4 (peter) and 5 (franklin).
graph.triplets.map(
    triplet => triplet.srcAttr._1 + " is the " + triplet.attr + " of " + triplet.dstAttr._1
).collect.foreach(println(_))
// 打印出节点之间的关系,如图 5-26 所示。
```

// Remove missing vertices as well as the edges to connected to them
val validGraph = graph.subgraph(vpred = (id,attr) => attr._2 ! = "Missing")
// The valid subgraph will disconnect users 4 and 5 by removing user 0
validGraph.vertices.collect.foreach(println(_))
//打印所用节点的信息，如图 5-27 所示。
validGraph.triplets.map(
  triplet => triplet.srcAttr._1 + " is the " + triplet.attr + " of " + triplet.dstAttr._1
).collect.foreach(println(_))
//去除 0 号不存在节点后的有效子图，如图 5-28 所示

```
16/06/29 16:22:30 INFO ShuffleBlockFetcherIterator: Started 0 remote fetches in 1 ms
16/06/29 16:22:30 INFO Executor: Finished task 0.0 in stage 7.0 (TID 14). 2113 bytes result sent to driver
16/06/29 16:22:30 INFO TaskSetManager: Finished task 0.0 in stage 7.0 (TID 14) in 13 ms on localhost (1/2)
16/06/29 16:22:30 INFO Executor: Finished task 1.0 in stage 7.0 (TID 15). 2115 bytes result sent to driver
16/06/29 16:22:30 INFO TaskSetManager: Finished task 1.0 in stage 7.0 (TID 15) in 16 ms on localhost (2/2)
16/06/29 16:22:30 INFO TaskSchedulerImpl: Removed TaskSet 7.0, whose tasks have all completed, from pool
16/06/29 16:22:30 INFO DAGScheduler: ResultStage 7 (collect at <console>:37) finished in 0.016 s
16/06/29 16:22:30 INFO DAGScheduler: Job 1 finished: collect at <console>:37, took 0.229255 s
istoica is the colleague of franklin
rxin is the collab of jgonzal
franklin is the advisor of rxin
peter is the student of John Doe
franklin is the colleague of John Doe
franklin is the pi of jgonzal
```

图 5-26　节点之间的关系

```
16/06/29 16:24:47 INFO Executor: Running task 1.0 in stage 10.0 (TID 17)
16/06/29 16:24:47 INFO BlockManager: Found block rdd_47_1 locally
16/06/29 16:24:47 INFO Executor: Finished task 1.0 in stage 10.0 (TID 17). 2047 bytes result sent to driver
16/06/29 16:24:47 INFO TaskSetManager: Finished task 1.0 in stage 10.0 (TID 17) in 21 ms on localhost (1/2)
16/06/29 16:24:47 INFO Executor: Finished task 0.0 in stage 10.0 (TID 16). 2001 bytes result sent to driver
16/06/29 16:24:47 INFO TaskSetManager: Finished task 0.0 in stage 10.0 (TID 16) in 31 ms on localhost (2/2)
16/06/29 16:24:47 INFO DAGScheduler: ResultStage 10 (collect at <console>:39) finished in 0.022 s
16/06/29 16:24:47 INFO TaskSchedulerImpl: Removed TaskSet 10.0, whose tasks have all completed, from pool
16/06/29 16:24:47 INFO DAGScheduler: Job 2 finished: collect at <console>:39, took 0.056871 s
(4,(peter,student))
(2,(istoica,prof))
(3,(rxin,student))
(7,(jgonzal,postdoc))
(5,(franklin,prof))
```

图 5-27　打印所有节点信息

第 5 章　Spark 在大数据处理中的应用

```
6/06/29 16:25:44 INFO ShuffleBlockFetcherIterator: Started 0 remote fetches in
 ms
6/06/29 16:25:44 INFO ShuffleBlockFetcherIterator: Started 0 remote fetches in
 ms
6/06/29 16:25:44 INFO Executor: Finished task 0.0 in stage 14.0 (TID 18). 2113
ytes result sent to driver
6/06/29 16:25:44 INFO Executor: Finished task 1.0 in stage 14.0 (TID 19). 2040
ytes result sent to driver
6/06/29 16:25:44 INFO TaskSetManager: Finished task 0.0 in stage 14.0 (TID 18)
n 78 ms on localhost (1/2)
6/06/29 16:25:44 INFO TaskSetManager: Finished task 1.0 in stage 14.0 (TID 19)
n 78 ms on localhost (2/2)
6/06/29 16:25:44 INFO TaskSchedulerImpl: Removed TaskSet 14.0, whose tasks have
all completed, from pool
6/06/29 16:25:44 INFO DAGScheduler: ResultStage 14 (collect at <console>:39) fi
ished in 0.078 s
6/06/29 16:25:44 INFO DAGScheduler: Job 3 finished: collect at <console>:39, to
k 0.123446 s
stoica is the colleague of franklin
xin is the collab of jgonzal
ranklin is the advisor of rxin
ranklin is the pi of jgonzal
```

图 5-28　去除 0 号不存在节点后的有效子图

mask 操作通过返回原图中部分节点和边，构建了一个 subgraph。与 subgraph 操作一同使用能限制一个子图的返回。例如，将边数据中丢失的顶点去除：

// Run Connected Components
val ccGraph = graph.connectedComponents() // No longer contains missing field
// Remove missing vertices as well as the edges to connected to them
val validGraph = graph.subgraph(vpred = (id,attr) => attr._2 ! = "Missing")
// Restrict the answer to the valid subgraph
val validCCGraph = ccGraph.mask(validGraph)
validGraph.triplets.map(triplet => triplet.srcAttr._1 + " is the " + triplet.attr + " of " + triplet.dstAttr._1).collect.foreach(println(_))

返回子图结果如图 5-29 所示。

```
16/06/29 16:55:37 INFO ShuffleBlockFetcherIterator: Getting 2 non-empty blocks o
ut of 2 blocks
16/06/29 16:55:37 INFO Executor: Finished task 0.0 in stage 75.0 (TID 44). 2113
ytes result sent to driver
16/06/29 16:55:37 INFO ShuffleBlockFetcherIterator: Started 0 remote fetches in
3 ms
16/06/29 16:55:37 INFO TaskSetManager: Finished task 0.0 in stage 75.0 (TID 44)
n 21 ms on localhost (1/2)
16/06/29 16:55:37 INFO Executor: Finished task 1.0 in stage 75.0 (TID 45). 2040
ytes result sent to driver
16/06/29 16:55:37 INFO TaskSetManager: Finished task 1.0 in stage 75.0 (TID 45)
n 24 ms on localhost (2/2)
16/06/29 16:55:37 INFO TaskSchedulerImpl: Removed TaskSet 75.0, whose tasks have
 all completed, from pool
16/06/29 16:55:37 INFO DAGScheduler: ResultStage 75 (collect at <console>:39) fi
ished in 0.026 s
16/06/29 16:55:37 INFO DAGScheduler: Job 7 finished: collect at <console>:39, to
k 0.054691 s
stoica is the colleague of franklin
rxin is the collab of jgonzal
franklin is the advisor of rxin
franklin is the pi of jgonzal
```

图 5-29　使用 mask 操作返回子图结果

groupEdges 操作能合并多重图的并行边(例如,顶点之间的重复边)。在一些数值模拟应用程序中,并行边能被融合,进而减少了图的大小。

4. Join 操作

在许多情况中,需要将外部数据集合(RDDs)添加到图中。例如,有额外的用户属性,想将其融合到一个已存在图中或者想把数据从一个图复制到另一个图。这些任务可以使用 join 操作来实现。下面我们列出了关键的 join 操作:

```
class Graph[VD,ED] {
  def joinVertices[U](table: RDD[(VertexId,U)])(map: (VertexId,VD,U) =>VD)
    : Graph[VD,ED]
  def outerJoinVertices[U,VD2](table: RDD[(VertexId,U)])(map: (VertexId,VD,Option[U]) =>VD2)
    : Graph[VD2,ED]
}
```

joinVertices 操作连接 vertices 和输入 RDD,通过用户自定义的 map 函数处理图中的节点属性,返回一个新图。若在 RDD 节点中没有一个匹配值,将保留其原始值。

可通过下面的方法加快 join 的执行速度:

```
val nonUniqueCosts: RDD[(VertexID,Double)]
val uniqueCosts: VertexRDD[Double] =
  graph.vertices.aggregateUsingIndex(nonUnique,(a,b) =>a + b)
val joinedGraph = graph.joinVertices(uniqueCosts)(
  (id,oldCost,extraCost) =>oldCost + extraCost)
```

outerJoinVertices 方法和 joinVertices 相似,除了可以将用户定义的 map 函数应用到所有顶点,还可以改变顶点类型。例如,我们可以通过使用出度初始化顶点属性来设置一个针对 PageRank 的图:

```
val outDegrees: VertexRDD[Int] = graph.outDegrees
val degreeGraph = graph.outerJoinVertices(outDegrees) { (id,oldAttr,outDegOpt) =>
  outDegOpt match {
    case Some(outDeg) =>outDeg
    case None =>0 // No outDegree means zero outDegree
  }
}
```

在上面的示例中使用到了柯里函数模式的多参数列表(例如 $f(a)(b)$)。可以将 $f(a)(b)$ 与 $f(a,b)$ 等同,使用柯里函数模式意味着类型接口 b 将不会依赖于 a。因此用户需要提供自定义函数类型注释:

```
val joinedGraph = graph.joinVertices(uniqueCosts, (id: VertexID,oldCost:
Double,extraCost: Double) =>oldCost + extraCost)
```

5. 相邻聚合

在图分析任务中有一个关键步骤就是聚集每一个顶点的邻居信息。例如,我们想知道每一个用户的追随者数量或者追随者的平均年龄。一些迭代的图算法(像 PageRank,最短路径和联通组件)反复的聚集相邻顶点的属性(像当前 PageRank 值,源的最短路径,最小可到达的顶点 ID）。为了改善原始聚集操作的性能，将 graph.mapReduceTriplets 改为新的 graph.AggregateMessages。

（1）聚合消息

在 GraphX 中核心的聚集操作是 aggregateMessages，它提供了一个用户定义的 sendMsg 函数到图中的每一个边 triplet，然后用 mergeMsg 函数在目的节点聚集这些信息。

```
class Graph[VD,ED] {
  def aggregateMessages[Msg: ClassTag](
      sendMsg: EdgeContext[VD,ED,Msg] => Unit,
      mergeMsg: (Msg,Msg) => Msg,
      tripletFields: TripletFields = TripletFields.All)
    : VertexRDD[Msg]
}
```

在下面的实例中，我们使用 aggregateMessages 操作来计算每一个用户更年长追随者的平均年龄。

```
// Import random graph generation library
import org.apache.spark.graphx.util.GraphGenerators
// Create a graph with "age" as the vertex property.  Here we use a random graph for simplicity.
val graph: Graph[Double,Int] =
  GraphGenerators.logNormalGraph(sc,numVertices = 100).mapVertices( (id,_) => id.toDouble )
// Compute the number of older followers and their total age
val olderFollowers: VertexRDD[(Int,Double)] = graph.aggregateMessages[(Int,Double)](
  triplet => { // Map Function
    if (triplet.srcAttr > triplet.dstAttr) {
      // Send message to destination vertex containing counter and age
      triplet.sendToDst(1,triplet.srcAttr)
    }
  },
  // Add counter and age
  (a,b) => (a._1 + b._1, a._2 + b._2) // Reduce Function
)
// Divide total age by number of older followers to get average age of older followers
val avgAgeOfOlderFollowers: VertexRDD[Double] =
  olderFollowers.mapValues( (id,value) => value match { case (count,totalAge) => totalAge / count } )
// Display the results
avgAgeOfOlderFollowers.collect.foreach(println(_))
```

结果如图 5-30 所示。

```
jie@jie-Satellite-L850D: ~
16/06/29 20:28:31 INFO DAGScheduler: Job 9 finished: collect at <console>:36, to
ok 0.413196 s
(34,69.5)
(52,77.33333333333333)
(4,51.47826086956522)
(16,62.095238095238095)
(82,90.0)
(66,81.4)
(28,64.05882352941177)
(54,80.41666666666667)
(80,93.6)
(30,69.7)
(14,65.85)
(50,76.71428571428571)
(36,69.53333333333333)
(24,64.94444444444444)
(64,88.88888888888889)
(74,80.33333333333333)
(90,93.5)
(72,81.875)
(70,83.77777777777777)
(18,56.75)
(12,44.0)
(38,72.375)
```

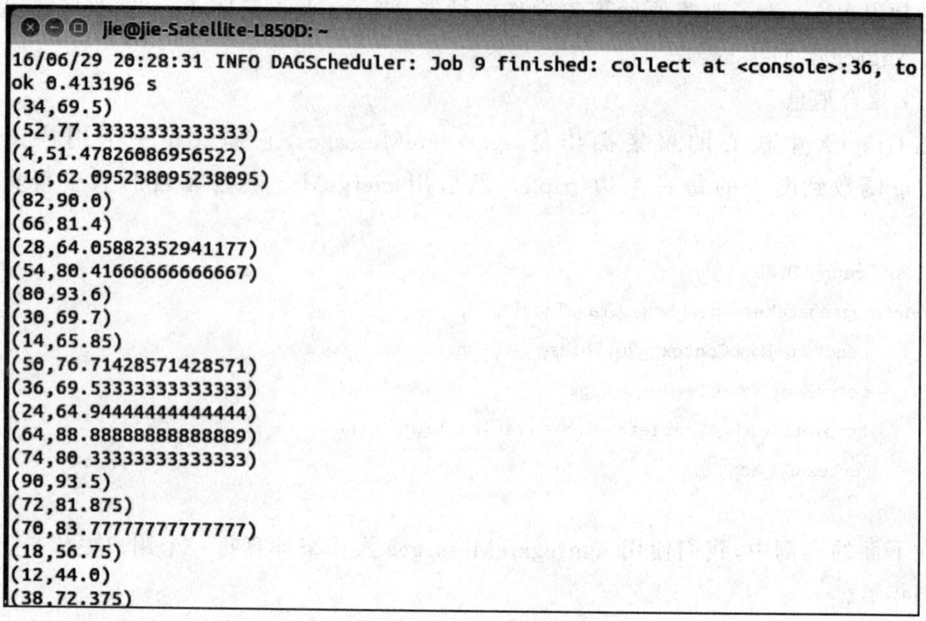

图 5-30　计算每个节点年长追随者的平均年龄

(2) Map Reduce Triplets Transition Guide (Legacy)

在以前的 GraphX 版本中,我们计算邻居聚合使用 MapReduceTriplets 操作:

```
class Graph[VD,ED] {
  def mapReduceTriplets[Msg](
      map: EdgeTriplet[VD,ED] = >Iterator[(VertexId,Msg)],
      reduce: (Msg,Msg) = >Msg)
    : VertexRDD[Msg]
}
```

MapReduceTriplets 操作应用用户定义的 map 函数到每一个 triplet ,使用用户定义的 reduce 函数聚合产生 messages。返回迭代器是昂贵的,它抑制了我们应用额外优化(例如,本地顶点的重新编号)的能力。在 aggregateMessages 中我们引进了 EdgeContext,其显示 triplet 属性,也明确了函数发送信息的源和目的顶点。除此之外,我们移除了字节码检测,取而代之的是要求用户指明哪个 triplet 属性被需要。

下面的代码块使用 MapReduceTriplets:

```
val graph: Graph[Int,Float] = …
def msgFun(triplet: Triplet[Int,Float]): Iterator[(Int,String)] = {
  Iterator((triplet.dstId,"Hi"))
}
def reduceFun(a: Int,b: Int): Int = a + b
val result = graph.mapReduceTriplets[String](msgFun,reduceFun)
```

使用 aggregateMessages 重写:

```
val graph: Graph[Int,Float] = …
def msgFun(triplet: EdgeContext[Int,Float,String]) {
```

```
triplet.sendToDst("Hi")
}
def reduceFun(a: Int,b: Int): Int = a + b
val result = graph.aggregateMessages[String](msgFun,reduceFun)
```

(3) 计算度

一个普通的聚合任务是计算每个顶点的度。在有向图计算中，经常需要计算节点的入度、出度和总度。GraphOps 类包含了一系列的度的计算方法。例如，在下面将计算最大入度、出度和总度，分别如图 5-31、图 5-32 和图 5-33 所示。

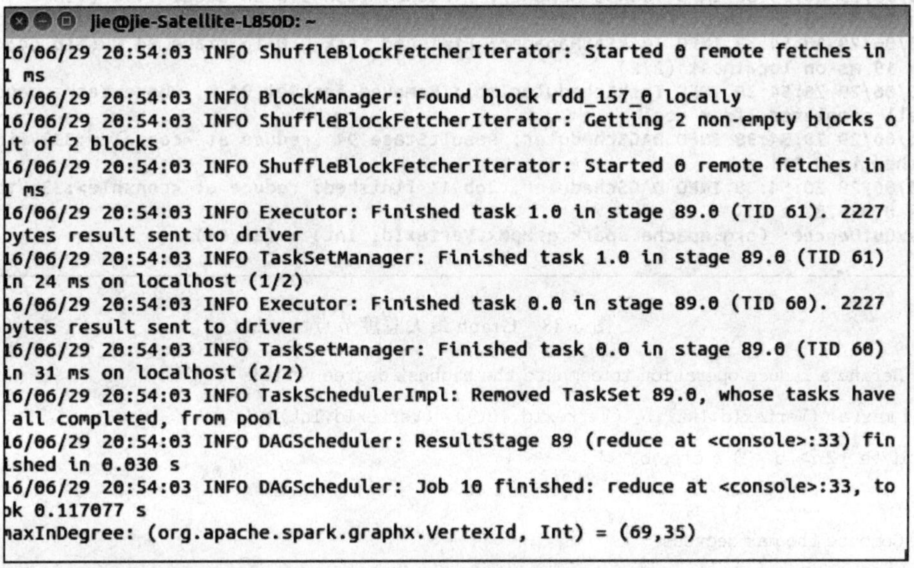

图 5-31　Graph 最大入度节点

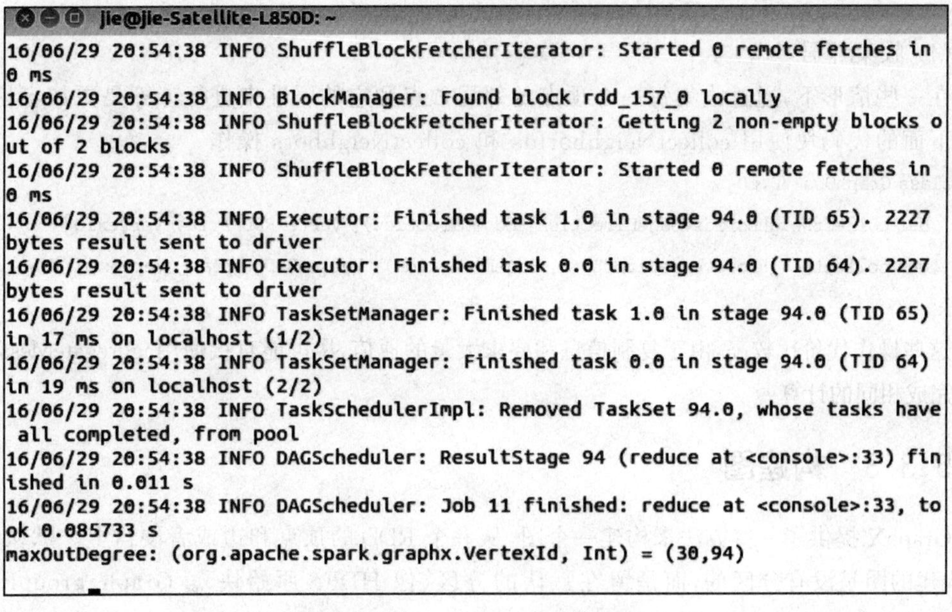

图 5-32　Graph 最大出度节点

图 5-33　Graph 最大总度节点

```
// Define a reduce operation to compute the highest degree vertex
def max(a：(VertexId,Int),b：(VertexId,Int))：(VertexId,Int) = {
  if (a._2 > b._2) a else b
}
// Compute the max degrees
val maxInDegree：(VertexId,Int)  = graph.inDegrees.reduce(max)
val maxOutDegree：(VertexId,Int) = graph.outDegrees.reduce(max)
val maxDegrees：(VertexId,Int)   = graph.degrees.reduce(max)
```

(4) 收集邻居

在一些情形下,通过收集每一个顶点的邻居顶点和它的属性来进行计算是更加容易的。下面的代码块使用 collectNeighborIds 和 collectNeighbors 操作。

```
class GraphOps[VD,ED] {
  def collectNeighborIds(edgeDirection：EdgeDirection)：VertexRDD[Array[VertexId]]
  def collectNeighbors(edgeDirection：EdgeDirection)：VertexRDD[ Array[(VertexId,VD)] ]
}
```

这些操作代价比较高,由于复制信息和要求大量的通信,尽可能直接使用 aggregateMessages 操作完成相同的计算。

5.3.3　构建图

GraphX 提供了一些方法来构建一个图,从一个 RDD 的顶点和边或者硬盘上。默认情况下,构建的图是没有分区的,而是留在默认的分区(像 HDFS 原始块)。Graph.groupEdges 要求图重新分区,假定相同的边在同一个分区,所以必须在调用 groupEdges 之前调用

Graph.partitionBy。

```
object GraphLoader {
  def edgeListFile(
    sc：SparkContext,
    path：String,
    canonicalOrientation：Boolean = false,
    minEdgePartitions：Int = 1)
  ：Graph[Int,Int]
}
```

GraphLoader.edgeListFile 提供了一种加载硬盘上边的列表的方式。它解析下面的邻接对(起始顶点 ID 和目的顶点 ID)列表,跳过 ♯ 开始的行注释：

```
♯ This is a comment
2 1
4 1
1 2
```

它从指定的边创建一个图,自动创建边涉及的顶点。所有的顶点和边属性默认为1。

5.3.4 图计算相关算法

GraphX 包含一系列的图算法来简化分析任务。算法被包含在 org.apache.spark.graphx.lib 包里面,能被 Graph 通过 GraphOps 直接访问。下面将描述这些算法以及算法如何使用。

1. PageRank

PageRank 测量在图中每一个顶点的重要性,一条 u 到 v 的边代表 u 对 v 重要性的一个支持。例如,如果一个 Twitter 用户被其他用户浏览,这个用户排名将会升高。

GraphX 作为 PageRank 对象的方法,自带了静态和动态的 PageRank 实现。静态的 PageRank 运行固定的迭代次数,动态的 PageRank 需要收敛值小于阈值时停止迭代。GraphOps 继承 Graph,因而可以使用 Graph 的方法。

GraphX 也包含了一个社会网络数据集实例,我们可以在上面运行 PageRank 一个用户的集合在 graphx/data/users.txt 中给出,用户之间的关系在 graphx/data/followers.txt 中给出。我们计算每一个用户的 PageRank 如下：

```
// Load the edges as a graph
val graph = GraphLoader.edgeListFile(sc,"graphx/data/followers.txt")
// Run PageRank
val ranks = graph.pageRank(0.0001).vertices
// Join the ranks with the usernames
val users = sc.textFile("graphx/data/users.txt").map { line =>
  val fields = line.split(",")
  (fields(0).toLong,fields(1))
}
```

```
val ranksByUsername = users.join(ranks).map {
    case (id,(username,rank)) => (username,rank)
}
// Print the result
println(ranksByUsername.collect().mkString("\n"))
```

PageRank 算法运行结果如图 5-34 所示。

图 5-34　PageRank 算法运行结果

2. Connected Components

连通图算法是使用最小编号的顶点标记图的连通体。例如，在一个社会网络，连通图近似聚类。GraphX 在 ConnectedComponents 对象中包含一个算法实现，我们计算连通图实例，数据集和 PageRank 部分一样。

```
// Load the graph as in the PageRank example
val graph = GraphLoader.edgeListFile(sc,"graphx/data/followers.txt")
// Find the connected components
val cc = graph.connectedComponents().vertices
// Join the connected components with the usernames
val users = sc.textFile("graphx/data/users.txt").map { line =>
    val fields = line.split(",")
    (fields(0).toLong,fields(1))
}
val ccByUsername = users.join(cc).map {
    case (id,(username,cc)) => (username,cc)
}
// Print the result
println(ccByUsername.collect().mkString("\n"))
```

计算连通图如图 5-35 所示。

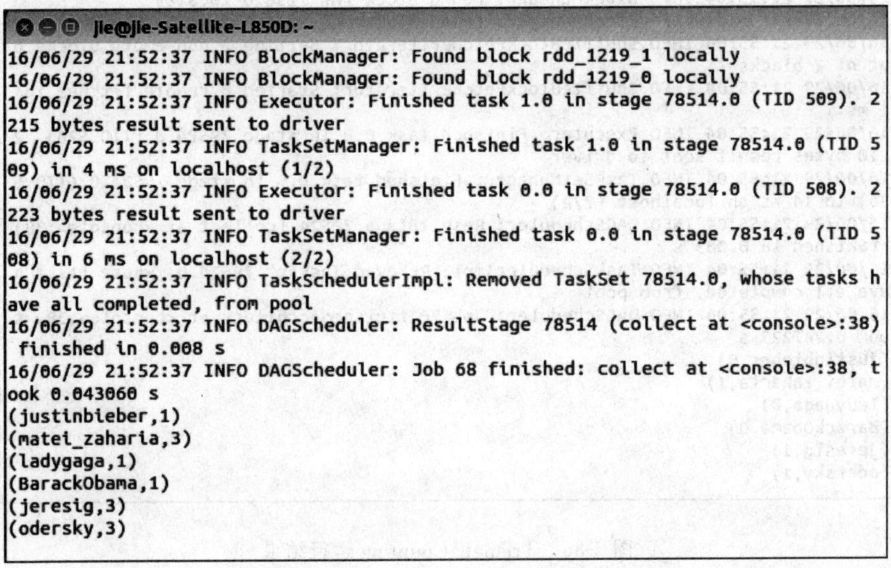

图 5-35　计算连通图结果

3. Triangle Counting

当顶点有两个邻接顶点并且它们之间有边相连，它就是三角形的一部分。GraphX 在 TriangleCount 对象中实现了一个三角形计数算法，其确定通过每一个顶点的三角形数量，提供了一个集群的测量。我们计算社交网络三角形的数量，数据集同样使用 PageRank 部分数据集。注意：三角形数量要求边是标准方向（srcId < dstId），图使用 Graph.partitionBy 进行分区。

```
// Load the edges in canonical order and partition the graph for triangle count
val graph = GraphLoader.edgeListFile(sc,"graphx/data/followers.txt",true).partitionBy(PartitionStrategy.RandomVertexCut)
// Find the triangle count for each vertex
val triCounts = graph.triangleCount().vertices
// Join the triangle counts with the usernames
val users = sc.textFile("graphx/data/users.txt").map { line =>
  val fields = line.split(",")
  (fields(0).toLong,fields(1))
}
val triCountByUsername = users.join(triCounts).map { case (id,(username,tc)) =>
  (username,tc)
}
// Print the result
println(triCountByUsername.collect().mkString("\n"))
```

```
16/06/29 21:55:04 INFO BlockManager: Found block rdd_1258_0 locally
16/06/29 21:55:04 INFO BlockManager: Found block rdd_1270_0 locally
16/06/29 21:55:04 INFO ShuffleBlockFetcherIterator: Getting 2 non-empty blocks o
ut of 2 blocks
16/06/29 21:55:04 INFO ShuffleBlockFetcherIterator: Started 0 remote fetches in
 1 ms
16/06/29 21:55:04 INFO Executor: Finished task 0.0 in stage 78524.0 (TID 526). 2
218 bytes result sent to driver
16/06/29 21:55:04 INFO TaskSetManager: Finished task 0.0 in stage 78524.0 (TID 5
26) in 14 ms on localhost (2/2)
16/06/29 21:55:04 INFO DAGScheduler: ResultStage 78524 (collect at <console>:38)
 finished in 0.003 s
16/06/29 21:55:04 INFO TaskSchedulerImpl: Removed TaskSet 78524.0, whose tasks h
ave all completed, from pool
16/06/29 21:55:04 INFO DAGScheduler: Job 70 finished: collect at <console>:38, t
ook 0.247223 s
(justinbieber,0)
(matei_zaharia,1)
(ladygaga,0)
(BarackObama,0)
(jeresig,1)
(odersky,1)
```

图 5-36　Triangle Counting 运行结果

5.3.5　GraphX 图计算实例

假设我们想从一些文本文件构建一个图，约束图为重要的人际关系和用户，在子图运行 PageRank，然后返回顶点用户相关的属性。我们使用 GraphX 做这些事情仅仅需要几行代码。

```
// Connect to the Spark cluster
val sc = new SparkContext("spark://master.amplab.org","research")


// Load my user data and parse into tuples of user id and attribute list
val users = (sc.textFile("graphx/data/users.txt")
  .map(line => line.split(",")).map( parts => (parts.head.toLong,parts.tail) ))


// Parse the edge data which is already in userId -> userId format
val followerGraph = GraphLoader.edgeListFile(sc,"graphx/data/followers.txt")


// Attach the user attributes
val graph = followerGraph.outerJoinVertices(users) {
  case (uid,deg,Some(attrList)) => attrList
  // Some users may not have attributes so we set them as empty
  case (uid,deg,None) => Array.empty[String]
}


// Restrict the graph to users with usernames and names
val subgraph = graph.subgraph(vpred = (vid,attr) => attr.size == 2)
```

```
// Compute the PageRank
val pagerankGraph = subgraph.pageRank(0.001)

// Get the attributes of the top pagerank users
val userInfoWithPageRank = subgraph.outerJoinVertices(pagerankGraph.vertices) {
  case (uid,attrList,Some(pr)) = >(pr,attrList.toList)
  case (uid,attrList,None) = >(0.0,attrList.toList)
}
println(userInfoWithPageRank.vertices.top(5)(Ordering.by(_._2._1)).mkString("\n"))
```

重要的人际关系和用户结果如图 5-37 所示。

图 5-37　重要的人际关系和用户结果

社交网络中度统计实验

本章小结

本章介绍了 Spark 小型集群搭建，使用 Spark 集群对一个 50 万节点的仿真社交网络进行度统计以及 GraphX 的简单应用。这些内容可以帮助大数据初学者熟悉如何使用 Spark 这个强有力的工具进行相关工程实战和学术研究。

参 考 文 献

[1] http://spark.apache.org/docs/latest/graphx-programming-guide.html.
[2] http://blog.csdn.net/mach_learn/article/details/46501351.
[3] 何为图计算:http://www.csdn.net/article/2015-09-21/2825748.

[4] 高彦杰. Spark 大数据处理：技术、应用与性能优化. 北京：机械工业出版社，2014.
[5] http://blog.csdn.net/sunbow0/article/details/47612291.
[6] https://endymecy.gitbooks.io/spark-programming-guide-zh-cn/content/graphx-programming-guide/graph-operators.html.
[7] Lancichinetti, A. and S. Fortunato (2009). "Benchmarks for testing community detection algorithms on directed and weighted graphs with overlapping communities." Physical Review E Statistical Nonlinear & Soft Matter Physics 80(1 Pt 2)：145-148.

第6章 大数据技术在环境科学中的应用

环境科学是一门研究环境的地理、物理、化学、生物四个部分的学科。它提供了综合、定量和跨学科的方法来研究环境系统。随着科学技术的发展,目前的环境科学领域的某些方面呈现着数据量大、数据分布广的一个趋势,因此需要借助大数据的存储和大数据的计算。如在大气环境方面,针对目前灰霾现象频发大气问题的研究,常用的方法是对大气污染进行实时的观测和模拟,目前常用的大气模拟的模型是空气质量模型(CAMx,CMAQ等),与之相配套的气象模式常用的是 MM5/WRF,这些模型通过对某地区进行模拟来分析问题的发生原因。大气污染物排放清单的建立也需要大数据平台的支持进行数据的统计。随着环境问题逐渐得到重视,各地政府也设置了多个环境监测站,全中国的环境监测站数量巨大,是按照每小时上传的数据量和数据类型来计算的,这就需要用大数据平台进行云存储和云计算。

6.1 大气环境科学的数值模式的介绍

随着计算机和科学技术的快速发展,以及大气动力学理论和数学物理方法的结合,近三十年来大气数值模式和模拟得到了迅速发展。大气环境领域的数值模式主要包括气象模式和空气质量模式两大类。

6.1.1 气象模式

随着大气科学理论、数值计算方法和高性能计算机技术的不断发展,现代天气预报方法已从传统的建立在大气定性理论、数理统计与预报员经验基础上的半经验方法,发展到以大气科学理论为基础,综合现代科学技术的最新成果,通过高性能计算平台的模拟计算得到预测结果的数值预报方法。数值天气预报有效地解决了过去预报产品不够丰富、可用预报时效太短、各类气象探测资料综合处理能力不强等问题,已经成为气象部门制作天气预报的重要基础和根本途径,具有其他预报方法不可替代的地位和作用。[1]

气候数值模拟(The weather number imitate)可以概括为在实验室里一定的控制条件下模拟自然界的气候状况,以及根据控制气候及其变化的基本物理定律,建立起相应的数学模式,在一定的初始条件和边界条件下进行数值计算,求得气候及其变化的图像。气候主要与相当长时间的现象有关,从几年到十几年或者更长的时间。随着计算机和数值计算方法的发展,数值模拟已经成为定量研究气候及其变化的主要方法。

1. MM5 中尺度数值模型

中尺度大气数值模式在 20 世纪 80 年代已有相当发展，进入 90 年代，一些中尺度模式和模拟系统已发展的相当先进并在世界范围内广为使用。如美国国家环境预报中心（NCEP）的业务预报中尺度模式（Eta）、科罗拉多州立大学（CSU）的区域大气模拟系统（RAMS）、海军舰队数值气象和海洋中心（FNMOC）的耦合海洋/大气中尺度预报系统（COAMPS）、英国气象局业务中尺度模式（UKMO）、加拿大中尺度可压缩共有模式（MC2）、法国中尺度非静力模式（MESO-NH）、日本区域谱模式（JRSM）等。目前，国内外流传较广、发展的较完善、最具有代表性的中尺度气象模式为美国国家大气研究中心（NCAR）和美国宾州大学（PSU）在原有的流体静力模式 MM4 基础上发展的新一代中尺度非流体静力模式 MM5。MM5（Mesoscale Model 5）具有多重嵌套能力、非静力动力模式以及四维同化的能力，并能在计算机平台上运行，来模拟或预报中尺度和区域尺度的大气环流。特别是它的非流体静力模式，可以满足中—β（20~200 km）和中—γ 尺度（2~20 km）强对流天气系统演变的模拟需要。

MM5 模式结构可分为前处理模块（包括 TERRAIN、REGRID、INTERPF、LITTLE-R）、主模块、后处理及绘图显示等辅助模块（包括 RIP、GRAPH、GrADS、Vis5D）如图 6-1 所示。在每一部分中又有其具体细致的内容，前处理中包括资料预处理、质量控制、客观分析及初始化，它为 MM5 模式运行准备输入资料，在气象模拟中的输入数据量十分大，而我们日常使用的计算就在存储上产生困难，无法在短时间下载数据，而 MM5 的前处理模块每次只能处理一个数据文件，这样在运用中我们就要借助基于大数据平台的云存储和云计算，直接在"云"上进行前处理；MM5 主模块部分是模式所研究气象过程的主控程序；后处理及绘图显示模块则对模式运行后的输出结果进行分析处理，包括诊断和图形输出、解释和检验等。

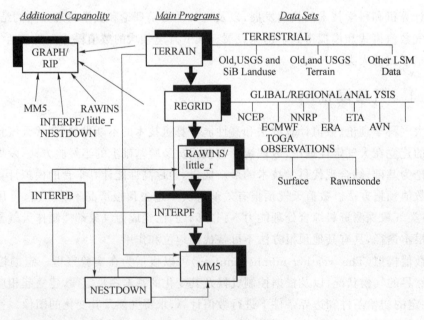

图 6-1 MM5 的运行流程图[2]

图 6-1 中各模块具体功能如下:

(1) TERRAIN。选取模拟区域,生成水平网格,将地形和土地利用资料插值到格点上。MM5 支持三种地形投影方式:Lambert 正形投影、极地平面投影和赤道平面 Mercator 投影,这三种投影方式分别适用于中纬度、高纬度和低纬度的模拟。TERRAIN 的输入参数包括模拟区域的中心经、纬度,水平格距和网格数等。从图 6-1 中我们可以看出 TERRAIN 的主要数据来源有三个,分别是 Old、USGS and Sib Landuse、Old and USGS Terrain、Other LSM Date。

(2) REGRID。读取气压层上的气象分析资料,将大尺度经、纬度格点的气象、海温和雪盖资料从原有的格点和地图投影上插值到由 TERRAIN 定义的格点和地图投影上。REGRID 处理等压面和地面分析资料,并在这些层上进行二维插值。输出结果可作为客观分析的第一猜值场,或作为分析场被直接插值到 MM5 的模式层上,为 MM5 提供初始条件和边界条件。作为输入的大尺度气象数据有两种来源,一种是大尺度气象模式的实时预报场,另一种是用历史观测资料同化得到的再分析气象数据。

(3) INTERPF。由 1 于前面的分析都是在标准气压面上进行的,而 MM5 采用的是 σ 坐标,因此需要 INTERPF 模块处理分析场和中尺度模式之间的数据转换。它包括垂直插值、诊断分析并重新指定数据的格式。MM5 的垂直格点在这一模块内进行定义,由输入参数提供。INTERPF 将分析好的标准气压面上的数据插值到定义好的 MM5 的垂直格点上作为初始场,同时生成侧边界条件以及下边界条件。

(4) MM5 主程序。读入 INTERPF 生成的初始条件和边界条件,投入运行根据动力学方程完成时间积分。

(5) RAWINS/Little_r 模块。将上一模块插值后的物理量场作为第一猜测场进行地面和高空客观分析,在模式积分过程中进行四维资料同化,该模块还可以将预报模块(MM5)的结果作为第一猜测场。

(6) GRAPH。MM5 的附加程序可以对 MM5 的模拟数据进行绘图。

(7) INTERPB。可将 MM5 模式结果插值到等压面,进而完成四维资料同化循环。

2. WRF 数值模型

MM5 模式曾经是全球用户最多的中尺度大气模式,但由于其开发时间较早,动力学框架陈旧,程序规范化、标准化程度不高,一直未被美国最大的用户 NCEP 采用;ETA 模式虽然作为 NCEP 的业务预报模式,但难以及时吸收各所科研部门和大学的优秀研究成果,[3] 因此其推广也受到限制。为了继承各个研究机构的最新研究成果,自 1997 年以来,美国多所科研机构的科学家们共同研发了,业务与研究共用的新一代高分辨率中尺度预报模式——WRF 模式(Weather Research and Forecasting Model,WRF Model)。WRF(天气研究和预报)系统的核心 NMM(非静力中尺度模式)由 NOAA/NCEP 发展而成。WRF 模式是一种完全可压非静力模式,采用 Arakawa C 网格,集数值天气预报、大气模拟及数据同化于一体的模式系统,能够更好地改善对中尺度天气的模拟和预报,目前 WRF 正逐步取代 MM5,成为区域天气研究和业务预报使用最广的气象模式。

WRF 处理分为两部分:前处理系统(WPS)和后处理(WPP)。

WRF 的前处理系统(WPS)用于实时的资料处理,功能包括:定义模拟区域;插值地形资料(如地形、土表和土壤类型)到模拟区域;插值其他模式的资料到模拟区域和模式坐标。WRF 的核心模块是 WRF-NMM 和 WRF-ARW。

WRF-NMM 的主要特征:完全可压缩,具有静力选项的非静力模式;Arakawa E-网格;

水平传播的快波采用向前向后方案,垂直传播的声波采用隐式方法,水平平流采用Adams-Bashforth方案,垂直平流采用Crank-Nicholson方案;大量一二阶量的守恒,包括能量和位涡拟能;多物理选项;单方向和双向嵌套。

WRF-ARW模块的动力框架采用完全可压缩、非静力平衡欧拉模型,模型用具有守恒性的变量的通量形式表示。水平方向上采用Arakawa C 网络点,垂直方向则采用地形跟随质量坐标,在时间积分方案上采用三阶或者四阶的Runge Kutte算法,对中央差分以及上风平流方案都具有很好的稳定性,其稳定性时间步长是二阶式蛙跃式时间步长的2~3倍,节省了运行时间。

WRF的后处理(WPP)。这个子程序可以用来处理WRF-ARW和WRF-NMM预报,设计如下:把模式垂直坐标差值到NWS标准输出层;把预报网格差值到正常网格;计算诊断输出量;输出NWS和WMO标准的GRIB1。

WRF前处理系统(WPS)是一个由三个程序组成的模块,这三个程序的作用是为真实数据模拟准备输入场。三个程序的各自用途:geogrid确定模式区域并把静态地形数据插值到格点;ungrib从GRIB格式的数据中提取气象要素场;metgird则是把提取出的气象要素场水平插值到由geogrid确定的网格点上。把气象要素场垂直方向插值到WRF eta 层则是WRF模块中的real程序的工作。WRF的前处理系统流程图,如图6-2所示。

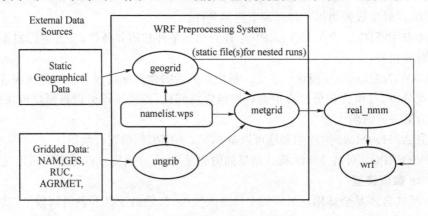

图6-2 WRF的前处理系统流程图[4]

在图6-2中给出了数据在WPS的三个程序之间的转换关系。正如图像所示,WPS里每个程序都会从一个共同的namelist文件里读取参数。这个namelist文件按各个程序所需参数的不同分成了三个各自的记录部分及一个共享部分,它们分别定义了WPS系统所要用到的各种参数。

运行WRF的Prepossessing System(WPS)有如下三个步骤:

(1) 利用geogrid模块确定一个模式的粗糙区域(最外围的范围),及其他嵌套区域;

(2) 利用ungrib把模拟期间所需的气象要素场从GRIB资料集中提取出来;

(3) 利用metgird把上述的气象要素场(第(2)步所做的工作)水平插值到模式区域(第(1)步所做的工作)中。当多次模拟在同一区域重复进行时,只需要做一次第(1)步的工作即可(也就是说geogrid.exe所做出的地形资料——geo_em.d0*.nc可以重复利用);因此,只有随时间改变的数据才需要在每次模拟时用第(2)、(3)步来处理。类似地,如果在多次模拟中,气象输入数据是一样的,但是地形区域却不断改变的话,那第(2)步是可以省略的。

WRF-NMM是一个可压缩非静力的中尺度模式(有静力选项)。该模型采用地形跟随的 sigma 和 P 混合垂直坐标系,垂直方向上有 18 层,网格采用 Arakawa E-格点。所有过程采用相同的时步,包括能量和涡度拟能的一些一阶和二阶量都是动量守恒的。WRF-NMM 代码包含初始化程序(real_nmm.exe)和数值积分程序(wrf.exe)。WRF-NMM 第三版有如下功能。

- 实时数据模拟
- 非静力的和静力的(运行选项)
- 全部物理过程选项
- 单向和双向嵌套
- 适用范围从几米到几千千米

下面举个 WRF 的应用案例。

在孙贞等人[5]对青岛 2006 年 8 月的一次海风环流进行模拟,更清楚地找出了海风过程发生发展的特征,研究了其经过测站的准确时间、风速风向变化、维持时段、转向方式等方面的特征。为探讨海风环流的时空演变特性,采用 WRF 三层嵌套模式对 8 月 21 日的海风环流过程进行了高时空分辨率的数值模拟嵌套区域格距为 15 km、5 km 和 1.67 km,垂直方向分为 35 层,在低层划分更细致一些采用的地形场分辨率为 30 s,中心在青岛站附近(36°N,120°E)。采用 NCEP AVN 实况分析资料和预报场资料(分辨率 1°×1°)作为初值化的背景场和边界场,在输入过程中就需要从数据库将这些同步数据进行下载,以及在后续模拟中需要将这些数据上传服务器进行模拟,这其中就涉及在日常监测中将监测站数据同步上传,以及卫星等其他工具的监测数据的上传问题,原本借助单一的数据库上传及下载比较麻烦,而现在在大数据的平台下数据的同步及下载都将变得简单起来,模拟中加入了常规的高空地面资料,由于大气环流背景相对稳定,采用显式水汽方案 KF 积云参数化方案,YSU PBL 边界层方案、RRTM 辐射参数等方案,在模拟过程中现有 WRF 的前处理系统进行前处理,而后 WRF 的主模块进行模拟并将数据传到 WRF 的后处理模块进行可视化的处理。

6.1.2 区域空气质量模式

空气污染已经成为世界上许多城市面临的最严重的环境问题之一,强化大气环境管理,防治空气污染及优化空气污染防治措施是城市环境保护的一项紧迫任务。随着我国工业、交通和建筑业的蓬勃发展,以二氧化碳、氮氧化物和悬浮颗粒物为主的大气污染问题也日趋严重,已经成为我国政府和社会共同面临的严峻问题。[6]

目前国际上空气质量预报的方法有两种:一种是以统计学方法为基础,利用现有数据基于统计分析,研究大气环境的变化规律,建立大气污染浓度与气象参数间的统计预报模型,来预测大气污染物浓度,称之为统计预报;另一种则是以大气动力学理论为基础,基于对大气物理和化学过程的理解,建立大气污染浓度在空气中的输送扩散数值模型,借助计算机来预报大气污染物浓度在空气中的动态分布,称之为数值预报。[7]

空气质量模型是基于人类对大气物理和化学过程科学认识的基础上,运用气象学原理及数学方法,从水平和垂直方向在大尺度范围内对空气质量进行仿真模拟,再现污染物在大气中输送、反应、清除等过程的数学工具,是分析大气污染时空演变规律、内在机理、成因来源、建立"污染减排"与"质量改善"间定量关系及推进我国环境规划和管理向定量化、精细化过渡的重要技术方法。近年来,空气质量模拟技术发展迅速,相比其他环境要素的数学模拟技术最为成熟,当前各种空气质量模型已被广泛应用于环境影响评价、重大科学研究及环境管理与决策领域,已成为模拟臭氧、颗粒物、能见度、酸雨甚至气候变化等各种复杂空气质量问题及研究区域复合型大气污染控制理论的重要手段之一,并发展成为一门学科方向。

1. CMAQ

CMAQ 模式是我国应用最广泛、最为成熟的第三代空气质量模型,由 USEPA 于 1998 年第一次正式发布。CMAQ 最初设计的目的在于将复杂的空气污染问题如对流层的臭氧、PM、毒化物、酸沉降及能见度等问题综合处理,为此 Models-3/CMAQ 模式最大的特色即采用了"One-Atmosphere"的设计理念,能对多种尺度、各种复杂的大气环境污染问题进行系统模拟,CMAQ 模型目前已成为美国 EPA 应用于环境规划、管理及决策的准法规化模型。该模型的特点在于:(1)可以同时模拟多种大气污染物,包括臭氧、PM、酸沉降以及能见度等各种环境污染问题在不同空间尺度范围内的行为;(2)充分利用了最新的计算机硬件和软件技术,如高性能计算、模块化设计、可视化技术等,使空气质量模拟技术更高效、更精确,且应用领域趋于多元化。

Models-3/CMAQ 系统由排放清单处理模型(SMOKE)、中尺度气象模型(MM5 模型或 WRF 模型等)和通用多尺度空气质量模型(CMAQ)三部分组成,其中 CMAQ 是整个系统的核心。CMAQ 模型主要由边界条件模块(BCON)、初始条件模块(ICON)、光解速率模块(JPROC)、气象—化学预处理模块(MCIP)和化学输送模块(CCTM)构成。CMAQ 模型的关键部分是化学输送模块(CCTM),污染物在大气中的扩散和输送过程、气相化学过程、气溶胶化学过程、液相化学过程、云化学过程以及动力学过程都由该模块模拟完成。其他模块的主要功能主要是为 CCTM 提供输入数据和相关参数。CCTM 模块提供了多种气相化学机制和气溶胶化学机制供使用者选择,输出结果包括各种气态污染物和气溶胶组分在内的污染物逐时浓度,以及逐时的能见度和干湿沉降。CMAQ 模式需要 MM5 或 WRF 气象模式提供模拟所需的气象资料。CMAQ5.0 版本已实现气象模式与化学传输模式在线耦合,吸收了 WRF-CHEM 模型部分优点。[8]

CMAQ 的主要框架结构如图 6-3 所示。

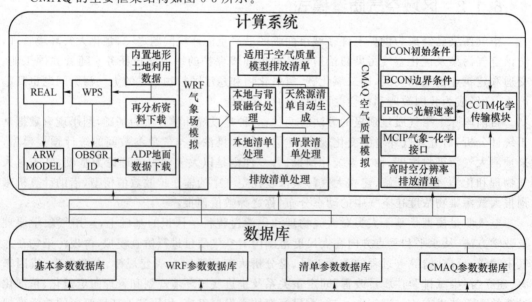

图 6-3 CMAQ 的结构图

下面是CMAQ的一个应用案例。

珠江三角洲是我国一个经济快速发展的重要城市群地区,光化学烟雾污染是当地主要的大气污染问题之一。对珠江三角洲地区臭氧污染的研究此前开展了许多工作,[9]区域空气质量模式在该地区臭氧污染的特征研究、控制与预报方面具有重要作用。在Shen Jin等人[10]的研究中对珠江三角洲地区2004年10月的臭氧浓度进行模拟来分析污染物的来源。在模拟中分为三个部分。首先对模拟地区的气象场进行模拟,在对气象场的模拟中首先要进行数据的输入,在目前这个数据量大的时代,气象场数据的输入量也越来越大,其中包括地质数据、气压层数据等,在这种情况下单个的计算机已经无法满足这种数据量的处理,此时我们借助大数据平台的云存储进行数据的存储和统计,将大量的数据从专业的地质网站、气象网站的数据库进行导出,在他们的研究中主要导出2004年10月模拟三层网格区域的地质及气象数据,再将导出的数据输入到CMAQ模型气象模块(WRF)中地区的范围如图6-4所示。

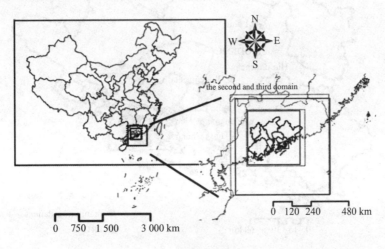

图6-4 模拟网格区域图

在图6-4中我们可以看出,模拟的第一层区域是包括中国在内的亚洲地区以36千米的网格分辨率进行输入,第二层区域是包括珠江三角洲及周边城市的区域以12千米的网格分辨率进行输入,第三层网格也就是珠江三角洲区域以4千米的网格分辨率进行输入,由此可见在进行本次模拟中的气象场的模拟要输入的数据量之大是单个或几个计算机无法处理的,数据的输入结束后,以WRF的气象模拟流程进行模拟,由于数据量之多,同样单台或多台计算机进行模拟的计算是较为不便的,借助大数据的平台进行数据的云计算和云存储使得WRF模拟具有更高效率。

第二部分进行SMOKE源排放清单的统计及计算,在该研究中第一重区域(36 km网格)的污染源输入数据来自TRACE-P源排放清单,[11]能够满足为第二重嵌套网格提供边界条件的模拟需要。第二、三层区域(12 km与4 km网格)的污染源输入主要依据广东省环境监测中心和香港环保署提供的排放清单,在科学研究上,排放清单是大气污染模式重要的起始输入数据,是研究空气污染物在大气中物理化学过程的先决条件。

第三部分进行CMAQ的空气质量模拟。CMAQ的空气质量模拟是空气质量模拟的核心模块,它主要将气象场数据和排放清单的数据整合,并通过对污染物的化学反应以及该污染物在该气象条件下的传输转化进行模拟计算,在原来大量的数据基础上进行数值计算,可见其计算量及数据处理量之大也是单台计算机无法承受的,大数据的云计算可帮助大大地提高计算效率。

在模拟结果出来后,我们要将大量的数据进行可视化的一个处理,整合成方便查看的污染源的一个分析图。模拟的部分结束后,我们要对此次模拟的一个准确性进行分析,目前我们采取的分析方法一般是通过在模拟区域内观测站的数据采集,然后用模拟时间段的观测站的采集数据与模拟数据中观测站位置的污染数据进行对比。观测站的数据一般是每小时出一套数据,并将这些数据同步到数据库中进行存储。图 6-5 所示是观测站位置的分布图。

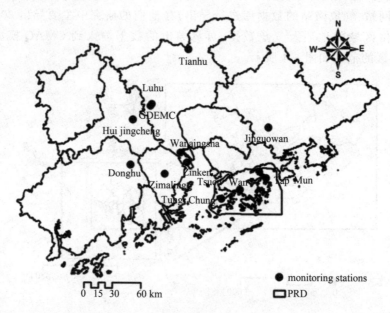

图 6-5 观测站位置的分布图[12]

模拟性能的评估需要对数据库中大量的数据进行调用和统计,然后模拟数据进行对比,一般是绘制成折线图,图 6-6 是对珠江三角洲地区模拟数据的一个对比分析图。

图中红蓝为模拟数据,黑色为观测数据,由此图可以看出模拟数据与观测数据在发展趋势上是相同的,只是在数值大小还存在一定的误差,通过该对比我们可以判定本次数据模拟大致是正确的,也就是我们可以应用该次模拟中得到的源解析结果,后处理得到每种污染物来源的解析,如表 6-1 所示是对珠江三角洲地区的源解析的分类及模拟数据。通过模拟还可以获得各类污染源的排放比例,以及本地的贡献度等数据,来对当地的环境政策的制定和环境污染的治理提供帮助。

2. CAMx

CAMx 模式是美国 ENVIRON 公司在 UAM-V 模式基础上开发的综合空气质量模式,它将"科学级"的空气质量模型所需要的所有技术特征合成为单一系统,可用来对气态和颗粒物态的大气污染物在城市和区域的多种尺度上进行综合性评估。CAMx 除具有第三代空气质量模型的典型特征之外,CAMx 最著名的特点包括:双向嵌套及弹性嵌套、网格烟羽(PiG)模块、臭氧源分配技术(OSAT)、颗粒物源分配技术(PSAT)等。

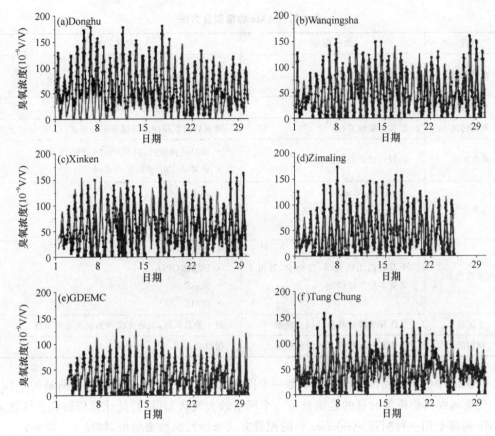

图 6-6 对珠江三角洲地区模拟数据的对比分析线图

表 6-1 各类污染源的排放量

源类型	源类型	排放量/(10^4 t·a^{-1})	
		NOx	VOCs
大点源	火电点源和其他工业点源	68.1	10.8
流动源	汽油车和柴油车	51.6	77.1
天然源	植被排放	1.1	21.2
溶剂使用	油漆、建筑涂料、家用溶剂、印刷、石油精炼、加油站、溶剂储运	0.0	57.2
生活及废物处理	生活面源、废物焚烧	3.7	8.0
生物质燃烧与农业活动	生物质燃烧、农业活动	3.8	33.1
其他源	农用机械、运输车、工程机械、铁路、飞机、船舶	15.1	0.8

CAMx 可以在三种笛卡儿地图投影体系中进行模拟：通用的横截墨卡托圆柱投影（Universal Transverse Mercator）、旋转的极地立体投影（Rotated Polar Stereo Graphic）和兰伯特圆锥正形投影（Lambert Conic Conformal）。CAMx 也提供在弯曲的线性测量经纬度网格体系中运算的选项。此外，垂直分层结构是从外部定义的，所以各层高度可以定义为任意的空间或时间的函数。这种在定义水平和垂直网格结构方面的灵活性，使 CAMx 能适应任何用来为环境模型提供输入场的气象模型。

表 6-2　CAMx 的模型及方法

过程	物理模型	数值方法
水平对流	欧拉连续性方程	• Bott • PPM
水平扩散	K 理论	明确的同时发生的二维解决方式
垂直对流	欧拉连续性方程	绝对后向欧拉(时间)混合中心逆流(空间)解决方式
垂直扩散	K 理论或非局地混合	• 绝对后向欧拉(时间)中心(空间)扩散 • 绝对 ACM2 非局地对流/扩散
气相化学	• Carbon Bond Ⅳ • Carbon Bond 2005 • SAPRC99	• EBI • IEH • LSODE
气溶胶化学	干湿有机无机化学,热力学,静电 2 模式或多层剖面模型	• RADM-AQ • ISORROPIA • SOAP • CMU
干沉降	气体和气溶胶各自的阻力模型	对于垂直扩散,沉降速度作为表面边界条件
湿沉降	气体和气溶胶各自的消除模型	指数式衰减

　　CAMx 中的污染物浓度都是处于每一个网格的中心的,由此代表着整个网格的平均浓度。气象场提供给模型的目的是衡量每一个网格的大气状态,目的是计算传输和大气化学。CAMx 内部是用一种叫作 Arakawa C 的配置方式来运行这些变量的,如图 6-7 所示。

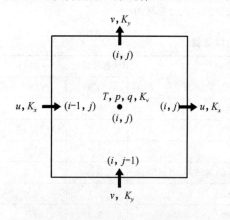

图 6-7　Arakawa C 网格点

　　这些变量像温度、压力、水汽、云与污染物浓度都位于栅格点的中心,代表着栅格点的平均状态条件,风和扩散系数运行在栅格点的表面,用以描述每一个栅格点物质的源和汇。

　　因为要依赖气象数据源,建议提供按照 Arakawa C 的配置方式网格化的水平风场。垂直方向上,绝大部分变量都是运行在每一高度层的中间位置。当然也有例外的变量,如描述层间质量传输速率的变量,包括垂直混合系数 K_v 和垂直传输率 η。这些变量在水平位置上都在栅格点的中心运行,但在垂直方向上都是运行于每一层的层顶。敏感性分析方法估算模拟结果对某一输入改变量的反应,例如,由于硫氧化合物排放量的改变,引起的硫酸盐模拟浓度的变化。通常,如果模拟输入和输出之间是非线性的,那么敏感性方法不会规定污染源的分配。例如,如果硫酸盐的形成与硫氧化物的排放之间不存在线性关系时,那么对于所有的硫氧化物源,硫酸盐(SO_4)的总量不会等于模拟的总硫酸盐浓度。

　　下面是 CAMx 的应用实例。

　　在宁文涛等人[13]对挥发性有机物的源解析中采用的是 CAMx 模型进行模拟,对排放区域的网格图如图 6-8 所示。

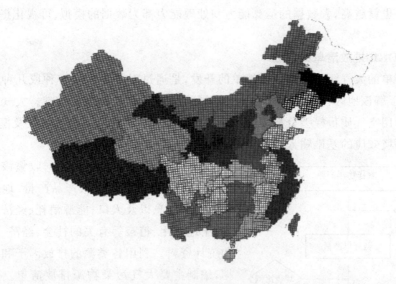

图 6-8　对模拟区域的网格分布

在图中我们可以明显看出,在中国这个大的模拟区域的网格分布情况按网格的数据进行计算,模拟数据的收集、导入、预处理、计算及统计的量都是相当大的,并且要与气象条件、地形条件相匹配,在计算量上是很大的挑战,只有借助于大数据的存储计算平台,对数据的统计计算才能实现。

模拟的结果如图 6-9 所示。

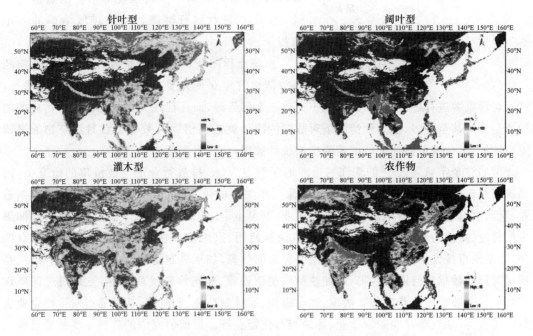

图 6-9　对挥发性有机物模拟不同植被的排放情况

从模拟结果可以看出模拟的范围包括了亚洲的大部分,这样在数据计算结束后的一个可视化处理上都需要大量的计算,模拟的分辨率越高可视化处理的数据量也就越大,对处理能力的要求也就越高,大数据的运算能力和处理能力都为数据的模拟、可视化提供了优越的条件。

3. SMOKE 排放清单的建立

排放清单的大气污染物排放源清单的开发,是通过对某一地区一种或几种污染物排放量的估算,了解该地区污染源排放特征及不同污染源对大气污染的贡献。大气污染物排放源清单是利用空气质量模型分析大气污染物在大气中物理化学过程的特征及模拟不同污染减排效果环境效应的基础输入数据。

编制过程:以某年为基准年,收集该地区各企业的燃料消耗量、产品类型、产品产量、地理位置经纬度等相关信息以及人口、能源消耗、经济、机动车、道路、土地使用、植被等有关的社会、经济、生活的信息和统计资料。利用各类源的排放因子和活动水平数据,编制主要大气污染物源排放清单。建立主要与需要调查的污染物相关,不同的污染物的来源不同,因此在建立排放清单时候,先要根据要调查的污染物来找出该污染物的可能来源,然后进行计算。例如在朱等人研究的长江三角洲地区秸秆焚烧污染物的排放清单时,污染物的来源很明确,就是秸秆的焚烧,所以该研究的第一步就是要对秸秆的量进行统计,图 6-10 是对秸秆焚烧污染物排放清单的一个流程。[14]

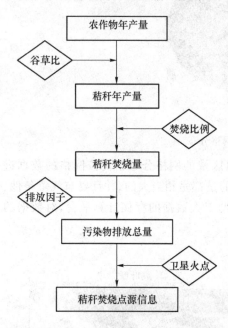

图 6-10 排放清单建立的流程

由该流程图我们可以清楚地看出,对污染物的排放清单的建立首先要对污染物的来源进行研究,然后对污染源进行统计,上面的研究中只有一个污染源,而往往在大多数的研究中污染源的种类是几个甚至更多,在这种情况下对数据的统计就需要借助大数据平台对污染物的来源进行统计,然后按照研究人员的需要根据统计数据,计算出来做出排放清单。

例如在余宇帆等人[15]的珠江三角洲地区重点 VOC 排放行业的排放清单的研究中,污染源要基于珠三角地区本地排放情况。珠三角关注的重点 VOC 排放行业包括:家具制造业、玩具制造业、印制电路板制造业、印刷业、制鞋业、船舶制造业、汽车制造业、涂料及油墨生产行业、炼油与石化行业、加油站、建筑涂料使用、家用溶剂使用。数据的来源主要有四种:一是来自统计年鉴以及统计信息网上公布的信息,如玩具制造业、家用溶剂使用等;二是通过对行业数据进行调研获得,如加油站汽油销售量、建筑涂料使用量等;三是通过调研珠三角各城市政府网站获取公开数据,如印刷业、家具制造业、制鞋业;四是通过对生产企业进行调研获得,如汽车与船舶制造业、炼油与石化行业等。目前研究中的数据主要来源是前三种,前三种也是依靠大数据来挖掘有效信息,在庞大的数据库里面依靠"云"来进行数据的挖掘和统计,得到我们所需要的信息,然后根据不同行业的排放因子计算出它的污染物的排放量,从而得到污染物的一个排放清单。图 6-11 是余等人研究得到的不同行业排放所占比例图。

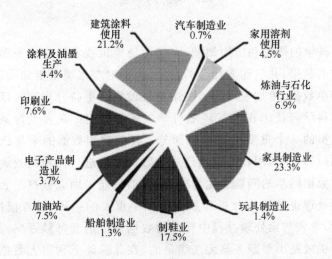

图 6-11 2006 年珠江三角洲地区重点挥发性有机物
排放行业 VOC 排放分担率

通过该图我们可以清楚地看到各行业在挥发性有机物排放中所占的比例,为政府和相关部分出台相关的政策提供了帮助。

6.2 高分辨率实时观测的大数据

污染物浓度数据的观测统计是进行大气环境科学研究的重要一部分,不仅是前期进行模拟的背景输入,而且也是后期模拟的校验所需。要完成一个准确度高的模拟,数据条件便成为一个重要因素。

目前中国政府是对 SO_2、NO_2,PM10,PM2.5,CO 和 O_3 进行观测并进行实时的发布,发布内容包括空气污染物指数、首要空气污染物、空气质量级别和空气质量状况。随着社会的进步和人们对大气环境的重视,目前大气环境的观测点的数量也在迅速的增加。另外随着环保法的日趋完善,污染源的排放监测也越加严密。大气污染和排放源的实时观测数据量和数据类型越来越多,这些都对数据的采集和处理能力提出更高的要求。

来自各观测站高分辨率的实时观测数据具有数据量大、数据密度高、数据来源多和数据格式多样性的特点,各个不同观测点的数据在同步过程中单位时间的数据量大,数据的采集依靠多个数据库来完成,存储过程中数据的同步都是依靠大数据的平台来实现的。在丁超等人[16]采用了高分辨率观测数据对西安的 PM2.5 及含碳气溶胶特性进行了研究。高分辨率数据也就具有了很好的研究价值,为大气环境科学的研究提供了十分重要的基础数据。

本章小结

在大气环境科学的研究和应用领域,大气污染模拟技术的应用及监测数据采集均涉及大量多种格式的数据,并且随着社会的发展,人们对空气质量更加关注,更高分辨率的动态污染排放清单数据,更加密集的监测站点位设置及更高分辨率的区域空气质量模拟均促进了大数据科学与技术在大气环境科学领域的应用。在大气污染观测数据的收集和模拟是大气模拟的一个重要组成部分部分。目前观测数据的采集已有利用多个数据库采集监测站端口的数据,用户可以通过这些数据库来进行简单的查询和处理工作。在数据采集过程中数据同步的问题也尤为突出,目前只能借助大数据平台进行处理。对数据进行导入和预处理也是统计分析和数值模拟中重要的一环,随着模拟准确性的提高,模拟的数据量大,导入与预处理过程中导入的数据量常达到每秒百兆,甚至千兆级别,这通常是单个计算机或是小型服务器无法满足的,在此基础上利用大数据的来进行处理是非常必要的。另外,在大气模拟的发展进程中模拟数据量大和模拟分辨率高的特点也日趋显著,这对计算和统计分析能力的要求也有所提高,借助于大数据的计算与分析主要利用分布式数据库或者分布式计算集群来对存储的海量数据进行快速的分析和分类汇总。大数据技术和平台逐步成为大气污染观测数据采集与大气污染数值模拟的研究的重要科技支持,具有长远意义。

参考文献

[1] Georg A. Grell, Jimy Dudhia David R. Staffer, A Description of the Fifth Generation Penn State/NCAR mesoscale Model(MM5). NCAR Technical Notes, 2004.

[2] MM5 Version 3 Tutorial Presentations, NCAR Technical Notes, 2004.

[3] Liu Xiang, Jiang Guorong, Zhuo Haifeng. Numerical experiment for the impact of SST to typhoon"Chanchu"[J]. Marine Fore-casts, 2009, 26(3):1-11.

[4] Skamarock W C, Klemp J B, Dudhia J, et al. A description of the advanced research WRF Version 3[Z]. Ncar Technical Note, NCAR/TN-475+STR, 2008.

[5] 孙贞,高荣珍,张进,徐晓亮,盛春岩.青岛地区8月一次海风环流实例分析和WRF模拟,METEOROLOGICAL MONTHLY, Vol. 35 No. 8August, 2009.

[6] 洪钟祥,胡非.大气污染预测的理论和方法研究进展[J].气候与环境研究,1999,4(3):225.

[7] 王自发,谢付莹,王喜全,等.嵌套网格空气质量预报模式系统的发展与应用[J].大气科学,2006,30(5):779.

[8] 薛文博,王金南,杨金,等.国内外空气质量模型研究进展,环境与可持续发展.

[9] Chan CK, Yao X. Air pollution in mega cities in China. Atmos Environ, 2008, 42: 1-42.

[10] SHEN Jin, WANG XueSong*, LI JinFeng, LI YunPeng & ZHANG Yuan Hang, Evaluation and intercomparison of ozone simulations by Models-3/CMAQ and CAMx over the Pearl River Delta, SCIENCE CHINA Chemistry, November 2011 Vol. 54 No. 11: 1789-1803.

[11] Streets DG, Bond TC, Carmichael GR, Fernandes SD, Fu Q, He D, Klimont Z, Nelson SM, Tsai NY, Wang MQ, Woo JH, Yarber KF. An inventory of gaseous and primary aerosol emissions in Asia in the year 2000. J Geophys Res, 2003, 108 (D21): 8809.

[12] 赵斌,马建中.天津市大气污染源排放清单的建立[J].环境科学学报,2008,28(2): 368-375.

[13] 宁文涛,赵善论.天然源VOC的排放量估算和对区域空气质量影响的研究.山东师范大学,2012年博士论文.

[14] 朱佳雷,王体健,邓君俊,等.长三角地区秸秆焚烧污染物排放清单及其在重霾污染天气模拟中的应用[J].环境科学学报,32(12):3045-3055.

[15] 余宇帆,卢清,郑君瑜,等.珠江三角洲地区重点VOC排版行业的排放清单[J].中国环境科学,2011,31(2):195-201.

[16] 丁超,张承中.基于高分辨率观测数据对西安市PM2.5及其碳气溶胶的污染特性研究.西安建筑科技大学,2012年博士论文.

第 7 章　大数据在 DrugBank 药物数据库聚类方面的应用

本章将结合大数据思维对 DrugBank 中的西药进行聚类分析。该案例使用了 Java 语言和 R 语言，结合近年来学术界对药物聚类的研究成果，集成化学分子、靶标和作用酶的相似性对药物之间的相似度提出新的度量标准，并采用算法对药物进行聚类，该算法是我们自己提出的一种新型算法，稍后会有详细介绍。

随着科学的发展，各个领域的知识相互渗透，对分子的研究不再局限于仅在实验室中做实验，可以进行更深层的探索，计算机科学的发展对此提供了极大的便利，分子的结构被描述成可在计算机上存储的格式，比如分子结构的 2-D、3-D 形式，用编码表示、分子式表示等，有了这些描述，就可以将分子的结构分解成纯数学形式的元素进行整合分析，将具有相似性质的分子划分为一类的方法称为聚类，再对聚类的结果进行分析的过程就成为聚类分析。近年来业界提出许多分子聚类的算法，这些算法的依据分别有原子对、指纹集、分子结构、分子量等，但综合这些算法能得到一个共同点，即都是对分子结构方面的聚类分析，这样纯数学的物理聚类分析方法对生物活性的预测和聚类不够准确，新的算法急需被提出来弥补这一缺憾。本章将介绍一个分析生物活性的算法，该算法针对分子的靶标、作用酶和原子的百分比等方面对分子进行了分析，在分子的预测和新药的研制上都有着启发性的作用。

7.1　简　　介

当前市场上的药物基本分为中药、中成药和西药三类，中药一般是对中草药做处理得到的汤药，根据个体差异调节用药，针对性较强，一般是熬制成药服用，部分中药的熬制过程比较复杂，其成分也十分复杂。中成药是以中草药为原料，通过一些工艺流程处理成不同剂型的中药制品，相比中药来说免去了煎药的烦琐过程，比较方便携带和使用，效果和中药相似，但可能添加有西药的成分，成分复杂程度和中药类似。西药一般用化学合成方法制造或者是直接从天然产物中提炼形成，成分比较单一，具有明确的分子式和分子结构，可以对其分析研究，对小分子的聚类和分析十分方便，随着基因、蛋白质、遗传变异、化学化合物、疾病和药物数据源的急速增长，这些数据源之间的集成和识别具有很高的利益可寻。

西医在研究基因、化合物的差异和联系方面的技术越来越成熟，随着信息量逐渐增大，算法越来越成熟得到的结果越来越精确，生物医学的基础和应用研究吸引了很多高通量技术的研究，比如 cDNA 或寡核苷酸的微阵列实验被用来识别基因表达差异高度并行的方式，在基因研究方面取得了很大的成就。

第7章 大数据在DrugBank药物数据库聚类方面的应用

西药在当今快节奏的社会中有很大优势,相比中药来讲,西药使用方便,效果明显,另外有些进口药物或者在国内没有销售市场的药物,虽然有着很好的疗效,但售价高买不到,导致病情不能及时治疗,错过最佳治疗时间。聚类算法的核心是将具有相似特征的对象划分为一类,聚类结果的好坏程度可以从多方面进行检验。在西方,生物、化学、生物与化学,聚类等方面都做有研究,而且研究价值也十分显著,不仅有对聚类的专门研究,提出了很多行之有效的算法,还发布了含有西药分子详细信息的化学空间——DrugBank,对生物小分子方面的聚类的Chemmine tools、化合物的数据库PubChem、为新型化合物作研究的ChemBank、还有对化学物和生物学结合分析的Chem2bio2rdf等一系列可供参考研究的便捷网站,这些网站直接搜索对应的名字即可找到,特别是Chem2bio2drf,其中链接了PubChem数据库,对药物的靶向抑制通路、共同作用的靶细胞等做了研究,是结合化学和生物共同特点而做出的分析,是目前国内外少有的综合性质的网站,但分析的对象比较单一,不针对聚类分析。

本章主要对DrugBank中的药物进行分析。DrugBank是一个丰富的注解资源,综合了现有基本的药物数据和完善的各种药物涵盖的信息。自从2006年的第一个版本开始,DrugBank已被药师、药物化学家、医药研究人员、医生、教育工作者和广大公众广泛使用。并且广泛用于硅片药物靶点发现、药物设计、药物对接或筛选,以方便药物代谢预测,药物相互作用预测及一般药物教育。DrugBank包含小分子和大分子两种药物的命名、本体、化学、结构、功能、动作、药理学、药物动力学描述、代谢和药物特性的大量数据。它还包含对目标疾病、蛋白质、基因和生物对这些药物作用的综合信息。在2008年这一次更新中,DrugBank增加了很多新的药物,新药物的各种基本信息被加入该数据库的字段中,这些新增功能的数据字段包括说明药物的作用途径、药物转运数据、药物代谢数据、药物不良反应数据、ADMET数据,计算性能数据和化学分类数据等。

在分子研究领域中虽然有不少有效且使用方便的算法,但大多数是针对分子结构的分析,例如Thomas Girke等人在2008年发表的期刊中提出的基于最大公共子结构的算法,Jean-Louis Reymond等人在2012年发表的期刊中提出的分子量子数的算法,主要针对分子的化学特性和物理特性而分析,是属于纯数学的物理分析聚类方法,没有考虑到分子的生物活性方面,所以虽然算法多、使用方便,但对分子活性的预测效果并不显著,我们在研究了各算法后,找到了新的聚类角度,提出了新的聚类算法,该算法是针对DrugBank中分子的靶标和作用酶,以及分子中各原子所占百分比的分析处理,不仅对分子的生物活性方面做出了分析,还结合了分子的物理特性——分子的质量组成,是一个较全面的聚类方法。

经过相关资料的查找和验证,分子对应的靶标和作用酶对分子的生物活性有着直接的影响。ALTIERIDC在2008年发表的一篇期刊中解释说明了Survivin这一靶标对癌细胞活性的影响以及中国科学院的江寿平对酶和分子之间的关系作了详细的实验分析,结果都表明这两个因素对分子活性有直接的影响。通过对靶标和作用酶的聚类分析对分子活性的分析更加具有一定的合理性和现实意义。药物靶标是指自身具有药效作用并能被药物作用的生物大分子,靶标具有两面性:有效性和反作用性。有效性能通过调节靶标的生理活性有效地改善病症,如果对靶标的生理活性的调节没有达到事先预计的效果甚至是相反的效果,则将其选作药物作用靶标是不合适的,靶标的发现和确认需要严谨的流程以确保准确性,事先确定靶向特定疾病的靶标分子是现代新药开发的基础。酶是指具有生物催化功能的高分子物质,酶的特性有催化作用、专一性、不参与反应、条件比较温和、活性可调节、催化性和辅因子有关、易变形等特性,在本章中主要对其中的催化作用进行分析。

目前市场上药物种类繁多,中药的研究过程十分烦琐,且在很多方面有着局限性和不足,西药发展虽然十分迅速,效果显著,但仍然有不能根治疾病的药物,这类药物在顽固性疾病中所占的分量还不小,有些药物有不错的治疗效果,但不在国内市场销售,这样就导致了有些人本来能治好的病,因为国内市场没有或者要价太高负担不起而错过了治疗时间,这是十分遗憾的事情,所以自己研制新药和制造有类似疗效的药物是十分必要的,这就为分析分子的聚类算法提供了发展的空间,目前国内外的分子分析的聚类算法大多数是纯数学的物理分析方法,对分子活性的预测准确度不够,基于这点我们设计了专门针对生物活性的算法,该算法对 DrugBank 中现存的分子库中的分子进行了分析,聚类基准是分子的靶标、作用酶和分子中原子所占的百分比,其聚类结果展示的是具有相同活性的分子的不同区域的划分。

参考和对比国内外相关的算法,我们发现现有的大部分算法只是在分子的组成结构方面进行了分析,但是通过大量的网络、期刊查阅并且请教多位相关专家,最终发现影响分子活性的不只是分子的结构特征,分子的性质有关,包括分子的物理性质和化学性质,生物活性从分子的分子结构中很难看到,我们提出了一种新的分析方法,将分子的化学性质、物理性质、生物活性综合在一起进行分析,但侧重点是放在分子的生物活性方面,因为分子的生物活性代表了它在临床上的表现和由该分子制作的药物的药效。找出在这三方面具有共同相似的群体进行分析,得出的结论将更加具有现实意义。

对以往研究过的算法分析结果如表 7-1 所示,从表中可以看出三个算法的匹配结构越来越细微、精确,从模糊的全部结构匹配到共有的最大结构再到组成分子的基本单元,有了很大的突破,对分子结构的组成有了更透明的分析。从它们的共同点看出这些算法都是对分子的组成进行的分析,不同点是分析越来越细化,但在分子活性的预测上结果并不十分显著。

表 7-1 算法的分析对比

算法名称	作用原理	共同点	不同点	活性的预测
HTS	以完整图的结构为匹配标准	分子结构组成的分析	全部结构	—
MCS	以部分图的结构为匹配标准		部分结构	—
MQN	以分子的组成单元为匹配标准		相似的组成单元	20%

我们算法的设计思路以靶标、作用酶和原子所占比作为影响因素,处理过程分为三个步骤,进行药物之间相似度的计算。如表 7-2 所示;处理原理,初步处理过程得到单个因素的结果;中间结果,综合处理的第一步;最终值,算法的最终处理结果。

第7章 大数据在 DrugBank 药物数据库聚类方面的应用

表 7-2 药物间相似度的计算

影响因素	处理原理	中间结果	最终值
靶标	$T_t = \dfrac{N_C}{N_A + N_B - N_C}$	$T = T_t + T_e$	$T_W = (T) * 80\% + (T_P) * 20\%$
作用酶	$T_e = \dfrac{N_C}{N_A + N_B - N_C}$		
原子所占比	$T_P = \dfrac{1}{n}\sum_{i=0}^{n}\sqrt[2]{(A_i - B_i)^{\wedge}2}$	T_P	

7.2 开发环境及编程语言

1. 开发环境

该算法所用到的开发环境是 Eclipse,Eclipse 最开始是由 IBM 公司用来代替商业软件 Visual Age for Java 而开发的下一代开发环境,是一个基于 Java 的可扩展开发平台,其本身是一个框架和一组服务,由包括 Java 开发工具包的插件组件构建的开发环境。

JDK,是 Java SE Development Kit 的简称,即 Java 的开发工具包,是安装 Java 环境时需要安装的工具。安装 Eclipse 开发环境之前需要安装 Java 环境。

(1) 搭建 Java 的运行环境,即安装 JRE 和 JDK

进入 Oracle 官网: http://www.oracle.com/technetwork/java/javase/downloads/jdk8-downloads-2133151.html,下载对应系统版本的安装包,实验主机是 Windows 10 的 64 位系统,所以下载: jdk-8u91-windows-x64.exe。

首先安装 JDK,双击 jdk-8u91-windows-x64.exe 程序,按照安装指示安装 JDK 和 JRE,其中 JDK 的安装路径和 JRE 的安装路径不能在同一文件夹下,安装好后还要配置环境变量。

(2) 环境变量的配置

右击我的电脑→属性→高级系统设置→环境变量,在用户变量中新建 JAVA_HOME,添加变量值"C:\Program Files\Java\jdk1.8.0_91"。再新建 path,添加变量值"%JAVA_HOME%\bin;%JAVA_HOME%\jre\bin;"点击确定,为确保环境变量配置完成,使用 cmd 命令行检测一下,在 cmd 命令行中输入 java-version,再点击回车键,若出现 JDK 的版本信息,输入 Java,回车显示的有 Java 的基本信息,则说明 Java 环境配置完成,如图 7-1 所示。

```
C:\>java -version
java version "1.8.0_91"
Java(TM) SE Runtime Environment (build 1.8.0_91-b14)
Java HotSpot(TM) 64-Bit Server VM (build 25.91-b14, mixed mode)
```

图 7-1 Java 环境的配置

(3) Eclipse 的安装

下载 Eclipse 的安装包后，双击 Eclipse 的程序图标按照安装指示一步一步安装，中间需要注意的是安装的路径和工作空间的选择，最好不要选择系统盘安装，好的安装习惯是每个程序员的必备，可以对自己的程序和运行的程序有个更好的了解。选好安装的目录和工作空间的位置后一般默认其他的选项便可以安装好环境。安装完后，打开开发环境界面新建项目便可开始算法的编写过程。

2. 编程语言

编程语言主要为 Java 语言，另外使用 R 语言，Java 语言用于编写对数据处理的功能，将分子的化学性质、物理性质、生物活性对应的数据统一处理为纯数据的过程，以计算数字之间的关系表示分子的各种活性之间的关系。R 语言主要处理在 Java 语言下已处理好的数据，将数据之间的关系展示为分子之间的各种性质的关系，以可视化的结果展示出来比在表格之中的数据更加容易观察和理解，数据库使用的是 SQL Server 2012。

(1) Java 编程语言

Java 编程语言是 SUN 公司开发的一种简单的，跨平台的，面向对象的，分布式的，解释的，健壮的安全的，结构中立的，可移植的，性能很优异的多线程的，动态的语言。Java 是一个十分成熟的语言，大多数的高端企业应用都使用该平台。

(2) R 编程语言

R 语言是用于统计分析、绘图的语言和操作环境。R 语言是属于 GNU 系统的一个自由、免费、源代码开放的软件，它是一个用于统计计算和统计制图的优秀工具，且可以在 UNIX、Windows 和 Mac OS 等平台下运行，主要运行方式是命令行方式，但现在也有开发出来的界面形式。

7.3 算法设计

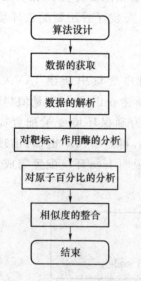

图 7-2 算法的基本流程

在研究了多种算法原理和思路之后，发现对分子结构的分析并不能很好地体现分子的生物活性，而分子对应的靶标、作用酶等能很好地体现分子的生物特性，于是算法的核心思想就是对靶标、作用酶、原子百分比的计算和分析，主要是对靶标、作用酶、原子百分比的权重的计算和处理，它们的权重可以分别代表它们之间的联系程度，权重越大关系越紧密，反之关系越松散。

7.3.1 算法设计流程

为方便理解该算法的思想和处理过程，用一个流程图来说明该算法的设计过程，如图 7-2 所示。

图 7-2 中主要说明了该算法设计涵盖两个方面：一是数据的获取，二是数据的分析。本算法的核心部分是数据的分析，在分析过程中又分两个并行的步骤：第一步是对靶标、作用酶的分析，

第二步是对分子式的处理过程。

7.3.2 相似度的计算

要进行药物的聚类必须确定相似度的计算方法,因此首先确定相似度的计算公式,然后介绍聚类的详细步骤。

1. 相似度的计算公式

靶标和作用酶作为分析分子活性的主要成分,所使用的相似度计算方法为:

$$T = \frac{N_C}{N_A + N_B - N_C} \tag{7-1}$$

其中 N_A 是化合物 A 的靶标或者作用酶的总个数,N_B 是化合物 B 的靶标或者作用酶的总个数,N_C 是化合物 A 和 B 共同有的靶标或者作用酶的总个数,T 是化合物 A 和 B 之间的权重。

分子百分比之间的相似度量方法:

$$T_P = \frac{1}{n} \sum_{i=0}^{n} \sqrt[2]{(A_i - B_i)^{\wedge 2}} \tag{7-2}$$

其中 A_i 指的是化合物 A 分子中每个原子的相对原子质量,B_i 指的是化合物 B 中每个原子的相对原子质量,i 从零到 n 是指分子中对应的第一个原子到最后一个原子,T_P 指的是分子百分比的权重。

2. 聚类计算的详细步骤

(1) 数据的获取

处理的数据是从 DrugBank 官网下载的 XML 文件,该文件可免费获得,但需要注册,网址为 http://www.drugbank.ca/drugs/DB00001。

(2) 数据的解析

因为文件是 XML 文件,我们选用 dom4j 方法解析,形成 .txt 格式的文件,里面存放的是之后分析所要用到的相关数据,比如分子的编号、名称、靶标的编号、作用酶的编号、分子式、分子量等。

(3) 数据的分析

① 对分子靶标的分析。

在 DrugBank 药物库中每个分子都对应 $0 \sim n$ 个不同个数的靶标,通过对不同分子靶标之间的计算得出每个分子和其他分子靶标之间的关系从而得到分子之间的关系,该关系所用到的计算公式为:

$$T_t = \frac{N_C}{N_A + N_B - N_C} \tag{7-3}$$

其中 N_C 是两个分子之间靶标的共同个数,N_A 是分子 A 所对应的靶标个数,N_B 是分子 B 所对应的靶标个数,N_C 是分子 A 和 B 所共有的化靶标个数,计算得到的 T_t 为分子 A 和 B 之间的权重,权重代表了该两分子之间的联系强度,T_t 的值越大两分子之间的联系越强,T_t 的值越小两分子之间的联系越弱。

② 对分子作用酶的分析。

作用酶的分析方法和分子靶标的分析方法一样,在这里就不重复了,其计算公式为:

$$T_e = \frac{N_C}{N_A + N_B - N_C} \tag{7-4}$$

最后结果将得到两个权重,其中一个是靶标的权重 T_t,另一个是作用酶的权重 T_e,将两权重相加得到的 $T = T_t + T_e$ 是该分子的一个相似度划分标准。

③ 对分子中各原子百分数的分析。

每个分子是由多个不同的原子组合而成,每个原子在分子中都有一定的所占比,计算公式为 $P = \dfrac{\text{sub}E}{E}$,其中 subE 是分子中的单个元素的相对原子质量,E 是该分子的相对分子质量,计算出每个分子中的每个原子的百分比后还需计算每个分子之间的关系,该公式为:

$$T_P = \frac{1}{n} \sum_{i=0}^{n} \sqrt[2]{(A_i - B_i)^{\wedge} 2} \tag{7-5}$$

其中 n 表示比较的两分子共有的原子数目,A_i 表示分子 A 的单个元素的百分比,B_i 表示分子 B 的单个元素的百分比。这样计算出来的值为每个分子和其他分子之间的权重。

将靶标、作用酶、原子百分比计算完之后将得到三个不同的权重,为了计算的确定性和方便性,需要将三个权重进行量化,即在同一个标准下,其取值都在 0~1。最终的权重计算公式为:

$$T_W = (T) * 80\% + (T_P) * 20\% \tag{7-6}$$

其中 80% 和 20% 是根据科学的研究所设定的。在 MQN 算法中,经过 SF 和 MQN 相似性度量的分析和比较,最终得出与生物活性的相似度在 20% 左右的结论。

最后计算每个分子之间的关系并以最直观的视觉接受方式——图形方式展示出来。

(4) 数据库的设计

所用的数据库包含 5 个表:表 Dbo.DrugBank 中存放药物所有基本信息,包括药物的编号、名字、分子量、分子式;表 Dbo.Relation 中存放的是靶标、作用酶的权重;表 Dbo.DrugFormula 中存放的是每个分子中各原子所占分子的百分比数;表 Dbo.EM 中存放的是元素周期表中每个元素的相对原子质量;表 Dbo.PResult 中存放的是分子百分比的平方差和最终计算结果(边的大小)。为了使程序能够清楚明确的执行,在 SQL Server 中建立了数据库 DrugBank2,在该数据库中建立了 5 个表。

表 DrugBank 用于存储药物的基本信息,其结构如表 7-3 所示,其中主键 id 中存放的是药物条数的编号,记录有多少条数据;DRUGID 中存放的是药物在药物库中存放的编号,每一个编号对应一个药物以及该药物分子的信息;Name 中存放的是药物分子的名字。Wt 和 Formula 中存放的分别是分子的相对原子质量和分子式,这两个量将在分子式中原子的占用比计算中被使用。

表 7-3 DrugBank 表结构

字段名	数据类型	宽度	是否可空	说明
id(primary key)	int		not null	编号
DRUGID	int	1 000	Not null	分子编号
Name	Varchar		Null	分子名称
Wt	Float	100	Null	相对分子质量
Formula	Varchar		Null	分子式

第7章 大数据在 DrugBank 药物数据库聚类方面的应用

表 Relation 用于存储各个药物之间靶标、作用酶之间的权重和关系,其结构如表 7-4 所示。Tid 和 Eid 在后期的结果中是以节点的形式存在,表示被分析的药物的编号;Weight 代表的是被分析的两分子之间靶标和作用酶的权重和。

表 7-4 Relation 表结构

字段名	数据类型	宽度	是否可空	说明
id(primary key)	int		not null	关系编号
Tid	float		Not null	药物分子 id
Eid	float		Not null	药物分子 id
Weight	Float		Not null	药物间关系的权重

表 DrugFormula 用于存储各原子在分子中的质量百分比,如表 7-5 所示。

表 7-5 DrugFormula 表结构

字段名	数据类型	宽度	是否可空	说明
id(primary key)	int		not null	关系编号
H	Float		null	H 的质量百分比
He	Float		null	He 的质量百分比
……	Float		null	……的质量百分比
Xe	Float		null	Xe 的质量百分比
Tl	Float		null	Tl 的质量百分比

表 EM 用于存储元素周期表中各元素的相对原子质量,其结构如表 7-6 所示。

表 7-6 EM 表结构

字段名	数据类型	宽度	是否可空	说明
Element	Varchar	10	not null	元素名称
Count1	float		Not null	元素相对原子质量

表 PResult 中存放的是药物分析的最终数据结果,如表 7-7 所示。

表 7-7 PResult 表结构

字段名	数据类型	宽度	是否可空	说明
Id(primary key)	int		not null	编号
Precent	Varchar	10	not null	元素的平方差
Result	float		Not null	三因素的综合结果

7.4 算法实现

7.4.1 文件的解析

本算法要分析的文件类型是 XML 文件,该类型文件的结构一般是 N 叉树的结构,由于该文件较大,里面含有数万个节点,每个节点下面还有数万个节点,要把握该文件的整体结构是个极大的工程,解析该文件的方法有两种:一种是 DOM 解析,一种是 SAX 解析。

DOM 解析的特点是将要解析的文档整个放在内存中,对文档的结构有一个全局的掌控,每个节点和节点的内容都有条理的被存储以便被提取,其优点是,在 dom 方式下对文档的增删改查比较方便,其缺点是对内存的消耗比较大,如果文档过大,超过了内存的极限就不能被解析。

SAX 解析的特点是将文档的内容从上向下一行一行读,读一行解析一行,这样的解析方式就决定了它的优点是内存的消耗比较小,但是却不适合增删改查,只适合读取。因此若想对文档进行增删改查请选用 DOM 方式。

目前对文档的解析大部分是使用 Dom4j 解析包进行解析。Dom4j 是一个简单的、灵活的开放源代码的库,是一个非常优秀的 Java XML API,具有性能优异、功能强大和极易使用的特点,使用 Dom4j 开发需下载 Dom4j 相应的 jar 文件,解析 XML 文件时将 Dom4j 的 jar 导入工程中即可调用相应的解析方法,十分方便。

在对文件解析之后接下来要处理的是对各因素的分析,该部分是本算法的核心,在本章中分析的影响分子活性的各因素分别是分子的靶标、作用酶、分子中各原子的百分比。

7.4.2 对靶标、作用酶的分析

靶标是指自身具有药效作用并能被药物作用的生物大分子,能通过适当调节靶标的生理活性有效的改善疾病症状,所以对靶标的分析是具有实际意义的,作用酶对分子的生物活性具有催化作用,在适合的条件下可以加快分子与其他分子之间的作用速度,提高作用效率。分子百分比是指每个分子中原子所占的百分比例。分子是由一个一个原子组成的,每个原子都有自己的相对原子质量,每个原子的质量占它们组成的分子的总质量的比例就是该原子的分子百分比。选作这些因素作为衡量的指标是因为靶标和作用酶体现出的是分子的生物活性,分子百分比则体现的是分子的物理特性,物理特性虽然对分子活性的影响不大,但仍然有一定的影响,加上该特性聚类结果会更加准确。

对靶标和作用酶的处理过程:每个分子都有一个或者多个作用的靶标和一个或者多个起相辅助作用的作用酶。分子在作用酶的帮助下作用于靶标起到相应的作用,对机体产生一定的影响。要分析的分子的靶标和作用酶是以它们对应的编号存储在外部文件中以便调用分析,分析所使用的公式在前面已经做了相关的说明,在表 7-8 中用一个实例对其进行进一步说明:

第7章 大数据在 DrugBank 药物数据库聚类方面的应用

表7-8 靶标、作用酶分析实例

药物编号	靶标编号	公共靶标编号	计算权重	结果
A	1 192、1 143	1192	$T_t=1/(2+3-1)$	0.25
B	4 797、4 852、1 192			

A 和 B 分别表示化合物 A 和化合物 B，A 的靶标个数为 2，其中对应的编号分别是 1 192、1 143，B 的靶标个数为 3，其对应的编号分别是 4 797、4 852、1 192，权重的计算方法是：

$$T_t = \frac{N_C}{N_A + N_B - N_C} \tag{7-7}$$

计算得到 T_t 的值为 0.25，即化合物 A 和 B 之间的联系强度为 0.25，为保证数据的准确性，数据类型选择的是 Double 型，在整个数据集的分析过程中为了避免数据分析的冗余，采用的分析方法是使用两个 for 循环嵌套对分子进行遍历分析，既不遗漏也没有冗余。靶标和作用酶之间的关系列表，如表 7-9 所示。Weight 列内的数据表示的是靶标和作用酶的权重之和。前两列是被分析的药物编号，在后期分析中也是节点之间的边。

表7-9 靶标和作用酶的权重

Id	Tid	Eid	Weight
0	100 001	100 006	1
1	100 001	100 055	0.083 333 333 333 329
2	100 001	100 100	0.142 857 142 857 142 85
3	100 001	100 170	0.076 923 076 923 076 927
……	……	……	……
100	100 002	100 005	0.733 333 333 333 333 28
101	100 002	100 028	0.352 941 176 470 588 26
102	100 002	100 051	0.846 153 846 153 846 15
103	100 002	100 054	0.733 333 333 333 333 28
104	100 002	100 056	0.846 153 846 153 846 15
……	……	……	……
142	100 003	100 127	0.25
143	100 003	100 131	0.062 5
144	100 003	100 173	0.083 333 333 333 333 329
145	100 003	100 194	0.25

续表

......	......	......	......
87 027	100 996	101 412	0.142 857 142 857 143
87 028	100 996	101 708	0.058 823 529 411 764 7

表 7-10 所示是表 7-9 的表间关系。

表 7-10 表 7-9 的表间关系

字段名	中文含义	意义
Id	编号	数据的总个数
Target	靶标编号	靶标的编号
Enzyme	作用酶编号	作用酶的编号
Weight	权重	靶标作用酶的权重和,代表两分子之间的关系

该模块流程图,如图 7-3 所示。

7.4.3 对分子中原子百分比的处理过程

分子中的原子组成部分的反映了分子的结构信息,我们通过对多个算法研究之后发现对分子的分析基本都是对分子的结构的分析,2012 年发表的一个根据分子量数分析 DrugBank 中的分子的算法将组成分子的基本单元拆分到了不可拆分的地步,相比之前的那些对分子结构、最大子结构和指纹集等分析的算法来说有了一个很大的提升,之后还对分子进行了分子活性的预测,但是预测的结果仅有 20% 是重叠的,根据这个结论得出分子的结构对分子活性的影响只占一部分比例,分子百分比是借鉴这个方法得出的,同样分析了分子的结构组成,下面就用一个实例解释一下分子百分比的分析方法。

在上节中介绍了分子百分比的计算方法,在这里用一个实例再次进行具体的介绍,以 H_2O 和 CO_2 为例计算它们之间的相似度权重,首先在数据库中查到各原子的相对原子质量,H 的质量是 1.007 9,O 的质量是 15.999,C 的质量是 12.011,H_2O 的相对分子质量是 18.014 8,CO_2 的相对原子质量是 44.009,得到各原子的相对原子质量后开始计算单个分子中各原子所占的百分比,根据上节描述的计算方法得到 H 在 H_2O 中的质量比为 0.111 896 88,O 在 H_2O 中的质量比为 0.888 103 12,C 在 CO_2 中的质量比为 0.272 921 45,O 在 CO_2 中的质量比为 0.727 078 56,其分子之间的元素关系如表 7-11 所示。

因此可以得到 H_2O 和 CO_2 之间的权重为

$$T_p = 1/3 \sum \sqrt[2]{(0.111\,896 - 0)^{\wedge}2 + (0.888\,103 - 0.727\,078)^2 + (0 - 0.027\,292\,1)^{\wedge}2}$$

(7-8)

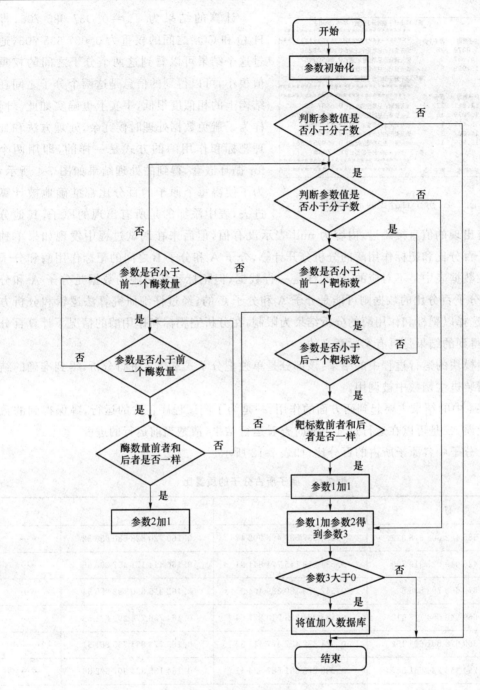

图 7-3 计算靶标、作用酶权重的流程图

表 7-11 分子元素之间的质量比

Id	C	H	O
H_2O	0	0.111 896	0.888 103
CO_2	0.272 921	0	0.727 078

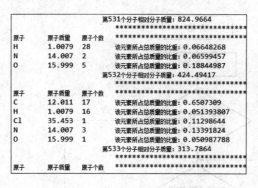

图 7-4 分子百分比的部分结果

计算的结果为 $T_p = 0.037\,635\,706$,即 H_2O 和 CO_2 之间的权重为 $0.037\,635\,706$,通过这个结果可以看到这两个分子之间的权重值很小,可以得到的信息是这两个分子之间在结构上的相似度很低,事实上也确实如此。同样为了避免数据处理时候冗余,处理方法和处理靶标和作用酶的方式是一样的,即用两个 for 循环嵌套,得到的处理结果如图 7-4 所示,为了使得每个原子的百分比都准确地被计算进去,表中添加的是所有出现的原子,其他分子中没有出现的值直接跳过,内容为 null 表示没有值,但后来在调试过程中发现如果单独的将分子百分比和靶标作用酶的分析分开计算,分子 A 和分子 B 之间的靶标作用酶和分子百分比在数据表中是不对应的,即同样是一行数据,但靶标和作用酶的数据是分子 A 和分子 B 的,分子百分比的数据则可能是分子 A 和分子 C 的,经过仔细研究算法逻辑和分析方法,最终选择以靶标和作用酶的分析结果为限制,在分析完靶标和作用酶的情况下计算百分比,这样得到的结果是具有实际意义的。

单独模块的运行过程中的结果:该部分是单独把分子式拿出来进行分析,得到准确的结果后被封装进主函数中被调用。

图 7-4 中的结果主要起到两方面的作用:一是为了测试程序正常的运行,确保得到的数据正确无误,二是可以在运行过程中随时查看运行结果,清楚当前运行的进度。

每个分子中各原子所占的百分比,如表 7-12 所示。

表 7-12 原子所占分子的质量比

H	C	N	……
0.063 686 482 608 318 329	0.495 037 585 496 902 47	0.160 920 828 580 856 32	……
0.069 428 049 027 919 769	0.534 219 145 774 841 31	0.166 414 171 457 290 65	……
0.068 872 600 793 838 5	0.542 373 180 389 404 3	0.162 315 890 192 985 54	……
0.070 669 949 054 718 018	0.533 384 203 910 827 64	0.164 738 774 299 621 58	……
0.068 360 678 851 604 462	0.521 372 437 477 111 82	0.169 773 861 765 861 51	……
0.063 794 486 224 651 337	0.539 873 361 587 524 41	0.154 185 324 907 302 86	……
0.070 004 723 966 121 674	0.585 951 685 905 456 54	0.185 308 679 938 316 35	……
0.067 054 152 488 708 5	0.522 612 750 530 242 92	0.176 978 558 301 925 66	……
0.073 839 224 874 973 3	0.532 966 554 164 886 47	0.183 540 686 964 988 71	……
0.070 873 744 785 785 675	0.536 843 538 284 301 76	0.165 249 869 227 409 36	……

第7章 大数据在 DrugBank 药物数据库聚类方面的应用

续表

H	C	N	……
0.072 156 831 622 123 718	0.532 121 777 534 484 86	0.177 408 859 133 720 4	……
0.069 456 748 664 379 12	0.530 966 699 123 382 57	0.172 350 928 187 370 3	……
0.066 695 205 867 290 5	0.558 250 427 246 093 75	0.198 616 608 977 317 81	……
0.068 000 197 410 583 5	0.526 681 125 164 032	0.176 548 719 406 127 93	……
0.072 156 831 622 123 718	0.532 121 777 534 484 86	0.177 408 859 133 720 4	……
0.070 485 532 283 782 959	0.507 479 488 849 639 89	0.179 584 607 481 956 48	……
0.070 132 680 237 293 243	0.521 215 140 819 549 56	0.168 621 286 749 839 78	……
0.067 258 827 388 286 591	0.516 507 565 975 189 21	0.164 948 850 870 132 45	……
0.069 727 621 972 560 883	0.535 111 784 934 997 56	0.170 374 736 189 842 22	……
0.069 266 259 670 257 568	0.528 251 230 716 705 32	0.168 821 632 862 091 06	……
0.074 964 880 943 298 34	0.631 723 105 907 440 19	0.148 828 983 306 884 77	……
0.069 410 324 096 679 688	0.533 027 946 949 005 13	0.166 102 200 746 536 26	……
0.067 054 152 488 708 5	0.522 612 750 530 242 92	0.176 978 558 301 925 66	……
0.066 464 476 287 364 96	0.531 478 464 603 424 07	0.156 758 785 247 802 73	……

表 7-12 是数据库 DrugBank 2 中的表 DrugFormula 中的部分数据,这个表中有 52 列,代表的是组成 DrugBank 库中所有分子的原子,行数共有 8 188 行,表示的是分子的个数。为了准确地得到这 52 列原子的值分三个步骤实现该目标:第一步是将组成分子的常用原子加入数据库的表中;第二步是在程序的调试过程中将表中没有的元素加入;最后一步是将表中多余的元素删除,这样就完成了参与分子的所有元素的添加。

各原子的相对原子质量是常量,可以通过元素周期表查找,然后将它们存放在另一个表中以供计算该所占比时调用。原子所占比之间的差异十分微小,为了精确地表示各原子之间的所占比,DrugFormula 表中的各元素的类型和计算结果使用 Double 型的数据记录,没有所占比的位置使用 null 值表示为空。

各分子中原子百分比的平方差(Precent 列)的结果,如表 7-13 所示。

表 7-13 原子百分比的平方差的结果

Id	Precent	Result
0	0.000 139 203 688 736 342 12	0.800 027 840 738 766 87
1	3.163 758 403 444 139 E-07	0.066 666 731 928 654 6
2	0.000 223 497 404 304 587 9	0.114 330 418 876 488 7
3	0.000 539 341 672 766 905 92	0.061 646 332 161 035 391

续表

Id	Precent	Result
4	0.000 783 746 811 155 740 44	0.800 156 749 365 851 35
5	0.000 870 083 278 337 775 36	0.200 174 016 656 819 75
6	0.001 456 099 903 818 723 2	0.266 957 894 596 271 23
7	0.003 130 676 699 702 930 8	0.400 626 135 338 097 82
8	0.000 303 200 186 178 744 89	0.266 727 314 650 779 59
9	0.000 352 189 855 291 718 35	0.800 070 437 969 407 13
10	9.674 668 676 565 261 9E-05	0.800 019 349 336 798 86
11	0.001 751 051 806 919 764 9	0.267 016 884 963 959 48
12	0.000 864 714 175 824 782 51	0.266 839 617 444 202 31

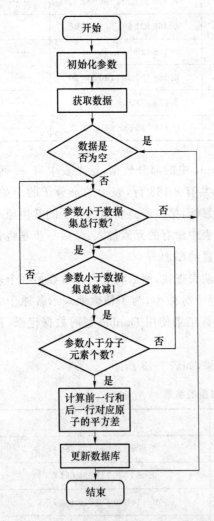

图 7-5 原子平方差的处理函数流程图

表 7-13 中的两个数据列的行数为 173 283，是 8 188 个分子之间无重叠的所有分析结果。Precent 是根据 DrugFormula 表中的数据计算的分子之间元素平方差的值，Result 中的数据是该算法设计中数据处理的最后一步，把对分子活性有影响的三因素进行了综合处理。靶标和作用酶是主要因素，影响因子是 0.8，分子结构所对应的性质影响因子为 0.2，将表 Relation 中 Weight 的 80% 和 PResult 中 Precent 的 20% 相加得到 Result 中的结果。

决定影响因子的值是根据 MQN 算法赋值的，MQN 算法是基于分子量子数的一种算法，是对组成分子的具有独立性质的单元的一种相似度度量，根据这个度量预测生物活性，得到的相似度值维持在 20% 左右，即表明分子结构对分子的活性中所起到的作用在 20% 左右，用这个数值作为分子活性的影响因子是比较合理的。

原子平方差的处理函数流程图，如图 7-5 所示。该流程图描述了计算原子平方差的逻辑过程，从这个流程图中可以清楚地了解到计算的基本过程和计算思路。

相对原子质量：每个原子的相对原子质量被存储在表 EM 中，程序运行时每处理一个分子中的原子，都要在这个表中调用对应的相对原子质量，如表 7-14 所示。

第7章 大数据在 DrugBank 药物数据库聚类方面的应用

表 7-14 元素的相对原子质量

Id	1	2	3	……	n
Element	H	C	O	……	Ca
Count1	1.007 9	12.011	15.999	……	40.08

该模块的流程图,如图 7-6 所示。

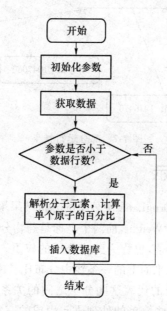

7-6 分子百分比的处理过程流程图

7.4.4 结果的整合

在分析完靶标、作用酶、分子百分比之后,最重要的是对分析数据的整合和对最后结果的分析,表 7-15 描述了数据整合分析的结果。

表 7-15 数据的整合分析结果

Tid	Eid	Weight	Precent	Result(Weight * 0.8 + precen * 0.2)	
100 001	100 006	0.5	0.437 287	0.487 457 4	100 001
100 002	100 005	0.33	0.436 781	0.351 356 2	100 002
******	*******	***	***	***	******
109 330	109 570	1	0.374 223	0.874 844 6	109 330

Tid 和 Eid 的值做分析的两分子的编号,Result 是指处理之后的最终数据结果,其结果数据在表 7-15 中的 Result 中显示。部分运行结果如图 7-7 所示。

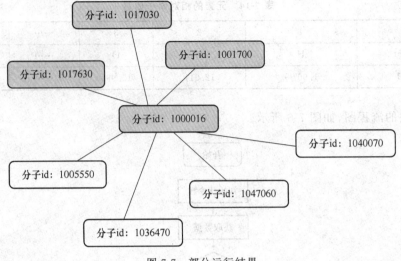

图 7-7 部分运行结果

7.4.5 最终结果展示

在 R 语言的运行环境下对 DrugBank 中分子的分析结果聚类如图 7-8 所示,其中的三个坐标分别是 rt $ Tid、rt $ Eid 和 rt $ Weight,前两个坐标是药物分子的编号,另一个坐标是影响药物分子生物活性的三因素的综合值,也称为药物分子的权重。该三维散点图在空间中展示了分子聚类的结果。在权重的坐标平面上的一条线中分布比较密集的代表这些分子之间的关系比较紧密,相似度较高,分布疏松的代表这些分子之间的关系联系较弱,相似性较低。图 7-8 是使用 R 语言中的 rgl 函数和一些简单的处理语句生成的三维散点图,在这个散点图中可以全方位的观察数据之间的关系。

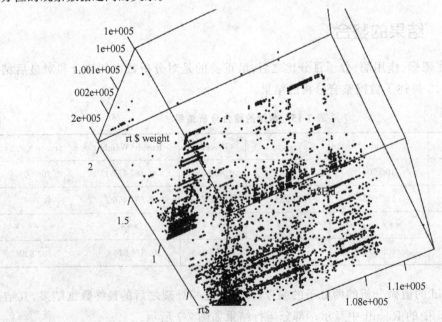

图 7-8 R 语言环境下对 DrugBank 中分子进行聚类后结果展示

图7-9是用CFM算法进行聚类后的结果展示，结果中线的长度表示划分的不同的类，同一种颜色的节点具有相似的性质，每一类中的分子是具有一定程度相似靶标、作用酶和分子百分比的，这些具有相似性的分子在DrugBank中可能具有不同或者相同的分子结构，这些具有相同活性却具有不同分子结构的则十分具有研究价值，根据这个结果可以研究探索新的活性的分子，从而制造新的药物，此分析结果对科学研究具有启发性作用。

本节详细介绍了算法的核心思想，算法的设计模块主要分数据的获取、数据的解析、数据的分析、数据库的连接和设计和最后的结果展示等步骤。其中解析数据使用的是dom4j方法，数据分析分为对靶标、作用酶的分析和对分子组成的分析，数据库的连接和设计则是根据数据分析的需求建立合适的数据表，结果以二维图和三维图两种图形展示。

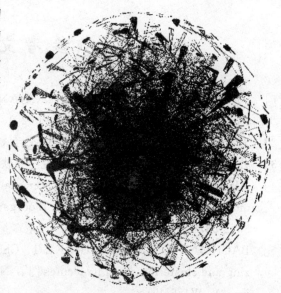

图7-9 用CFM算法对DrugBank分子进行聚类后的结果展示

本章小结

分子的聚类在生物化学领域是一直被关注的话题，特别是分子的聚类对药物的发现和研究有着重要的作用，基于大数据思维，从全局角度对西药进行聚类分析对新药的研制具有指导意义。

本章实现的算法是对影响分子生物活性的三因素——靶标、作用酶、分子结构的综合分析。靶标和作用酶是主要因素，分子结构作为辅助因素，成分占用比为8∶2，主要因素占80%，辅助因素占20%。对各因素的处理方法根据因素的不同有各自的特点，主要因素是根据靶标和作用酶的相似比例，辅助因素则根据组成原子平方差值。

本章提出该算法的创新点在于对现有的聚类算法在新的方向上有所突破和对西药的研发具有重要的参考价值。在化学分子领域中现有算法聚类分析的方向是通过分析分子的组成，进而预测分子的生物活性，尽可能地在分子的结构组成中找到对生物活性有影响的基本单元。而本章提出的算法是直接对影响生物活性的因素进行聚类，对同类中具有相同和不同结构的分子分别进行分析，找到影响分子活性的组成。相对以往的算法来讲是反向思维的过程并且十分有效，根据分析的结果表明该算法对科学的研究和发展具有启发性意义。

参 考 文 献

[1]　STURN A,QUACKENBUSH J,TRAJANOSKI Z. Genesis:cluster analysis of microarray data [J]. Bioinformatics,2002,18(1):207-208.

[2]　方开泰.聚类分析(Ⅰ)[J].数学的实践与认识,1978,(1):25-29.

[3]　孙吉贵,刘杰,赵连宇.聚类算法研究[J].软件学报,2008,19(1):48-61.

[4]　AWALE M,REYMOND J L. Cluster analysis of the DrugBank chemical space using molecular quantum numbers [J]. Bioorganic & medicinal chemistry,2012,20(18):5372-5378.

[5]　BACKMAN T W,CAO Y,GIRKE T. ChemMine tools:an online service for analyzing and clustering small molecules [J]. Nucleic acids research,2011,39(Web Server issue):W486-491.

[6]　CHEN B,DONG X,JIAO D,et al. Chem2Bio2RDF:a semantic framework for linking and data mining chemogenomic and systems chemical biology data [J]. Bmc Bioinformatics,2010,11(20):3011-3015.

[7]　LOU H,DEAN M. Targeted therapy for cancer stem cells:the patched pathway and ABC transporters [J]. Oncogene,2007,26(9):1357-1360.

[8]　WISHART D S,CRAIG K,AN CHI G,et al. DrugBank:a knowledgebase for drugs,drug actions and drug targets [J]. Nucleic acids research,2008,36(Database issue):D901-906.

[9]　CRAIG K,VIVIAN L,TIMOTHY J,et al. DrugBank 3.0:a comprehensive resource for 'omics' research on drugs [J]. Nucleic acids research,2011,39(Database issue)::D1035-D1041.

[10]　ALTIERI D C. Survivin,cancer networks and pathway-directed drug discovery[J]. Nature Reviews Cancer,2008,8(8):61-70.

[11]　江寿平.酶和底物分子之间相互作用力对扩散控制反应速率的影响[J].Acta Biochimica Et Biophysica Sinica,1977,1):329-338.

[12]　高新亮.脂肪酶固定化及其催化性能研究[D].大连理工大学,2006.

[13]　姚新生,叶文才,栗原博.阐明中药科学内涵 推进中药现代化与创新药物研究进程[J].化学进展,2009,(1):2-13.

[14]　石海信,黄冬梅,谭铭基,et al.拓扑学原理在化学化工中的应用[J].化学工程师,2010,24(7):38-41.

[15]　邓亚明,杨邦荣.基于ECLIPSE图形插件开发的研究[J].电脑开发与应用,2009,22(2):19-21.

[16]　白晓旸.J2EE在企业信息系统建设中的应用[J].机械设计与制造,2004,(4):18-20.

[17]　高德霖.分子连接性方法及其在结构—活性相关中的应用[J].江苏化工,1998,(4):

37-40.

[18]　CAO Y, JIANG T T. A maximum common substructure-based algorithm for searching and predicting drug-like compounds [J]. Bioinformatics, 2008, 24(13): i366-i74.

[19]　林大海, 万常选. 基于区间编码方案分裂大型 XML 文档到关系存储[J]. 计算机应用, 2004, 24(2): 141-145.

[20]　张孟旺. 基于 VTD-XML 技术的异构数据库数据交换系统的研究与设计[D]. 电子科技大学, 2010.

[21]　陈凯先, 蒋华良, 罗小民, et al. 基因组时代的新药发现: 趋势和实践. proceedings of the 全国抗生素学术会议, F, 2005[C].

第8章 大数据在电子商务数据分析中的应用

随着互联网的飞速发展,各种信息呈爆炸式的增长,从中获取有用的信息对国家安全、政策出台、经济发展、科学研究、企业决策、个人生活方式等各方各面都将产生巨大的影响,除此之外,对于大数据的挖掘成为时下最火的商机,其潜在的商业价值无可限量。然而互联网中的信息杂乱无章,如何从互联网中获取有用信息,如何将获取的信息进行分类成为首要解决的问题。因此针对以上情况,我们研发了本系统,使用网络爬虫对特定网页进行爬取,使用流行的第三方包对网页进行解析,获得有价值的信息并格式化保存,之后对分类器进行训练、测试,对获取的数据进行分类,分析得出结果,并将结果图表化,给用户以直观展示,此外该系统还包含了用户管理功能,实现了对用户权限的管理包括:增、删、改、查等功能。本章将详细介绍该系统的开发过程。

8.1 研究现状

大数据具有数据体量巨大,数据类型繁多,价值密度低,产生速度快,政治、经济价值巨大的特点,因此受到人们的高度关注。它是继物质,石油能源后的又一个引起世界重视的新能源,它是在2008年谷歌提出云计算概念、2009年欧盟提出物联网计划之后的又一次网络科技的进步。对大数据的研究成为IT界的又一次重大技术变革。大数据的价值体现在利用数据分析的方法从数据中获取有用信息,为世界经济,政治,生活等各个方面服务。比如离我们生活最近的网购,我们的淘宝账号里充斥着大量的推荐信息,应用大数据技术可以根据我们以往购买的经历和相似人的购买经历,分析出我们很可能要买的东西并推送给我们,这就是大数据应用最真实的体现。在国外,美国奥巴马政府在2012年3月发布了"大数据发展计划",并将大数据定义为"未来的新石油"。在我国,2012年7月国务院颁布了《"十二五"国家战略性新兴产业发展规划》将物联网、云计算设为重点发展方向和主要任务。2013年5月,国家科技部在香山第二次会议中讨论了"数据科学与大数据的科学原理及发展前景"并设立了关于大数据的专项研究计划,投入大量的人力、财力。通过这些大事件表明了世界各国政府对"大数据"的重视程度,以及未来发展的方向。

由于大数据的潜在价值是无可估量的,数据挖掘近年来成为商业界普遍关注的对象,它对商家提升客户服务,研发新产品,制定发展方向等等有着重要的作用。数据挖掘是由海量的数据、机器学习两大方面来支持的。机器学习的研究主要是指使用计算机来模拟人类的学习能力,通过使计算机根据已有的数据进行算法的训练学习,对新数据进行预测分析,通过此方法来不断的修改算法,完善算法,来提高对新数据预测分析的正确率。

进入信息时代后,随着大数据时代来临,互联网中出现大量信息并涌入了我们的生活,我们时时刻刻接收着来自互联网的各种信息,但多数并不是我们需要的。如何对信息分类成为一大难题。传统的手工分类虽然耗时、耗力、耗财、效率低,但是凭借人类对语言深层意义的理解,能将文本精确的分类,于是我们模仿人类,开发出能将文本智能分类的系统,在效率和成本方面弥补人工的不足,文本智能分类的精确程度是信息科学界仍不断解决的问题与进步的目标,使之尽可能地代替人类工作。对于互联网丰富的信息,文本智能分类使我们能快速、准确地获取到有用的信息,排除无用的垃圾数据,整理杂乱无章的信息,成为全面、广泛、快捷地吸收信息的有效方法。首先介绍一下文本分类国内外研究现状:

1. 国外的研究现状

国外的文本分类的研究起源比较早。卢恩早在1958年,就首先提出了将词频思想应用在文本分类中。之后很多学者在文本分类领域进行研究,比如Maron在1961年正式发表了一篇关于文本自动分类的文章,取得巨大研究成果。到了1990年左右,机器学习逐渐成为主流的文本分类技术,通过提取文本特征,自动训练出分类模型,从而大大减少了人力资源,能够快速准确地进行文本分类。

2. 国内的研究现状

由于国内发展落后,文本分类研究比较晚,直到20世纪80年代初才对文本分类进行了研究,不过近年来,机器学习在国内迅猛发展,结合中文的分词在中文文本分类领域有了飞跃的发展。目前较为成熟和流行的分类算法有朴素贝叶斯、支持向量机(SVN)、K临近(KNN)、决策树等,其中朴素贝叶斯算法简单、效率高,被广泛使用,如垃圾邮件处理、图书管理、新闻分类、情感分析等。

8.2 相关技术及概念

8.2.1 网络爬虫

网络爬虫就是一个可以从互联网中不断下载各种网页的程序,通用网络爬虫的工作方式是从网页集合中获得链接,之后发送http请求,开始下载网页,分析获得最初网页上的链接,继续下载这些链接的网页,再从当前页面中获得新的链接,如此重复执行,获取每个网页上的每个链接,不断深入,直到满足爬虫爬取的停止条件为止。但是出于不同的原因,不同的用户往往具有不同的信息需求,通用爬虫所爬取的页面结果往往包含着大量用户不需要的信息,比如广告。因此,本系统中的爬虫一方面继续延用通用爬虫的方式抓取网页,另一方面又并不追求大面积覆盖所有网页,而将目标设定为抓取与用户特定主题内容相关的网页,面向用户需求,为有特定目标的用户提供数据资源。

8.2.2 HtmlUnit 工具包

HtmlUnit 是一个给 Java 开发用的浏览器,这种浏览器没有界面,由一个 WebClient 对象来模拟浏览器,通过该对象的 API 来操作页面上的各种元素,比如链接、按钮、表单等,还可以执行页面上的动作,比如单击、提交等,非常实用方便。本系统采用 HtmlUnit 作为网页解析工具,它具有一个异于其他解析工具的特点,就是 XPath。例如某个页面有如下部分 html 标签:

<p class = "productTitle">
<a href = "//detail.tmall.com/item.htm? amp;is_b = 1"target = "_blank" >
<span class = H>子女夏天折叠防晒遮脸</span>
<span class = H>遮阳</span>
<span class = H>夏季防紫外线沙滩太阳帽</span>
<span class = H>面纱可拆卸</span>
</a>
</p>

HtmlUnit 提供解析网页的 XPath 方法,比如要获取第一个三个 span 内的文字"夏季防紫外线沙滩太阳帽",XPath 就可以写为//p[@class='productTitle']/span[3],其中"//"代表 html 中的任意位置,"/"代表子节点,"@"代表标签属性。如果要获取标签的属性值,比如要获取 a 标签的 href 属性,那么就可以写为//p[@class='productTitle']/a/@href。

它是唯一一个可以执行网页中 JavaScript 的解析器,能够返回到页面一些动态数据,但需要付出惨重的时间代价。如果不使用 HtmlUnit 的 JavaScript 功能,获取一条数据的时间大概是 0.5 秒,反之获取一条数据的时间大概是 1~2 秒,甚至更多。除此之外,HtmlUnit 对于 JavaScript 的执行效率不太高,会报出大量的错误。因此本系统尽可能平衡优缺点,使之达到最好的效果。

本系统中使用的爬虫规则即为 HtmlUnit 中的 XPath,将页面链接或者字段的 XPath 当做爬虫获取信息的依据,来获取所需的信息。

8.2.3 Mahout

Mahout,意为驯象人,是 Apache 基于 Java 的开源机器学习库,里面高效地实现了多种经典的机器学习算法,比如 KMeans 聚类算法、LDA 聚类算法、SVN 向量机分类算法等。它作为 Java 项目的一个类库,既可以运行在本地,也可以运行在分布式系统,因为 Mahout 基于 Hadoop 实现的,这是它最大的优点,将很多原来运行在本地的方法改成了 MapReduce 的模式,通过这样的办法大大提升了算法可以处理的数据量和处理效率。本系统中使用 Mahout 中的朴素贝叶斯算法来实现文本的分类。

8.2.4 朴素贝叶斯算法

朴素贝叶斯是一种非常简单的分类算法,通俗地来讲,比如看到一个人,我们要判断是男人是女人,方法很简单,根据以往经验,就是看头发长短、服饰、声音,如果那个人有一头长发,穿着裙子,说话声音比较细,那十之八九就是女人,当然也有可能男扮女装,通常情况下我们会选择概率比较大的那个类别,这就是朴素贝叶斯的思想,根据以往经验来预测信息。

朴素贝叶斯分类的定义：

首先，设 $x = \{a_1, a_2, \cdots, a_n\}$ 为一个待分类项的集合，其中每个 a 为 x 的一个特征属性，通俗的理解为文本中的一个单词。其次，再假设有一个类别集合 $y = \{b_1, b_2, \cdots, b_m\}$。再次，计算 $P(b_1 \mid x), P(b_2 \mid x), \cdots P(b_m \mid x)$，即待分类项属于类别 y 的概率。最后，如果 $P(b_k) = \max\{P(b_1 \mid x), P(b_2 \mid x), \cdots P(b_m \mid x)\}$，则 $x \in b_k$。那么问题来了，我们如何得到 $P(b_1 \mid x), P(b_2 \mid x), \cdots P(b_m \mid x)$ 呢，其实可以转换一下方法，直接方法行不通就绕道而行，方法是：第一，手工收集大量的训练样本集并分好类，训练集的质量决定着分类的效果，所以需要耐心认真的分类。第二，计算训练集中每个特征属性对应到每个类别的条件概率，其中 $P(a_k \mid b_i)$ 的计算方法为特征属性 a_j 在 b_i 类别内出现的次数除以 b_i 类别内样本的个数，最终形成特征属性到分类映射的分类模型。第三，因为 $P(b_i \mid x)$ 是算不出来的，但是根据贝叶斯公式 $P(b_i \mid x) = \dfrac{P(x \mid b_i)P(b_i)}{P(x)}$，假定各个特征属性之间的条件独立的，那我们就可以转而去求 $\dfrac{P(x \mid b_i)P(b_i)}{P(x)}$，因为 $P(x)$ 对于所有类别都是常数，因此只需要取分子 $P(x \mid b_i)P(b_i)$ 值最大就可以了。最后将待分类数据做 $P(x \mid b_i)P(b_i) = P(a_1 \mid b_i)P(a_2 \mid b_i)\cdots P(a_n \mid b_i)P(b_i) = P(b_i)\prod\limits_{j}^{n} P(a_j \mid b_i)$ 计算，最后得到的最大 $P(x \mid b_i)P(b_i)$ 即为待分类数据的所属类别。

8.2.5 文档向量

本系统主要功能是根据朴素贝叶斯算法将文本信息分类，既然是算法，那肯定需要数字，我们如何将文字变成数字来使用算法呢，在 Mahout 中使用向量这一概念，将文档向量化的常见方法是 VSM（Vector Space Model，向量空间模型）。其基本原理是将所有文档看成一个具有 N 个没有重复单词的集合，每个单词被分配一个唯一编号，每个文档就变成了一个具有 N 维的向量，每个单词的编号，就是该单词所在的维度。比如 people 这一单词被编为 2000，那么文档集合中所有包含 people 单词的第 2000 维度上的主键就是 people。当然有主键就有值，向量维度上的值就是单词在每篇出现的次数（Term Frequency，词频），叫做 TF 权重。至此，我们就可以把文档转换成数字来使用朴素贝叶斯算法了。

8.2.6 TF-IDF 改进加权

在文本分类中，某些领域的专有词对分类结果非常有利，我们一看到就会知道该文本大致属于哪一类，比如"原子弹"，我们会把它归为军事一类。然而一些无意义的单词将会严重影响分类结果，比如"爆炸的原子弹"中的"的"字，在所有文章中都有，在每篇文章中占的比例几乎最大，算法会将它归为出现"的"字最多的类别，显然结果 90% 不会正确。为了不让这些停用词影响分类结果，它们在文章中的权重就必须要小，而使专有词的权重增大。在文本分类中最常使用的就是 IDF（Inverse Document Frequency，逆文档频率），公式为 $\text{IDF} = \log\dfrac{N}{\text{DF}}$，其中 N 为文档集合中文档的个数，DF 为拥有该单词的文档的个数，文档个数越多说明该单词在分类中的意义越小。我们重新定义文档向量中每个维度上的值为 $W = \text{TF} \cdot \log\dfrac{N}{\text{DF}}$。

8.2.7 中文分词

在英文文章中,区分单词的方法是通过空格,所以英文文本分类会很容易地拆散为一组单词集合,比如"I am a gril",计算机很容易将句子拆分为"I""am""a""gril"。但是中文文档是没有空格的,比如"我是个女生",计算机没有办法识别"个女"是个单词还是"女生"是个单词,中文中也没有什么其他自然分隔符能将文章变成单词或字的集合,因此中文分词要比英文分词困难得多。如今很多地方要用到中文分词,比如我们打字时用的输入法、百度搜索等。但是如何做到将中文分为单词呢,最简单的办法就是将词典中的所有词在文章中逐字搜索直到文章结束,但是假如一篇文章只有几行长,也要将大约三十六万个词遍历一遍,效率相当低下。随着人们不断的研究,至今已研发出多种中文分词工具,比如庖丁解牛、IKAnalyzer 等都是不错的分词工具。分词是文本分类重要的一步,分词的效果直接影响分类结果。本系统采用 IKAnalyzer,因为它的优势是不仅速度快而且还具有一定的歧义识别能力。比如,"质量和服务",在切分的时候可以有两个候选结果集,分别是"质量""和""服务",也可以是"质量""和服""务",如图 8-1 所示。

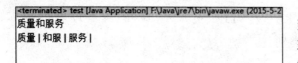

图 8-1　IKAnalyzer 分词

目前 IK 在测试数据统计中可以做到 95% 的准确率。除了准确率以外,管理它的扩展词典很容易,添加 IK 的词库很简单,如果有新词就可以往词典中加,只需在配置文件中写好词典的位置,它的停用词库也很好管理,有什么新的停用词就可以加入停用词词典中,同样只需在配置文件中正确配置词典位置即可,它不需要什么词频度、词性等等复杂的定义,所以对普通用户来说入门的门槛比较低。它的配置也是几个分词器中最简单的一种,更容易被大家所接受。

8.3　需求分析

8.3.1　系统功能

大数据的价值我们已经了解,那么大数据从何而来呢?我们不是政府机构,也不是阿里巴巴,没有海量的数据来进行分析。对于我们,数据的来源就是互联网,数据获取的方式多种多样,网络爬虫是比较好的选择。对于普通用户来说,没有学习编程的经历,编写爬虫是一件不可能的事,因此本系统的目的就是为普通用户提供一个获取信息的便捷的平台。但是由于互联网中的页面是具有商业价值的,各种广告的投放以及许多杂乱的信息充斥着页面,通用的爬虫往往抓取的信息不太准确,例如我们要搜索家居的信息,结果返回的是一些服饰信息。针对以上情况,系统采用三种爬虫模式:分页方式、起止页方式、通用方式,用户可针对不同的网站进行不同的选择。

无论是为了百度排名提高网站竞争力,或是维护企业形象,或是为了迎合用户的审美、体验,或是为了更大的商业价值,每个网站都会经历改版阶段。然而对于普通的爬虫,网站的改版就面临着要重新改写大量代码,重复的劳动势必会增加人力的成本和时间成本,我们就这一问题提出解决方案:系统采用 B/S 架构,将爬虫代码封装到后台,将参数界面展示给用户,普通用户不用了解代码如何实现,只需花费几分钟的时间学习一下 XPath 和简单了解系统流程即可使用。XPath 是一种 XML 的语言,它是一种用来定位标签元素路径的语言。XML 的是树状结构的,XPath 提供在数据结构——树,中找寻元素节点的能力。HTML 与 XML 类似,都是由标签元素组成的树状结构文件。对于 HTML 页面同样可以使用 XPath 进行分析,XPath 只需通过一条路径,一次就可直接定位所需的信息,而其他页面解析器一次只能确定信息的范围,通过几次解析才可以定位信息,因此相比较而言,XPath 具有强大的优势。

朴素贝叶斯算法简单易学,而且分类效果较为理想,将作为本系统的分类算法。数据分类也是采用简单的界面操作,选取爬虫获取到的数据,交给后台处理,最后将分类结果保存,并且以图表的形式给用户直观的展示。

以往数据信息的获取与分类是分开进行的,不利于普通用户的使用,我们打破了这一界限,将两部分整合到一个系统当中。采用 B/S 架构,可以随时随地都登录系统浏览业务,系统维护简单,用户不必下载客户端,只需网页操作即可,而且可以通过添加网页即实现功能扩充。用户登录界面后填写爬虫规则开始爬取数据或选择已经存在的爬虫规则,爬虫爬取完毕之后通过界面来选择需要进行分类的数据,将数据提交给分类系统,分类系统使用已经训练好的模型开始分类文本,或是用户自己重新上传训练集,并训练出模型。最终用户可通过图像来直观地感受到分类的效果。用户在友好的界面、简单的操作中完成对数据的获取、分类以及分析。系统用例图如图 8-2 所示。

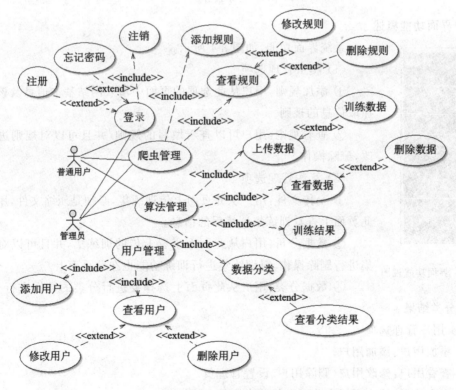

图 8-2 系统用例图

8.3.2 系统界面

1. 界面结构概述

系统界面采用 Framset 来将页面分为上、下、左、右四个部分,上面为系统 logo 部分,下面为版权信息,右面为菜单栏,左面显示信息页面,给习惯看屏幕左中部分的用户直观的展示。界面如图 8-3 所示。

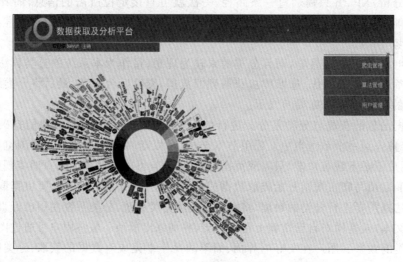

图 8-3 系统界面

2. 界面功能概述

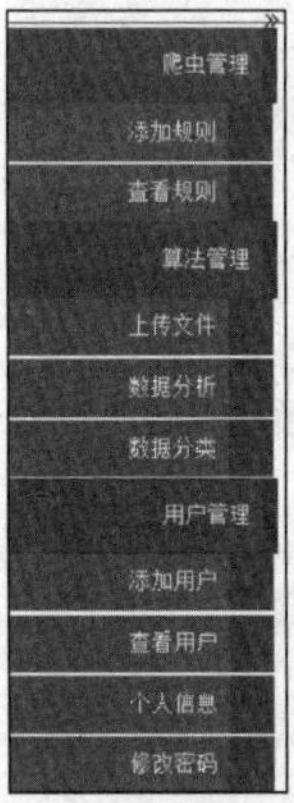

系统界面功能,如图 8-4 所示。

(1)爬虫管理选项

① 添加规则:用户从此选项的页面中填入网站基本信息及该网站抓取信息的规则。

② 查看规则:用户可以查看填写的规则,并且可以对规则进行修改,删除操作。

(2)算法管理选项

① 上传文件:用户从此页面上传训练集,必须是压缩文件,用户从此页面上查看训练集训练后的信息。

② 数据分析:用户从此页面查看上传的训练集,并且可以对训练集进行删除操作,对训练集进行训练功能也在此页面上。

③ 数据分类:用户从此页面上选择要进行分类的数据进行分类,并查看分类结果。

图 8-4 界面功能视图

(3)用户管理选项

① 添加用户:添加用户。

② 查看用户:修改用户、删除用户、设置管理员。

③ 个人信息:用户可以在此页面修改个人信息。

④ 修改密码:用户可以在此页面修改个人密码。

8.4 概要设计

8.4.1 系统模块设计

该系统共分四个模块:登录模块、爬虫管理模块、算法管理模块、用户管理模块。各个模块之间的关系如图 8-5 所示,系统总模块图如图 8-6 所示。

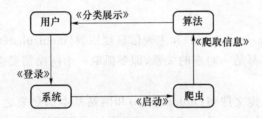

图 8-5 系统模块关系图

(1) 登录模块:通过用户名与密码登录系统,注册新用户,找回密码,通过注销账户登出系统。

(2) 爬虫管理模块:通过用户填写的爬虫规则,将规则保存到数据库中。启动爬虫时,系统将从数据库中检索出爬取网站的所有规则交给爬虫,爬虫将根据特定网站的链接规则获取页面链接交给线程,将页面信息获取规则同样交给线程,线程通过信息获取规则获取页面信息,最终将获取到的信息存入数据库。爬虫结构设计如图 8-7 所示。

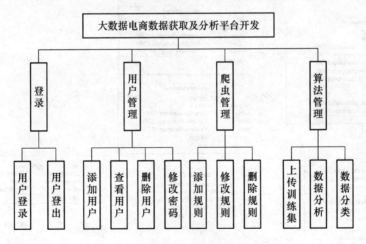

图 8-6 系统总模块图

(3) 算法管理模块:系统采用朴素贝叶斯算法来对网络爬虫获取到的信息进行分类。朴素贝叶斯属于监督学习,需要训练集训练分类器得到预测模型,并通过预测模型将网页信息进行分类,分类结构设计如图 8-8 所示。

(4) 用户管理模块:普通用户无权使用此项功能,管理员可以对所有用户进行增、改、查的操作，但不可以删除自己。

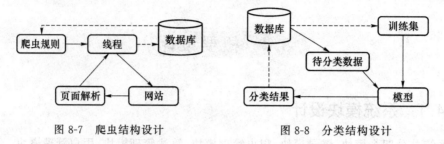

图 8-7　爬虫结构设计　　　　图 8-8　分类结构设计

8.4.2　数据库设计

1. 概念结构设计

网站基本信息表（baseruledetail）和主表信息规则表（mainruledetail）与主表链接规则表（mainanchordetail）之间都是一对多的关系，即要抓取一个网站需要多条链接的获取规则和多条信息获取规则。

用户表（users）与上传文件表（uploadfiles）和网站基本信息表之间是一对多的关系，即一个用户可以上传多个文件，一个用户同样可以添加多条网站抓取规则。

用户表（users）与上传文件表（uploadfiles）之间还有一个训练关系，一个用户可以训练多个文件形成多个分类模型，一个文件只对应一次训练，中间训练信息表为（triandetail）。

上传文件表（uploadfiles）与分类目录表（classifyitem）表之间是一对多的关系，即一个上传的文件中，分类的目录是多个的。

分类目录表（classifyitem）表与分类信息表（classifyinfo）表之间是一对多的关系，即一个分类目录下包含多个数据分类的结果。

综上所述，本系统的数据库设计如图 8-9 所示。

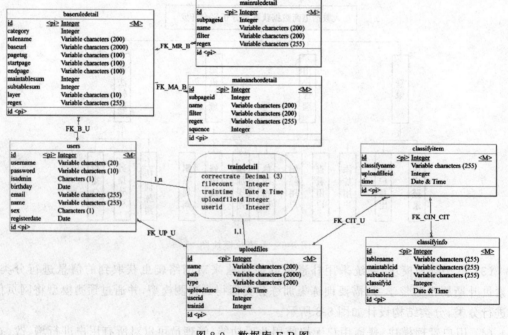

图 8-9　数据库 E-R 图

2. 表结构设计

（1）baseruledetail 表

用于存放爬取网站的基本信息，分为三种模式：模式1必填字段是前四个字段，模式2必填字段是1～7，模式3必填字段是1～4和10～11。表结构如表8-1所示。

表 8-1　网站基本信息表（baseruledetail）

序号	字段	类型	要求	描述	举例
1	id	int	必填	主键	1
2	category	int	必填，必显	模式分为1,2,3	1/2/3
3	rulename	varchar(200)	必填，必显	网站名称	jrj_stock
4	baseurl	varchar(2000)	必填，必显	种子链接地址	http://news.qq.com/
5	pagetag	varchar(100)	必显	页标	page
6	startpage	varchar(100)	必显	起始页码	1
7	endpage	varchar(100)	必显	终止页码	6 000
8	maintablesum	int	必填	主表链接层数	2
9	subtablesum	int	必填	子表链接层数	2
10	layer	varchar(10)	必显	爬取层数	2
11	regex	varchar(255)	必显	链接规则	http://stock.jrj.com.cn/(.*?)/[0-9]*\.shtml
12	userid	int	必填，必显	添加此规则的用户	1

（2）mainanchordetail 表

用于存放主表的链接规则，其中 subpagid 为 baseruledetail 表中 id 的外键，意义为：获取一个网站的信息是通过多层链接的访问获取到的，即获取链接的规则也应该是多层的。表结构如表8-2所示。

表 8-2　主表信息规则表（mainanchordetail）

序号	字段	类型	要求	描述	举例
1	id	int	必填	主键	1
2	subpageid	int	必填，必显	baseruledetail 表的外键	1
3	name	varchar(200)	必填，必显	主表链接名称	mainnextfilter mainanchorfilter
4	filter	varchar(200)	必显	主表连接 XPath 规则	//a[@title='设计师']
5	regex	varchar(200)	必显	通常情况不用此属性	
6	sequence	int	必显	主表链接是第几层	1

（3）mainruledetail 表

用于存放获取主表信息的规则，其中 subpageid 为 baseruledetail 表中 id 的外键，意义为：获取一个网站的信息首先要通过多层链接到达存有信息的页面，其次就是要根据信息页面上信息的 XPath 来获取信息，因此此表与 mainanchrodetail 中的 subpageid 都为 baseruledetail 中 id 的外键。表结构如表 8-3 所示。

表 8-3 主表链接规则表(mainruledetail)

序号	字段	类型	要求	描述	举例
1	id	int	必填	主键	1
2	subpageid	int	必填,必显	baseruledetail 表的外键	1
3	name	varchar(200)	必填,必显	用于做主表的字段	name
4	filter	varchar(1000)	必填,必显	信息获取规则	//div[@id='name']
5	regex	varchar(100)	必显	正则表达式,辅助规则	[0—9]*

(4) uploadfiles 表

用于存放用户上传的训练集。表结构如表 8-4 所示。

表 8-4 上传文件表(uploadfiles)

序号	字段	类型	要求	描述	举例
1	id	int	必填	主键	1
2	name	varchar(200)	必填,必显	文件名称	train
3	path	varchar(2000)	必填,必显	文件存放的实际地址	/usr/baiyunsource
4	type	varchar(200)	必填,必显	文件类型	rar,zip
5	uploadtime	datetime	必填,必显	上传时间	2012-2-1 39:38:28
6	userid	int	必填,必显	上传用户	1

(5) classifyitem 表

用于存放训练集的目录类别。表结构如表 8-5 所示。

表 8-5 分类目录表(classifyitem)

序号	字段	类型	要求	描述	举例
1	id	int	必填	主键	1
2	classifyname	varchar(255)	必填,必显	分类名称	军事
3	uploadfileid	int	必填,必显	所属训练集 id	1
4	time	datetime	必填	创建时间	2012-3-3 28:38:10

(6) users 表

用于存放用户的基本信息,其中 username、name、email 是必填项,在使用忘记密码时使用该些字段进行密码找回。表结构如表 8-6 所示。

表 8-6 用户信息表(users)

序号	字段	类型	要求	描述	举例
1	id	int	必填	主键	1
2	username	varchar(20)	必填,必显	用户名	baiyun

续表

序号	字段	类型	要求	描述	举例
3	password	varchar(10)	必填	用户密码	123
4	isadmin	char(1)	必填,必显	是否是管理员	y
5	birthday	varchar(255)	必填	生日	2000-1-1
6	email	varchar(255)	必显	邮箱	155050529@qq.com
7	name	varchar(255)	必填,必显	真实姓名	白云
8	sex	char(1)	必填,必显	性别	1女0男
9	registerdate	date	必填	注册日期	2015-04-13

（7）traindetail 表

用于存放训练集训练后的详细信息。表结构如表 8-7 所示。

表 8-7 训练信息表(traindetail)

序号	字段	类型	要求	描述	举例
1	id	int	必填	主键	1
2	uploadfileid	int	必填,必显	训练集 id	1
3	filecount	int	必填,必显	测试的文档个数	760
4	traintime	datetime	必填,必显	训练时间	2012-4-3 23:39:32
5	userid	int	必填,必显	训练的用户	1
6	correctrate	double	必填,必显	正确率	0.822
7	modelpath	varchar(255)	必填	模型存放路径	/usr/baiyunsource
8	modelname	varchar(255)	必填,必显	模型名称	27_model_1

（8）classifyinfo 表

用于存放使用模型对新数据进行分类后的详细信息。表结构如表 8-8 所示。

表 8-8 分类信息表(classifyinfo)

序号	字段	类型	要求	描述	举例
1	id	int	必填	主键	1
2	tablename	varchar(255)	必填,必显	新数据所属的表名	tiezi
3	maintableid	varchar(255)	必填,必显	新数据所属的主表 id	1
4	subtableid	varchar(255)	必填,必显	新数据的 id	3
5	classifyid	int	必填,必显	所属分类	1
6	time	int	必填,必显	分类时间	2014-2-3 12:34:52

（9）classify_item_info

这是本系统中使用的唯一一个视图，可以指定用户所需数据，简化数据库操作，它用来显示 classifyitem 表和 classifyinfo 表的联合信息，主要用来显示分类数据来自哪个表，被分到哪个训练集的哪个类中，用户可通过查询此视图就可以直观看到。表结构如表 8-9 所示。

表 8-9　分类视图（classify_item_info）

序号	字段	类型	要求	描述	举例
1	uploadfileid	int	必填	训练集文件 id	1
2	uploadfilename	varchar(255)	必填，必显	训练集名称	train
3	maintableid	varchar(255)	必填，必显	新数据所属的主表 id	1
4	subtableid	varchar(255)	必填，必显	新数据的 id	3
5	classifyid	int	必填	所属分类 id	1
6	classifyname	varchar(255)	必填，必显	所属分类名称	军事
7	tablename	varchar(255)	必填，必显	数据来自哪个表	tengxunxiwen

8.5　详细设计

系统的开发环境：Eclipse Java EE IDE for Web Developers(4.4.2)；开发语言：Java 语言；系统环境：Linux；框架选择：Struts2＋Hibernate4＋Spring3(B/S 架构)；数据库：Mysql5。

8.5.1　用户登录模块

用户通过用户名和密码进行登录，如果忘记密码可以通过用户名、真实姓名和邮箱来修改密码，如果用户名、真实姓名、邮箱正确匹配则可以修改密码，否则不能修改密码。新用户可以注册账户，用户名是唯一的，如果用户名重复则不能注册用户。新注册的用户是普通用户，没有查看用户和添加用户的权限，需要管理员修改权限。用户登录流程如图 8-10 所示。

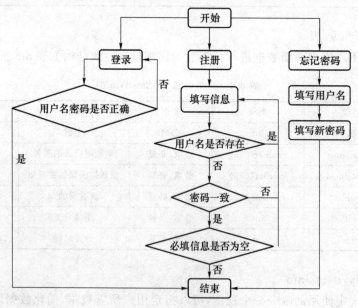

图 8-10　用户登录流程图

8.5.2 爬虫管理模块

爬虫管理包括对爬虫爬取规则的添加、修改、删除、查看、删除数据。其中添加功能有些复杂,其网页获取方式包括三种模式。

(1) 分页方式:适用于对有分页网站进行信息抓取,因为程序中使用了网站的分页标签来进行网页链接的获取,此方法获取的信息较为准确,排除了网页中其他干扰链接,比如广告,绝大部分为用户需要的数据。

(2) 起始页方式:适用于下一页方式不适用的情况,没有"下一页"标签,或者标签名称不为"下一页"的情况。给出起始页码,终止页码,但是此方法必须使用页标,即 URL 中用于分页的标志,有时不太好区分,需要用户细心分辨。此方法同样获取信息准确。

(3) 通用方式:适用于普通页面的爬取,用户只需填入一个连接的正则表达式和爬取的层数即可,该方法返回的数据可能有相当部分是与用户需求无关的。

对于前两种方式而言,其方法都是通过 XPath 获取页面上的链接,分别进入每个链接中仍然使用 XPath 获取所需信息。值得注意的是,如果进入获取的链接后仍不能获得所需的信息页面,就继续添加 XPath 来获取该页面上的链接,直到进入链接后可以获取信息为止,必须在最后一层链接中填入"下一页"标签的 XPath 规则,程序通过判断有无该规则来判断是否是最后一层链接。此外,这两种方式还可以获取子页面信息,因为进入子表页面需要链接,所以需要同样填写进入子表的链接规则,与主页面相似,如果进入该链接后不能直接获取到子页面的信息,还需继续填写链接规则,直到可以找到子页信息,在最后一层链接规则中填写"下一页"的规则。对于通用方式来说,只需填写链接的正则表达式,爬取层数,获取信息的 XPath 即可。该方式较为简单,但是信息获取不准确成为一大弊端。

分页方式是根据分页标签进行爬取页面,只可以获得具有"下一页"或者"下页"标签的网站,而对于有些网站是通过英文 Next 等相关字眼或者图片来设置分页标签的,很难进行统一。而使用起止页方式可弥补这一不足,但是起止页方式也有它的缺点,由于普通用户不了解 URL,对于有些冗长的 URL 不知道该如何从中获取到分页的标志,因此这三种方式各有利弊,需酌情选择。

添加规则完成后将自动创建表,用来存放抓取的数据,表的字段即为填写信息抓取规则的名称,表名称为抓取网站名称。规则管理添加功能流程如图 8-11 所示。查看功能如图 8-12 所示。

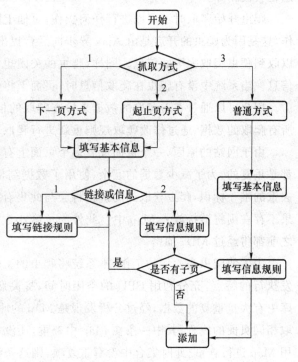

图 8-11 规则添加流程图

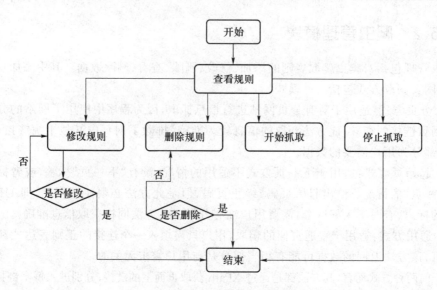

图 8-12 规则查看流程图

爬虫的修改同添加类似,可以修改网页基本信息,抓取规则,测试规则是否可用,但是不能添加新的连接获取规则和信息获取规则。

爬虫删除时会将爬取的数据一并删除,如果该表内的数据被分过类,那么该表的分类信息也会被删除。

爬虫开始爬取时不可以进行任何操作,页面上的所有功能都将失效,除了开启和停止操作,这是因为爬虫的开启是由 Ajax 异步向后台提出请求,开启爬虫,只有停在此页面上才可以收到爬虫爬取完毕的信息。同样,爬虫的关闭也需要停留在此页面上来获取停止爬取的信息。当系统中没有爬虫在爬取信息时,页面上将恢复所有功能。

用户可以通过查看爬取的数据来检查爬取的信息是否符合要求,如果不符合可以删除所有爬取的数据,通过修改爬取规则重新进行爬取。

由于网站的原因,一个页面或者多个页面上有相同的链接,致使爬虫获取到的链接很多都是重复的,为了减少数据的冗余,使用了数据结构 Map 来存储已获取到的网页链接作为去重的唯一标识,爬虫获取到的链接将会与此集合内的链接进行匹配,如果存在则丢弃,如果不存在则将链接放入 Map 中。此外为了减小内存的使用,网页链接在放入 Map 或匹配之前都将经过 MD5 加密。

为了使爬虫高效率的工作,本系统将爬虫的工作交给了多线程来进行,通过多线程的并发执行的特点,充分利用 CPU 的空闲时间,提高爬取速度。但是线程安全很难把握,数据库中有大量重复的数据,经过分析发现是 Map 的原因,Map 是非线程安全的,假如有两条抓取相同页面的线程,其中一条在 Map 中查重,还没等放入 Map 中,被另一条线程打断,也使用 Map 进行查重,此时集合中没有重复项,则这条线程将信息插入数据库,而原来那条线程也将数据插入了数据库中,导致数据重复,因此将 Map 的迭代和存取操作都设置为方法,加上同步锁后,问题解决。

8.5.3 算法管理模块

算法管理模块包括以下几部分。

(1) 训练集的上传:上传的训练集必须是以压缩包的方式上传,格式为 *.rar 或者 *.zip,压缩名必须与其内文件名保持一致,因为程序只能判断压缩文件名是否相同,但压缩文件的内部文件的名字程序无法判断,如果两个压缩文件内的文件名称相同,在解压文件时会导致文件存在错误。程序中上传的压缩文件,和解压后的文件,算法的输入/输出文件都存在实际的地址中,不会放到项目的目录中,因为项目重启可能会导致上传文件丢失,有些文件太大不方便放入数据库中,因此放在实际地址有利于文件的备份,防止数据丢失。

(2) 训练集删除:删除之后,与其为直接外键和间接外键的数据都将被删除。

对训练集进行模型训练:将上传的训练集传给分类算法进行训练,训练后输出的参数及模型文件存放在实际的目录中。

(3) 新数据的预测分类:将待分类的数据从数据库中读出并写入文件中,作为分类算法的输入,将分类的结果直接保存到数据库中。

(4) 分类结果的图表展示:通过条件筛选查出分类信息,并且可以查看分类内容的来源信息。

(5) 获得发帖人数最多的用户:获得发帖人数最多的前 20 名发帖人并查看其基本信息。

(6) 将分类的结果导入训练集:形成新的训练集和训练模型,对爬虫获取的其他信息进行分类,还可以从训练集删除导入的数据。

算法管理功能流程如图 8-13 所示。

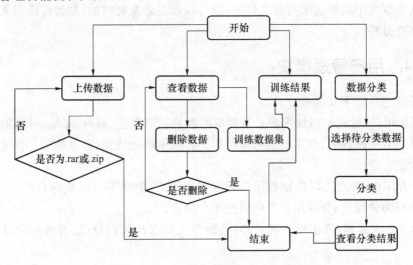

图 8-13 算法管理流程图

本系统文本分类器核心是使用 Mahout 中的朴素贝叶斯分类算法,该算法简单易懂,分类效果好,是普遍使用的分类算法。本系统的分类器分为三个阶段。

第一阶段:为分类算法准备样本集合,此阶段需要人工搜集大量文本信息,并根据特征属性手工进行分类形成样本集,样本集的质量决定着模型的质量和最终分类的效果,因此要尤为仔细。

第二阶段：训练分类器，此阶段不需要人工介入。首先要将训练集进行中文分词，去掉一些常见的停用词，保留有意义的单词，最终将训练集内的每一篇文档都拆分为单词集合。其次要将每篇文档进行文档向量化，即将文档集合的所有单词进行编码，作为文档向量的主键，计算文档中每一个单词出现的次数作为文档向量的权值。再次将每篇文档向量的权值TF-IDF重新加权，降低无用词的权重，使之在模型计算中占有比较轻的影响。最后主要计算每个类别中特征属性对该类别的条件概率，形成预测模型。

第三阶段：使用模型分类新数据，此阶段同样需要将爬虫爬取到的待分类数据进行中文分词，去停用词，计算词频，TF-IDF计算权重，最终形成文档向量。之后根据上一步计算出的预测模型，计算待分数据的特征属性在每一个分类中的概率乘以类别的概率，之后取最大值即为待分类数据应该被映射到的类别。分类流程如图8-14所示。

Mahout工具包中的朴素贝叶斯算法的输入/输出都是文件，训练集大概有2万个文件，算法需要将2万个文件读到内存中计算并将结果写回文件中。另外，待分类的数据同样需要以文件的方式被算法读取，这样爬虫爬取的数据就不仅仅是2万个了，需

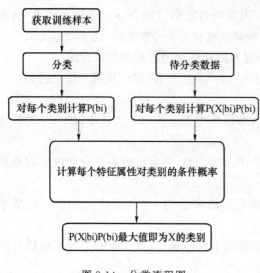

图8-14 分类流程图

要将数据从数据库中读取出来写到文件中，读写硬盘是非常耗时的，如何将读写文件改为读写内存还有待分析。

8.5.4 用户管理模块

用户管理包括以下几部分。

（1）添加用户：管理员添加用户必须要填的数据有用户名、密码、邮箱，不必须填的信息是用户生日。其中用户名、真实姓名和邮箱作为找回密码的凭证，必须填写。普通用户不可以使用此功能。

（2）查看用户：管理员可以查看用户删除其他用户，但是不可以删除自己，管理员可以设置普通用户为管理员，普通用户不可以使用此功能。

（3）修改个人资料：除了用户名之外，其他个人信息均可以修改，普通用户可以使用此功能。

（4）修改密码：如果输入的原密码与数据库中的密码匹配，则用户可以修改密码，否则不可以，修改密码成功后必须重新登录，普通用户可以使用此功能。

（5）用户的权限管理：本系统采用两层权限机制，分为普通用户和管理员。普通用户除了不可以对其他用户进行操作外，其他功能均可以使用。当前用户可以查看自己的资料信息，修改自己的密码后需要用新密码进行登录。用户管理功能流程如图8-15所示。

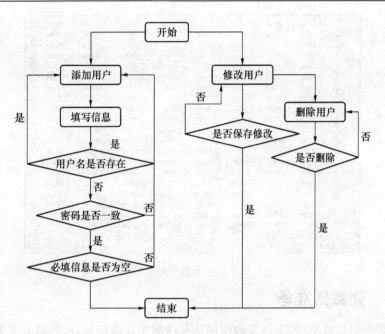

图 8-15 用户管理流程图

8.6 系统测试

8.6.1 训练集准备

本次测试系统使用的是搜狗标准的训练集,其中包含 10 个分类,分别是 IT 类、财经类、健康类、教育类、军事类、旅游类、上访类、体育类、文化类、招聘类,如图 8-16 所示。每个分类中有大约 200 个文本文档,如图 8-17 所示,出于测试需要,此次试验又添加了家居装修类别,用来获取家居装修的信息,同样手工搜集了大约 200 个文本。到此为止,数据分类的训练集准备工作已经完毕。

图 8-16 训练集分类目录

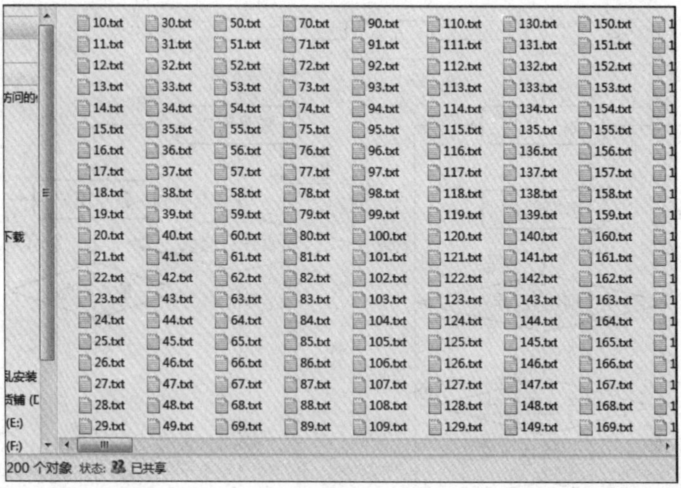

图 8-17　分类中的文本

8.6.2　新数据准备

进入互联网时代以来,越来越多的网民从互联网中获取信息,也有越来越多的网民通过社交平台来发布消息,这反而成为互联网信息的主要来源。社交平台主要有 QQ、微博、论坛等,其中论坛具有 QQ 的即时通信功能,又有微博可以发表文章的功能,更是一个开放交流的平台。论坛中的用户不一定互相认识,但是都是因为一个话题相互讨论,比如家居装修话题,大家会把自己的装修心得拿出来交流,其潜在的商业价值显而易见。本系统数据收集了大致有三个网站:一是新浪论坛 20 000 条,如图 8-18 所示;二是天涯论坛 20 000 条,如图 8-19 所示;三是一起装修论坛 10 000 条,如图 8-20 所示。

name		detail		content		website		▾ gaintime	
飘荡的秋千	16 b...	52篇贴子　0位好友...	94 b...	楼主发表于2015642...	4 Kb...	http://bbs.jiaju.com/threa...	43 b...	2015-06-05 20:30:18	19 b...
丛中笑.102608	17 b...	26篇贴子　0位好友...	93 b...	楼主发表于2015642...	1 Kb...	http://bbs.jiaju.com/threa...	43 b...	2015-06-05 20:30:19	19 b...
fy1928104522	13 b...	13篇贴子　0位好友...	93 b...	楼主发表于2015641...	4 Kb...	http://bbs.jiaju.com/threa...	43 b...	2015-06-05 20:30:20	19 b...
圣劳伦斯	13 b...	493篇贴子　0位好...	96 b...	楼主发表于2015641...	2 Kb...	http://bbs.jiaju.com/threa...	43 b...	2015-06-05 20:30:20	19 b...
安徽扬子地板	19 b...	521篇贴子　0位好...	101 b...	楼主发表于2015641...	5 Kb...	http://bbs.jiaju.com/threa...	43 b...	2015-06-05 20:30:21	19 b...
华贝软装	13 b...	37篇贴子　0位好友...	104 b...	楼主发表于2015641...	2 Kb...	http://bbs.jiaju.com/threa...	43 b...	2015-06-05 20:30:22	19 b...
宜宾钟诚装饰小唐	25 b...	21篇贴子　0位好友...	93 b...	楼主发表于2015641...	1 Kb...	http://bbs.jiaju.com/threa...	43 b...	2015-06-05 20:30:22	19 b...
劳卡衣柜Christy	20 b...	982篇贴子　0位好...	94 b...	楼主发表于2015641...	1 Kb...	http://bbs.jiaju.com/threa...	43 b...	2015-06-05 20:30:23	19 b...
139xxxx4934	12 b...	43篇贴子　0位好友...	94 b...	楼主发表于2015641...	6 Kb...	http://bbs.jiaju.com/threa...	43 b...	2015-06-05 20:30:24	19 b...
红中红中式装修	22 b...	693篇贴子　0位好...	94 b...	楼主发表于2015641...	2 Kb...	http://bbs.jiaju.com/threa...	43 b...	2015-06-05 20:30:24	19 b...
tanhua2014425	14 b...	4篇贴子　0位好友 ...	92 b...	楼主发表于2015631...	1 Kb...	http://bbs.jiaju.com/threa...	43 b...	2015-06-05 20:30:25	19 b...
用户3224181593	17 b...	61篇贴子　0位好友...	93 b...	楼主发表于2015641...	3 Kb...	http://bbs.jiaju.com/threa...	43 b...	2015-06-05 20:30:26	19 b...
河南诺德装饰	19 b...	311篇贴子　0位好...	101 b...	楼主发表于2015641...	2 Kb...	http://bbs.jiaju.com/threa...	43 b...	2015-06-05 20:30:27	19 b...
浙江多意电器...	31 b...	3篇贴子　0位好友 ...	92 b...	楼主发表于2015641...	2 Kb...	http://bbs.jiaju.com/threa...	43 b...	2015-06-05 20:30:27	19 b...
山高高	10 b...	1034篇贴子　0位好...	96 b...	楼主发表于2015641...	2 Kb...	http://bbs.jiaju.com/threa...	43 b...	2015-06-05 20:30:28	19 b...
劳卡衣柜Christy	20 b...	982篇贴子　0位好...	94 b...	楼主发表于2015641...	4 Kb...	http://bbs.jiaju.com/threa...	43 b...	2015-06-05 20:30:29	19 b...

图 8-18　新浪论坛数据集

▴ name		time_fabiao		title		content		website		gaintime
龙凰茶苑晁	6 b...	时间: 2015-04-06 1...	29 b...	OPPO N3手机给抢怎...	32 b...	唯一指定QQ接待:(...	3 Kb...	http://bbs.ti...	45 b...	2015-06-06 21:38:31
龙凰茶苑晁	6 b...	时间: 2015-02-16 0...	29 b...	联想VIBE Z2手机被...	46 b...	每个裹边都携带大...	2 Kb...	http://bbs.ti...	45 b...	2015-06-06 21:57:12
龙鳞42	) b...	时间: 2015-03-30 1...	29 b...	OPPO U3手机给抢怎...	32 b...	唯一指定QQ接待:(...	3 Kb...	http://bbs.ti...	45 b...	2015-06-06 21:41:13
龙鳞42	) b...	时间: 2015-03-26 1...	29 b...	vivo Xshot手机掉...	35 b...	唯一指定QQ接待:(...	3 Kb...	http://bbs.ti...	45 b...	2015-06-06 21:43:34
龙行天支下	6 b...	时间: 2015-02-20 1...	29 b...	苹果6手机掉了怎么...	32 b...	每个裹边都携带大...	2 Kb...	http://bbs.ti...	45 b...	2015-06-06 21:56:29
龙行天支下	6 b...	时间: 2015-02-16 2...	29 b...	苹果6手机掉了怎么...	40 b...	唯一指定QQ接待:(...	3 Kb...	http://bbs.ti...	45 b...	2015-06-06 21:56:58
龙行天支下	6 b...	时间: 2015-02-06 0...	29 b...	索尼Z3手机掉了怎...	33 b...	每个裹边都携带大...	2 Kb...	http://bbs.ti...	45 b...	2015-06-06 21:59:14
龙行天支下	6 b...	时间: 2015-02-05 1...	29 b...	小米4手机被抢怎么...	32 b...	每个裹边都携带大...	2 Kb...	http://bbs.ti...	45 b...	2015-06-06 21:59:37
龙行天支下	6 b...	时间: 2015-02-04 1...	29 b...	苹果6手机掉了怎么...	38 b...	每个裹边都携带大...	2 Kb...	http://bbs.ti...	45 b...	2015-06-06 22:00:01
龙行天支下	6 b...	时间: 2015-02-03 1...	29 b...	vivo X5手机掉了怎...	32 b...	唯一指定QQ接待:(...	3 Kb...	http://bbs.ti...	45 b...	2015-06-06 22:00:18
龙行天支下	6 b...	时间: 2015-02-01 1...	29 b...	OPPON3手机掉了怎...	31 b...	唯一指定QQ接待:(...	3 Kb...	http://bbs.ti...	45 b...	2015-06-06 22:01:01
龙虾程允	3 b...	时间: 2014-08-02 1...	29 b...	为何女神眼瞎看上...	43 b...	近日,遛叔上一篇...	3 Kb...	http://bbs.ti...	44 b...	2015-06-06 22:55:47
龙晴装饰1213	7 b...	时间: 2014-11-22 1...	29 b...	飘窗可以做成这样的	28 b...		11 b...	http://bbs.ti...	45 b...	2015-06-06 22:21:20
龙渊释天下	6 b...	时间: 2014-10-02 1...	29 b...	装修必看-都市果园...	32 b...	一、采购计划心...	2 Kb...	http://bbs.ti...	45 b...	2015-06-06 22:34:10
龙同学逸录	6 b...	时间: 2015-04-06 1...	29 b...	华为p7手机被偷怎...	39 b...	唯一指定QQ接待:(...	3 Kb...	http://bbs.ti...	45 b...	2015-06-06 21:38:40
龙同学逸录	6 b...	时间: 2015-03-13 2...	29 b...	华为p7手机被偷怎...	33 b...	唯一指定QQ接待:(...	3 Kb...	http://bbs.ti...	45 b...	2015-06-06 21:49:48

图 8-19　天涯论坛数据集

第8章 大数据在电子商务数据分析中的应用

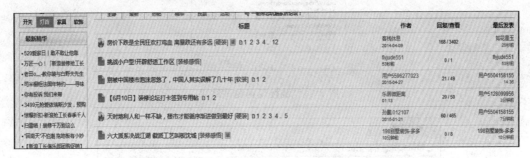

图8-20 一起装修论坛数据集

本次实验选择新浪论坛为数据的来源。用来分类的新数据是根据爬虫规则从新浪家居（http://bbs.jiaju.com/）中获取到的帖子。如图8-21所示。

图8-21 新浪家居图

要爬取帖子信息，首先要填写爬取规则，然后交由爬虫去爬取数据，填写爬取规则的步骤如下：

（1）打开系统的添加规则页面，选择抓取模式，因为该论坛没有"下一页"的按钮标志，因此不适用"分页方式"，而是使用"起止页方式"，所以选择2"起止页方式"。之后填写网站的基本信息，如图8-22所示。此时其他两种模式的信息填写区域是不可编辑的。

网站名称	种子链接	起始页标	起始页码	终止页码	终止页标	
sina	http://bbs.jiaju.com/	forum-5121-	1	500	.html	提交

图8-22 填写网站基本信息

（2）点击下一步，由于我们要获得所有帖子的链接，通过链接进入该帖子，在该帖子页面内进行帖子信息的抓取，所以我们在提示框中选择1"链接"，用来填写帖子链接的抓取规则。填写的规则如图8-23所示，测试结果如图8-24所示。

（3）点击下一步，这一步代表我们已经进入某个帖子页面内，提示框内选择2"信息"，填写帖子信息的抓取规则，对于此网站我们主要抓取用户名、帖子内容和发表时间。规则填写如图8-25所示。

（4）提交表单，至此新浪家居的爬虫已经填写完毕，启动该爬虫，爬取数据。

测试连接	
规则名称	过滤规则
链接过滤规则	//tbody[@id]/tr/th[@class='common threadlist_subject']/span[@i
下一页过滤规则	

图 8-23　填写链接规则

图 8-24　链接规则测试结果

测试连接	
规则名称	过滤规则
name	//div[@id='dfview']/div[1]/table/tbody/tr/td[@class='postauthor']/cite/a
detail	//div[@id='dfview']/div[1]/table/tbody/tr/td[@class='postauthor']/dl[@class='
content	//div[@id='dfview']/div[1]/table/tbody/tr/td[@class='postcontent']

图 8-25　帖子信息规则

8.6.3　训练模型

上传前面步骤准备好的训练集，必须是压缩文件并且是 zip 或者 rar 格式的，上传完毕后如图 8-26 所示，程序会自动将上传的压缩文件进行解压操作，之后选择该训练集进行训练。

	文件名称	文件类型	文件地址	上传时间	操作	上传用户
☐	train_jiaju	rar	/usr/BaiyunSource/BYBSAT...	15-6-6 9:59:01.000	训练结果	baiyun
1 共有项						

图 8-26　训练集列表

训练时经过文档的中文分词、文档向量化，计算每个分类下每个单词的先验概率，形成最终的模型，并对最终模型进行测试，测试数据是从训练集中随机选择的 20% 的数据，测试结果如图 8-27 所示，正确率为 88.6%。

第 8 章 大数据在电子商务数据分析中的应用

文件名称	测试文件个数	正确率	用户	模型地址	模型名称	训练时间
train_jiaju	797	0.886	baiyun	/usr/BaiyunSource/BYB...	27_model_1	15-6-6 9:59:47.000

1 共有页

图 8-27 训练结果

8.6.4 数据分类

从界面中选择待分类数据的表名、字段名,以及模型名称。模型名称即为上传的训练集结果的名称,表名为上面步骤获取到的新浪家居信息的表名,字段名为 sina 表内存放着帖子内容的列名,如图 8-28 所示。

图 8-28 分类信息选取

提交表单后,程序将会从数据库中读出所选表中的对应字段,并将其写入文件中,文件的目录为表名/字段名/主表 ID/子表 ID.txt,其中子表 ID 的意义为本次实验中每个帖子的 ID,主表 ID 即为 sina 规则的 ID。数据准备完毕,之后就可以进行数据分类了,本次实验抓取了 20 000 条新浪家居的帖子,分类的过程依然是将每条帖子内容进行中文分词,文档向量化,计算每篇文档的每个单词到对应类别的条件概率乘以每个类别的概率,将计算结果最大的视为该篇文章的最终分类,本次实验的最终结果如图 8-29 所示。

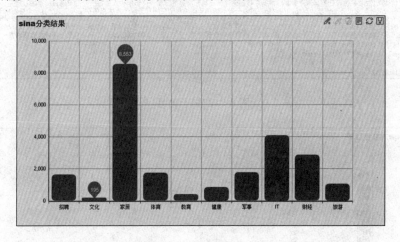

图 8-29 分类结果

8.6.5 分类结果分析

如图 8-30 所示,根据分类结果显示,有 8 553 篇帖子被分到了家居类别下,通过双击信息条目可以查看该条目的详细信息,比如文章信息、用户信息等,如图 8-31 所示。此外,还可以查看发帖最多的前 20 个用户的详细信息,如图 8-32 所示。

操作	模型名称	分类	主表ID	子表ID	得分	列名	表名
	27_model_1	家居	32	f9f4cf51-45b7-40a1-9415-8e22bf27be32	0.324875684766...	content	sina
	27_model_1	家居	32	0cb47221-a0aa-4154-8407-42112cff12a6	0.297386016465...	content	sina
	27_model_1	家居	32	8eb48b2b-5254-449d-a2ae-49e68aa21c99	0.274156151850...	content	sina
	27_model_1	家居	32	9ca8e6bb-0359-4f38-a43e-b951d714ba78	0.227393593120...	content	sina
	27_model_1	家居	32	91bc19fe-758d-4806-9562-b69a9cadd5f7	0.221253564778...	content	sina
	27_model_1	家居	32	fccd4f5c-41af-4b18-9495-a3b4ae041f8c	0.216893857738...	content	sina
	27_model_1	家居	32	bcde82e6-559e-4c1f-89c4-74275456af8c	0.202554314316...	content	sina
	27_model_1	家居	32	7f20c53e-fe06-4b38-af7c-9440459d312c	0.200681898704...	content	sina
	27_model_1	家居	32	8e353002-c92f-4596-8678-de264b188c8f	0.196160280532...	content	sina
	27_model_1	家居	32	b88be8c7-9889-4859-823f-c719723f1cff	0.193152387536...	content	sina
	27_model_1	家居	32	2cfd4ddb-c668-4389-854d-40166dff1775	0.191675096554...	content	sina
	27_model_1	家居	32	5d50f8d7d-c2e2-4c38-b729-cf991bd68913	0.187241001974...	content	sina
	27_model_1	家居	32	b203c0b6-dd8f-42ee-81a9-f05b7a155b68	0.186644658518...	content	sina
	27_model_1	家居	32	af65a9e2-e362-4035-86a2-8280a80cc70c	0.183715093572...	content	sina
	27_model_1	家居	32	4860265e-0787-43d0-9c91-7e0fc309aa26	0.176671327236...	content	sina

图 8-30 分类结果

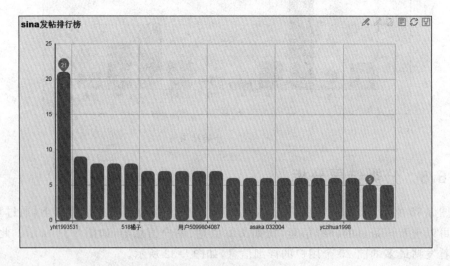

图 8-31 帖子信息

图 8-32 发帖排行

本 章 小 结

本章从举例说明到公式定义,详细阐述了朴素贝叶斯分类算法的概念,并将这一算法应用到本系统中,完成对爬虫获取到的数据进行分类的功能。首次将爬虫转型为 Web 爬虫,即从界面控制爬取工作的开始与结束,并使用爬虫规则这一概念将传统的面向专一网站的爬虫通用化,又不以主题准确率为代价,通过增加爬虫规则来改变爬虫的爬取目标,减少了重复代码的编写,节约了人力成本,提高了代码的利用率。分类部分的核心算法是由 Mahout 算法包内的朴素贝叶斯算法实现的,它是一种已经工业化的、成熟的、效率高的分类算法之一。至此,本系统将爬虫与分类器有机地结合在一起,实现了数据从获取到分析最后展示结果的一条龙化,使普通用户操作起来方便,结果直观。

参 考 文 献

[1] 张引,陈敏,廖小飞. 大数据应用的现状与展望. 计算机研究与发展 2013(S2):33-216.

[2] 严霄凤,张德馨. 大数据研究. 计算机技术与发展. 2013(04):72-168.

[3] 刘光金. 大数据处理对电子商务的影响分析. 计算机光盘软件与应用. 2014(17):6-25.

[4] 徐宗本,张维,刘雷,等. "数据科学与大数据的科学原理及发展前景"——香山科学会议第 462 次学术讨论会专家发言摘登香山科学会议第次学术讨论会专家发言摘登. 科技促进发展. 2014(1).

[5] 王文. 浅析机器学习的研究与应用. 计算机与信息技术. 2010(Z2):7-9.

[6] Bolshoy A,Volkovich Z,Kirzhner V,Barzily Z. Mathematical Models for the Analysis of Natural-Language Documents. Studies in Computational Intelligence. 2010.

[7] Maron ME. Automatic indexing:an experimental inquiry. Journal of the Association for Computing Machinery. 1961(3):17-404.

[8] 王香港. 中文文本自动分类算法研究[硕士论文]. 上海交通大学,2008.

[9] 于成龙,于洪波. 网络爬虫技术研究. 东莞理工学院学报. 2011(03):25-9.

[10] 陈永江,仲兆满,陈宗华. HTMLUNIT 在网络信息采集系统中的应用. 淮海工学院学报(自然科学版). 2013(04):5-31.

[11] Sean Owen RA,Ted Dunning,Ellen Friedman mahout in action:Manning Publications:2010-11-28.

[12] Lewis DD. Naive (Bayes) at forty:The independence assumption in information retrieval. Lecture Notes in Computer Science. 1998:4-15.

[13] Aas K,Eikvil L. Text Categorisation:A Survey. Raport Nr. 1999.

[14] Allen J. Natural language understanding. Benjamin/cummings. 1988,30(12):400-3397.

[15] 黄文博,燕杨. C/S 结构与 B/S 结构的分析与比较. 长春师范学院学报:自然科学版. 2006,8-56.

第 9 章　大数据技术在社交网络研究中的应用

社交网络是近年来学术界和工业界关注的焦点很多学者，将大数据思维应用到社交网络研究中，揭示了以前不曾发现的新规律、新现象。例如许云峰等通过对大规模社交网络的全局分析，重新对社区进行了定义，并结合膨胀度和骨干度提出了解决社区发现问题的新模型：社区森林模型（Xu，Xu et al. 2015）。除此之外，近年来很多学者（Cui，Wang et al. 2014，Cui，Wang et al. 2014，Li，Wang et al. 2014，Eustace，Wang et al. 2015，Ding，Zhang et al. 2016）对社交网络中的社区定义产生一致的共识，我们认为这些共识都是在社交网络的数据日益增大，大家在观察这些海量数据时产生的一致认识。

社区发现是社交网络中的一个关键问题，用来发现社交网络的结构和功能。当前学术界已经涌现了大量关于重叠社区发现和非重叠社区发现的研究工作，同时这些工作采用了很多技术，如谱聚类、模块最大化、随机分布、微分方程，以及统计力学等，但是这些工作绝大多数采用纯数学和物理的方法来从社交网络中发现社区，反而忽略了社区和社交网络的社会学和生物学特性。这个缺点是时代局限性造成的，因为在此之前的数年间，社交网络的数据规模较小，数据的可视化条件有限，因而以前的研究者很难对数据有全局化的观察视角。近年来随着社交网络的蓬勃发展，产生了海量的社交网络数据，并且数据可视化技术也产生了蓬勃的发展。因而近年来的研究者将众多强有力的大数据技术及可视化应用到对海量社交网络数据的探索中，从而对社交网络的结构产生了新的认识。这些大数据技术包括奇异向量分解（SVD）、子空间分解（Subspace Decomposition）等。

在本章中，我们将大数据思维应用到社交网络的非重叠社区发现研究中。我们提出了基于这些社会学和生物学特性的社区森林模型来描述真实世界的大型网络结构，其次我们定义了一个叫作骨干度的新度量，用来衡量边的强度和顶点的相似性，并且基于膨胀度给社区一个新的公式化定义，最后提出了一个新的算法：基于骨干度和膨胀度从真实的社交网络中发现非重叠的社区。该算法和 CNM 算法、GN 算法相比有着更好的性能和效果，并且实验表明该算法在 Email-Enron、美国大学足球队、跆拳道俱乐部等数据集里运行良好。

9.1　社区发现研究简介

随着社交网络的大规模出现，社区发现在大型社交网络中变得越来越重要，因为它可以帮助发现大型社交网络中的隐藏知识。隐藏的知识包括结构、功能、规律等。在大型网络系统中,网络的结构是图挖掘的关键。代谢网络中的社区可能对应于功能单元、周期,或者执行某些任务的环路(Newman,2010)。社区发现通常被用作发现和理解网络中大型结构的工具(Easley and Kleinberg,2010)。在过去的十年里,社区发现(有时也叫作图的划分)已经被应用于现实世界的很多领域,例如生物网络、网络图、超大规模集成电路设计、社交网络和任务调度。

很多社区发现算法已经被提出来,其中有一些通常是选择描述社区特征的目标函数,然后优化它们,但是这些目标函数精确优化的难度通常是 NP 级别的((Arora, Rao et al. 2004);(Schaeffer,2007))。另外一些算法采用启发((Girvan and Newman 2002);(Karypis and Kumar 2006))或近似((Leighton and Rao 1999);(Newman,2013);(Spielman and Teng 1996))算法,近似地优化一些目标函数,这些目标函数作为现实世界中社区的解释。但是这些算法的着重点是如何通过拉普拉斯矩阵和特征值分解把网络划分为社区,这些算法十分简练,但是却不能高效、准确地处理大型网络,他们大多采用了纯数学和物理的方法,例如谱聚类、模块化最大化、随机游动、微分方程和统计力学等,反而忽略了社区以及网络的生物学和社会学特性。社会和社区以及网络的生物学特性指的是研究具体网络的微观特点所得到的特征。例如,社交网络有许多社会属性:强连接和弱连接、桥、捷径、邻里互惠度(Easley and Kleinberg 2010)、权重、hub weight (Kleinberg 1999),K-component 等。如果我们把一个社交网络视为一个森林,那么社区在这个森林中就作为树、灌木、草等存在,因此,社交网络和森林有许多功能是相似的。例如,社交网络是增长的,社区也是增长的,这一特点和森林一样。我们把这些特点看作社交网络的生物学特性。

如果我们深入挖掘网络的社会学和生物学特性,那么我们是否能得到一个更简单的模型来描述社区和网络,然后基于此模型得到一个有效的算法?Newman 论述了现实世界中大型网络的结构以组件大小的视角上,认为大多数网络的结构是一个填满网络绝大部分的大核心,有时候是填满整个网络,有时候也有些小核心没有链接到网络主体(Newman, 2009)。我们可以认为现实世界中的大型网络是由一些 K-components 组成的,K 的值越高,K-components 就有更高的连通性,更像一个社区。一个 K-components 和 K-core 一样,这就像一个微小的社区,但是 K-components 不是一个完整的社区,因为所有顶点度小于 K 的顶点都已经被移除,然后 K-components 可以描述真实世界的大型网络的部分网络结构,并非全部。因此,我们需要一个新的模型来表征现实世界里的大型网络。我们考虑了社交网络的很多特征,然后提出了社区森林模型和一种基于社区森林模型的高效算法。

我们的工作分为三个部分。首先,我们提出了基于社会学和生物学特性的社区森林模型,来表征现实世界大型网络的结构。其次,我们定义了一个叫作骨干度的新度量,用来衡量边的强度和顶点的相似性,并且基于膨胀度给社区定义了一个新的定义。最后,我们提出了一个基于骨干度和膨胀度的新算法,用来在现实世界中的社交网络里进行社区发现。

9.2 社区发现相关研究工作

在这一节中,我们先调查相关工作,然后给出一个本章重点研究的背景和动机。

9.2.1 相关工作

在大规模网络中,有很多社区发现算法,这些算法主要可以分为两个大类:重叠社区发现和非重叠社区发现。重叠社区发现算法可分成 5 类:社团渗透、线图和链接划分、本地膨胀度和优化、模糊发现、基于代理和动态的算法(Xie,Kelley et al. 2011),这些算法是基于一致性研究,因为在一个社交网络中,人们多自然的属于多个社区。关于重叠社区发现相关算法的细节,可以看 Xie 等人的研究(2013)。非重叠社区发现算法分为五个研究方向(Leskovec,Lang et al. 2010),他们用了很多技术,例如光谱聚类、模块最大化、随机分布、微分方程、统计力学等,来确定一组节点作为一个社区,这组节点的成员之间有比该网络中其他节点之间更多或更好的链接(Leskovec,Lang et al. 2010)。对于非重叠社区发现算法的细节,可以参看(Leskovec,Lang et al. 2010)。

以上算法中有一部分给了我们研究工作一些启发。与我们的工作相关的是 Newman and Clauset(2004),Newman,and Moore(2004),Kleinberg(1999),Leskovec et al.(2010)。

Newman 等人分析了一种聚类分层算法,通过社区的模块度来描述一个社区的概念。Newman 等人根据社区的模块度,提出了一种分层聚类算法,用来描述社区的概念。Kleinberg 提出了一个权威度方面的算法构想,基于一组相关权威页面之间的关系和把这些页面通过一定的链接结构链接到一起的路由页面(Kleinberg 1999)。我们把权威度和 hub 度这两个概念整合为一个新的概念,命名为无向网络的权重。Leskovec 等人 2010 年定义了网络社区画像(NCP),通过网络社区的大小和功能等特点来刻画网络社区的质量。灵感源自于网络社区画像(NCP),我们使用散点图来描述整个社会发现算法的质量,散点图的横轴是社区的大小,纵轴是传导性和膨胀度。

Kannan 等人指出了膨胀度的概念。膨胀度是社区中所有指向外面的边,比上社区内部的边的总数最小的比。在研究中,我们发现膨胀度应该从社区中心到社区边缘逐渐变小。我们用这个特征和骨干度来从社区中心逐渐增加新的节点到社区里,直到社区的膨胀度开始变大,这个过程可以把社区从社交网络中划分出来。

Kannan 等人提出了一个名为传导性的度量,用来度量单个聚类的质量。(Kannan,Vempala et al. 2000)传导性是一个类似膨胀度的属性,Leskovec 等人认为传导性是一个很好的度量,可以用来表征网络社区的质量(Leskovec,Lang et al. 2010)。在研究中,我们用传导性和膨胀度作为度量社区发现算法的主要评价指标。

Easley 和 Kleinberg 定义了闭包、结构洞、弱连接和强连接、桥、捷径、邻里互惠度等。邻里互惠度表征了边的强度(Easley and Kleinberg 2010)。在这些概念的基础上,我们提出了骨干度的概念,来表征节点和社区之间的连接强度。

Palla 等人(2005)提出了社团渗透的思想,他们的社区定义为一个典型的社区由几个完整的(全连接的)子图组成的,这些子图趋向于分享很多的节点,更准确地说,一个 K 分支社区是一个全部 K 分支(完全子图的大小为 K)的集合,可以从彼此邻接的 K 分支相互连通(邻接的定义为分享 K−1 个节点)。

我们研究了以上的重叠社区发现算法和非重叠社区发现算法。虽然重叠社区发现领域是目前研究的重点领域,但我们仍然认为非重叠社区发现算法领域有很大的提高空间和广阔的应用前景。我们目前的工作主要集中在无向网络中的非重叠社区发现算法。

9.2.2 研究动机

在网络中,社区概念的界定决定如何发现社区,那么社区的概念该如何界定?从直觉来讲,社区是一组节点的集合,在这个集合中的顶点之间的联系和与集合之外的顶点间连接相比要远远密集得多(Leskovec, Lang et al. 2010);(Radicchi, Castellano et al. 2003)。Radicchi 提出社区概念:在一个强社区中,节点和社区内的子图有更多的连接。在弱社区中,所有度的总和在社区范围内的总和大于网络其他部分的度的总和(Radicchi, Castellano et al. 2003)。1969 年 Luccio 和 Sami 提出社区成为最小群体的概念,1973 年 Lawler 将其改名为 LS 集合(Radicchi, Castellano et al. 2003)。LS 集合像一个强社区,另一种定义叫做 K 核心,图 G 的一个 K 核心是图 G 中所有顶点的度都至少为 K 的最大连通子图(Seidman 1983)。K 核心像一个弱社区。通过上面的讨论,我们发现那些社区的概念是简洁明了的,但并没有详细地描述内部结构,不能可视化。那么我们是否可以有一个概念能让我们想象社区的具体形象?意味着这个概念可以给出明确的边界和内部结构。

随着社交网络研究的发展,近年来人们提出了许多关于网络社区结构的新概念,例如弱连接和强连接、桥、捷径、邻里互惠度等。如果我们分析网络中节点之间的联系,我们会发现这些链接包括:弱连接和强连接、桥、捷径等。如果将这些联系比作树枝和树的联系,那么这样一个群落可以被看作是一棵树,一个社交网络可以看作一个社区森林,这个网络所包含的强社区可以看作是一个社区的森林,而其他弱社区则被看作是灌木丛。根据这一假设,我们可以给社区赋于许多生物学的特性,并重新定义社区观念。整合社交网络的概念,本文提出了一个新的指标——骨干度,并且重新定义了社区的概念,提出了社区森林这一社区概念的可视化模型。

9.3 模型与问题的形式化

在这一节中,我们提出了社区森林模型,定义了社区发现的问题,并介绍了几个相关概念和必要的概念。

9.3.1 社区森林模型

社交网络和森林在形态上具有相似的特征和结构。图 9-1 是一个拥有超过 30 000 用户的社交网络的可视化图,它就像一个茂密的森林。在巨型组件周围,有一些边缘社区。社交网络中的社区通常由核心顶点、核心骨干和边缘顶点组成,它们的形态及结构和森林里的树木、灌木和草相似。图 9-2 是六个小组件的可视化图,这些图有的像稀疏的灌木和草,有的像稠密的树木。如果我们把社交网络看作一个森林,森林群落中有树、灌木、草。

社交网络中的社区之间,有的有联系,有的没有联系,这些特点就像森林中的树、灌木和草一样。社交网络中的大型社区可以派生出新的小社区,此功能就像是森林中的树木、灌木和草一样。在社交网络和森林之间,还有很多这样的相似之处。社区被定义为一个顶点的密度比网络的其他部分更密集的一个子集(Radicchi,Castellano et al. 2003)。为什么我们把社区比作一棵树?一棵树由根、树干、树叶组成,一个社区由顶点和边组成。有些联系比较强,有些联系比较弱;一些顶点是核心顶点,而另外一些是边缘顶点,像树叶。我们把强链接看作树干,一些核心顶点看作树根,一些边缘顶点就是树叶。

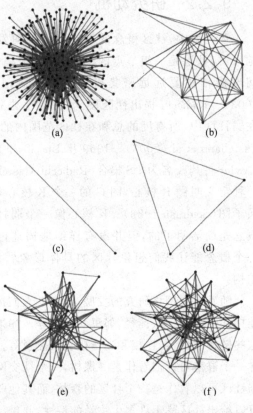

图 9-1 一个包括超过 30 000 用户的完整的在线社交网络的可视化

图 9-2 图 9-1 中社交网络可视化图的六个子图

网络中社区发现问题是把一个给定网络中的顶点划分为不重叠的组,组内的连接都是比较密集的,而群体之间则十分稀疏(Newman,2013)。在网络中发现社区,就像在森林中发现树一样。但是怎样在森林中发现一棵树呢?我们只有边和顶点,需要一个度量来测量边的强度,我们称这个度量为骨干度。让社区作为树,而边是树木的枝干。一条边由两个顶点和一个关系组成,所以骨干度必须衡量这三个因素。边更像竹子的竹节,每一段竹节由两个关节和一段中空组成,关节之间的联系是这个中空,邻里互惠度可以用来表示这段中空的强度,网络中的权重可以用来表示连接的强度。如果这个度量工作已经做好了,那么从一个网络中进行社区发现会有这样的过程:首先寻找骨干度最大的边,其次在骨干度的基础上寻找最近的顶点直到这个社区的边缘,重复上面的步骤划分其他顶点,直到所有顶点都被划分。控制骨干的选择,可以使算法在操作上更具有可扩展性。在本章中,我们主要讨论非重叠社区发现。

9.3.2 问题形式化

给定一个有$|V|$个顶点和$|E|$条边的无向图$G(V,E)$。让$n=|V|,m=|E|$。让C表示社区中的一组顶点,C_n是C的顶点数,$C_n=|C|$。让$E_c=\{(u,v)\in E:u\in C,v\in C\}$,$C_m$是$C$中边的数目,$C_m=|E_c|$。让$C_{BE}=\{(u,v)\in E:u\in C,v\notin C\}$,$|C_{BE}|$是$C$边缘的边的数量。让$d_u$表示顶点$u$的度,让$NB_u$表示顶点$u$相邻的一组顶点的集合。让$NB_C$表示社区$C$的邻域点集。

$$NB_C=\{v:(u,v)\in E,u\in C,v\notin C\}$$

定义1(网络权重) 把顶点v的标识记为i,图G中任意顶点的网络权重可以记为x_j。我们能用NW_v来表示v的网络权重。$NW_v=\sum_{j=1}^{n}A_{ij}\dfrac{x_i}{d_j}$

网络权重根据HIT算法的定义(Kleinberg 1999),但是HITS算法中,网络权重需要大量的计算来达到收敛,为了节省计算量和计算时间,顶点的相对权重可以被认为是$x_j=\dfrac{d_j}{2m}$,此外 $NW_v=\dfrac{1}{2m}\sum_{j=1}^{n}A_{ij}$

定义2(社区膨胀度) 这个指标度量边缘点以外的社区数(Kannan,Vempala et al. 2000)。

$$EX_C=\dfrac{|CB_E|}{C_n}$$

定义3(社区膨胀度差异) 在加入一个新的顶点i之后,社区C的膨胀度的改变。

$$DE(i)=EX_{C\cap\{i\}}-EX_C$$

定义4(顶点i属于社区C的概率)。

$$P(i\in C)=\dfrac{|(NB_i\cap C)|}{d_i}$$

定义5(邻里互惠度) 给定两个顶点u和v,让NB_u表示和顶点u相邻的顶点的集合,让NB_v表示和顶点v相邻的顶点的集合,让NO_{uv}表示顶点u和顶点v的邻里互惠度。

$$NO_{uv}=\begin{cases}\dfrac{|NB_v\cap NB_u|}{|NB_v\cup NB_u|-2},(u\text{和}v\text{之间存在边})\\0,(u\text{和}v\text{之间不存在边})\end{cases}$$

定义6(骨干) 一个骨干由一条边和两个连接到该边的顶点组成,如果一个骨干两端的顶点一个在当前社区内部,另一个在当前社区外部,那么我们把当前社区内部的这个顶点命名为内部顶点,当前社区外面的这个顶点命名为外部顶点。

定义7(骨干度) 顶点u和顶点v之间的这条边的骨干度为

$$D_{uv}=(NW_u+NW_v)\times NO_{uv}+\delta$$

D_{uv}可以测量边的强度和节点相似度。当顶点u和顶点v不相邻的时候$NO_{uv}=0$,$D_{uv}=\delta$,δ是平滑参数,基于经验我们让$\delta=0.01$。

定义8(社区C的最大骨干度) 让CD_{max}表示社区C的最大骨干度,CD_{max}所表示的骨干即为社区C的核心骨干。

$$CD_{max}=\max\{D_{uv},u\in C,v\in C\}$$

定义9（社区新定义） 为社区做出了一个新的意义上的定义。社区是一组从核心骨干 D_{uv} 逐渐向外膨胀的顶点们，并且随着膨胀，膨胀度不断降低，直到 EX 变为最小值。

$$C = \{u : u \in C, v \notin C, (u,v) \in E, EX_{\{C \cup v\}} > EX_C\}$$

定义10（社区森林） 图 G 中的社区们，被定义为社区森林。

$$CF = \{C : C \in V, v \notin C, EX_{\{C \cup v\}} > EX_C\}$$

定义11（三元闭包） 如果两个人在社交网络上有一个共同的朋友，那么他们在未来的某个时候成为朋友的可能性将会增加（Rapoport 1953）。

定义12（共同好友数） 在一个社交网络中，如果两个人之间有一个共同好友，那么这两个人变成好友的可能性会增加，因此采取共同好友数可以测量两个顶点之间的相似度。

定义13（会员闭包） 在一个社交网络中，假如一个人的朋友参加了一个社区，那么这个人参加同一社区的可能性会提高（Rapoport 1953）。

定义14 （顶点 i 到社区 C 的会员闭包数） 假如顶点 i 在社区 C 中有 x 个好友，那么顶点 i 到社区 C 的会员闭包数等于 x。$x = |NB_{\{i\}} \cap C|$，顶点 i 的会员闭包数可以用来测量其他社区和社区 C 的相似度。

定义15（社区 C 边缘的定义） 让 C_{BV} 表示社区 C 的边缘顶点的集合，$|C_{BV}|$ 表示社区 C 边缘顶点的数目。

$$BV_C = \{v : (u,v) \in E, u \in C, v \notin C, EX_{\{C \cup v\}} > EX_C\}$$

定义16（从顶点 v 到社区 C 的骨干度总和） 这个指标可以测量顶点 v 到社区 C 的距离。

$$NC_v = \sum_{u \in C, v \notin C} D_{uv}$$

定义17（到社区 C 的最近顶点） 让 MAX_{NC} 作为 $\{NC_v : v \in \{NB_C - BV_C\}, EX_{\{C \cup v\}} < EX_C\}$ 的最大值，加入 $NC_v = \text{MAX}_{NC}$，那么顶点 v 是到社区 C 的最近顶点。

$$v = \{v : (u,v) \in E, u \in C, v \notin C, v \in \{NB_C - BV_C\}, EX_{\{C \cup v\}} < EX_C, NC_v = \text{MAX}_{NC}\}$$

定义18（非重叠社区发现中顶点 i 和 j 之间的关系预测） NO_{uv} 是顶点对 (i,j) 之间的骨干度，θ_u 是一个向量，表征顶点 u 周围的会员关系（Airoldi, Blei et al. 2008），θ_v 是一个向量，表征顶点 v 周围的会员关系，K 是图 G 中所有社区的数量。

$$p(y_{ij} = 1 | \theta_u, \theta_v), = \sum_{v \in NB_i, u \in NB_j} \sum_{k=1}^{k} \theta_{uk} \theta_{vk} NO_{uv}$$

NO_{uv} 一定要松散：当 u 和 v 之间没有边存在的时候，$NO_{uv} = 0$，否则让 $NO_{uv} = \dfrac{|NB_v \cap NB_u|}{|NB_v \cup NB_u| - 2}$

9.4 骨干度算法

根据社区森林模型，社区发现的过程可以这样定义：寻找每个社区的核心骨干并且寻找每个社区的边界。如果找到了每个社区的核心骨干，那么便能由此确定这个社交网络中的社区数量。确定社区数和每个社区的核心骨干之后，算法可以扩展到大规模的社交网络中进行社区发现。

为什么要从核心骨干开始,而不是从核心顶点开始?因为我们把社交网络中的社区看作森林里的树,而树木都是从树干开始扩张的,所以社区也必须从核心骨干开始扩张。名为 CD_{max} 的这个骨干是社区 C 的核心骨干。当社区 C 只包涵一个核心骨干边的时候,

$$EX_C = \frac{|C_{BE}|}{C_n} = \frac{d_u + d_v - 2}{2} \quad u \in C, v \in C$$

然后 $d_u + d_v = 2(EX_C + 1)$ 并且

$$\begin{aligned} D_{uv} &= (NW_u + NW_v) \times NO_{uv} + \delta \\ &= \frac{d_u + d_v}{2m} \times NO_{uv} + \delta \\ &= \frac{EX_C + 1}{m} \times NO_{uv} + \delta \end{aligned}$$

在这里 m 和 δ 是常量,EX_C 和 NO_{uv} 是变量,$m=|E|$,基于经验我们让 $\delta=0.01$ 来作为平滑参数。整合 D_{uv}、EX_C 和 NO_{uv},以便于更准确地选择社区的核心。NO_{uv} 这个值越大,社区内部的连接越密集,这一点恰如 Radicchi 等人在社区发现框架中所提到的(2004)。如果我们通过核心顶点来进行社区发现,那么这唯一能度量决定核心顶点的是顶点的权重。在无向网络中,核心顶点的权重和核心顶点的度有着密切联系,但是在社交网络中,一个有着很大度数的顶点也有可能是个结构洞,如果让有最大骨干度的骨干作为社区的核心,将会避免选中结构洞的问题,因为骨干度包括两个顶点的权重和邻里互惠度,所以加入一个有很大骨干度的骨干,这个骨干很可能是一个社区的核心或者靠近一个社区的核心。

我们的算法首先计算社交网络中每一个骨干的骨干度,并且以降序的方式把这些骨干度保存在骨干度列表里。让初始社区是空的,然后选择骨干度列表中骨干度最大的骨干作为当前社区的初始骨干,接着选择这个集合中剩余骨干中骨干度最大的骨干轮流连接到当前社区。如果加入一个骨干到当前社区之后膨胀度变小了,那么不断地把骨干度最大的骨干增加到连接到当前社区的骨干集合中,其他外部顶点添加到当前社区边界的骨干集合中,继续寻找同当前社区有连接的顶点中有着最大骨干度的顶点,直到没有符合标准的顶点在当前社区的邻居集中,此刻一个新的社区就完全划分出来了。按照上述方法继续迭代,把剩下的顶点划分到新的社区中,直到骨干度列表中不再有骨干度大于骨干度阈值 f 的骨干存在,或者其余顶点的数目小于参数 w。这里 w 的值是根据 $|V|$ 的值得到的,例如,$w=\frac{|V|}{10}$,因为在大型社交网络中,当剩余顶点在社交网络中极少的时候,这些剩余顶点中真正有价值的社区不多,如果再使用上述步骤,就会发现很多很小的和无用的社区。在这个时候,这些剩余顶点可以用一些简单算法被收集起来,例如使用会员闭包来确定一个顶点是属于哪个社区。骨干度阈值 f 可以通过经验或者需求或者使用者来设定,例如使用者想划分核心骨干的骨干度在 0.3 以上的社区,这个时候便让 $f=0.3$。

9.4.1 骨干度算法框架

给定一个无向图 $G(V,E)$,该图有 $|V|$ 个顶点和 $|E|$ 条边,给定一个节点列表 NL 来保存集合 V 中的顶点,把当前社区记为 C_i,C_i 邻接的社区的集合是 NB_{C_i},把 C_i 边界的集合记为 BV_{C_i},给定骨干列表 BL 来保存集合 E 中的骨干。骨干度算法的实现如下:

Algorithm 1. Backbone degree algorithm implementation

Data: An undirected $G(V,E)$. Result: The community set CF in G.

begin

1　NL$\Leftarrow V$, BL$\Leftarrow$ *edges with backbone degree* $\geqslant f$ *in* E, CF$\Leftarrow null$, $i\Leftarrow 0$. SORT BL according to descending order, $index_{BL}\Leftarrow 0$.

2　Get a backbone b from BL according to $index_{BL}$ $index_{BL}++$, get vertices u and v from b, note the backbone degree of b as BD_b,

　　noet the size of NL as nl.

3　while $BD_b \geqslant f$ and $nl \geqslant w$ do

4　　if $u \in$ NL and $v \in$ NL then

5　　　$C_i \Leftarrow \{u,v\}$

6　　　$E_C\_PRE \Leftarrow$ the Expansion degree of C_i.

7　　　calculate the NB_{C_i} of C_i, $BV_{C_i} \Leftarrow null$.

8　　　if $\{NB_C - BV_C\} = Null$, then

9　　　　add C_i to CF; $i++$; goto step2.

10　　　else

11　　　　find the nearest vertex nv from $\{NB_{C_i} - BV_{C_i}\}$ based on

　　　　backbone degree, add vertice nv to C_i, calculate the Expansion

　　　　degree of C_i and note it as $E_C - cur$.

12　　　　if $(E_C - cur - E_C - PRE < 0)$, then

13　　　　　remove vertice nv from NL and add vertice nv to C_i,

　　　　　goto step11.

14　　　　else delete vertice nv from C_i, and vertice nv to BV_C,

15　　　　　if $\{NB_C - BV_C\} = Null$, then

16　　　　　　add C_i to CF, $i++$, goto step2.

17　　　　　else

18　　　　　　goto step11.

19　　　　end if

20　　　end if

21　　end if

22　else

23　　goto step2;

24　end of

25　end while

26　Collect all vertices that divided into no community or several communities,

27　return CF.

end

9.4.2 算法的时间复杂度

我们的算法使用合并排序的骨干列表,其运行的时间复杂度为 $O(m\log m)$,而社区发现过程中时间复杂度为 $O(n+m)$,所以我们的算法在有 n 个顶点 m 条边的社交网络中进行社区发现的时间复杂度为 $O(m\log m+n+m)$。因为不是所有的骨干都是核心骨干,所以如果我们根据一个阈值 f 来过滤骨干列表,那么骨干列表中的骨干数目将会急剧地下降,$O(m\log m)$ 也会随之急剧下降,所以我们的算法运行的时间复杂度约为 $O(n+m)$。我们分析了五大数据集的骨干度。表 9-2 是具有最大骨干度的边。表 9-3 是 $f \geqslant 0.2$ 或 $f \geqslant 0.3$ 的边。我们发现的最大骨干度是 1.282 727,最小骨干度是 0.01,当 f 的值变化的时候,骨干列表也会急剧变化,这些在表 9-3 中表现了出来。

9.4.3 算法比较

CNM 算法在有 n 个顶点 m 条边的社交网络中进行社区发现的时间复杂度为 $O(md\log n)$,其中 d 是图的深度。Girvan Newman 的算法运行的时间复杂度为 $O(n3)$。骨干度算法运行的时间复杂度大约为 $O(n+m)$。

骨干度算法的目标是在骨干度和社区森林模型的基础上,在社交网络里进行社区发现,具有可扩展性,可应用于大型社交网络。骨干度算法可以通过骨干度阈值 f 和参数 w 的改变从不同的深度进行社交网络中的社区发现,这使得它非常灵活,同时它能预测社交网络中任意两个顶点 i 和 j 之间的关系,以便于进行重叠和非重叠的社区发现。

9.5 实验分析

在这一节中,主要研究骨干度算法的有效性和准确性,主要与 CNM 算法(Clauset,Newman et al. 2005)进行比较,此外还同 Martin Rosvall 的算法(Rosvall and Bergstrom 2007)和 GN 算法进行简单的比较。CNM 算法的实现来源于斯坦福网络分析平台(SNAP)。SNAP 是一个通用的网络分析与图挖掘库。它是用 C++ 写的,容易扩展到具有数以百万计节点和数十亿边的大规模网络(Leskovec 2014)。

9.5.1 数据集

我们使用了一个人造网络和一些标准数据集:美国大学足球俱乐部数据集、安然公司电子邮件的数据集、DBLP 合作网络数据集。美国大学足球俱乐部和空手道俱乐部是标准的数据集,以证明社区发现算法的有效性,DBLP 合作网络数据集是地面实况网络,这些数据集的详细描述如表 9-1~表 9-3 所示。

人造网络是由星状结构、网状结构、线形结构组成,并且人造网络边的骨干度为 0.01,如图 9-3 所示,该人造网络数据集的描述如表 9-4 所示。

表 9-1 数据集描述

Date set	Vertices	Edges	Known communities
An artificial network	19	21	3
Zachary's Karate Club	34	78	2
American College Football	115	613	12
Enron email communication network	36 692	183 831	Unknown
DBLP computer science bibliography	317 080	1 049 866	13 477

表 9-2 最大骨干度的边列表

Date set	Biggest backbone edge	Backbone degree
An artificial network	Anyone	0.01
American College Football	763 689	1.282 727
Zachary's Karate Club	3 331	1.013 46
Enron email communication metwork	76 136	0.392 861
DBLP computer science bibliography	55 885.286 328	0.660 222

表 9-3 骨干度≥0.2 和≥0.3 边的数量

Data set	$f \geqslant 0.2$	$f \geqslant 0.3$
An artificial network	None	None
American College football	449	411
Zachary's Karate Club	31	9
Enron email communicaton network	106 592	12
DBLP computer science bibliography	625 721	12 536

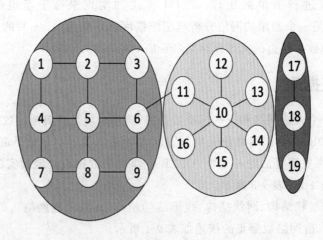

图 9-3 一个由星状结构、网状结构和线性结构组成的人造网络

表 9-4 人造网络中的骨干度列表

Edge name	Backbone degree	Belonged to structure
1,2	0.01	Mesh
1,4	0.01	Mesh
2,3	0.01	Mesh
2,5	0.01	Mesh
3,6	0.01	Mesh
4,5	0.01	Mesh
4,7	0.01	Mesh
5,6	0.01	Mesh
5,8	0.01	Mesh
6,9	0.01	Mesh
6,11	0.01	Mesh
7,8	0.01	Mesh
8,9	0.01	Mesh
10,11	0.01	Star
10,12	0.01	Star
10,13	0.01	Star
10,14	0.01	Star
10,15	0.01	Star
10,16	0.01	Star
17,18	0.01	Line
18,19	0.01	Line

Zachary 的"空手道俱乐部"数据集是 1970 年关于美国一所大学 34 名成员之间友谊的社交网络。Wayne Zachary 观察到在美国一所大学的空手道俱乐部成员之间的社会交往。他在 1970 年早期建立了包含 34 个顶点和 78 条边的社交网络。由于偶然的机会,俱乐部创始人和空手道教练之间产生了分歧,把该社区分裂成了两个小社区,并分别出任小社区的领导。

美国大学橄榄球队是美国足球运动会在 2000 年常规赛期间对 IA 院校划分时候的数据集。

安然公司的电子邮件数据集包含大量的电子邮件(Leskovec,Lang et al. 2015)。这些数据起初是公开到网络上的,在联邦能源管制委员会的调查报告中。网络的节点是电子邮件地址,如果一个地址 i 至少向地址 j 发送过至少一个电子邮件,那么这个图中就包含了一条从 i 到 j 的无向边。

将骨干度算法应用于 Zachary 空手道俱乐部社交网络图,如图 9-4 所示,黄色的结果是社区 0,红色的则是社区 1(对于本图标题中提及的颜色的解释,读者可以参考本文的网络版,网址为 http://www.sciencedirect.com/science/article/pii/S0957417415004443)。

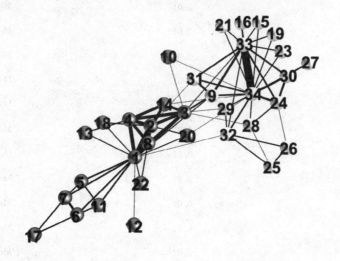

图 9-4 将骨干度算法应用于 Zachary 空手道俱乐部社交网络

采用 CNM 算法对 Zachary 空手道俱乐部进行划分的结果如图 9-5 所示。黄色的表示社区 0,蓝色的表示社区 1,绿色的表示社区 2(对于本图标题中提及的颜色的解释,读者可以参考本文的网络版,网址为 http://www.sciencedirect.com/science/article/pii/S0957417415004443)。

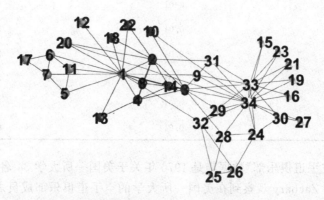

图 9-5 采用 CNM 算法对 Zachary 空手道俱乐部进行划分的结果

9.5.2 一个特定人际关系网络的测试

将我们的算法应用到一个特定的人际网络中,包括星状图、网状图和线性图,如图 9-3 所示。这是一个很简单的网络,当 $\delta=0.01$ 时,这个网络边缘的骨干度为 0.01。表 9-4 是人际关系网中的骨干度列表,表 9-5 是人际关系网络通过骨干度划分的结果。测试表明我们的算法在骨干度非常小的一些稀疏网络中,仍然具有很好的适应性。

第9章 大数据技术在社交网络研究中的应用

表 9-5 人造网络通过骨干度划分的结果

Vertex number	Belonged to structure	Neighbor vertices	Community ID
1	Mesh	2,4	2
2	Mesh	1,3,5	2
3	Mesh	2,6	2
4	Mesh	1,5,7	2
5	Mesh	2,4,6,8	2
6	Mesh	3,5,9,11	2
7	Mesh	4,8	2
8	Mesh	5,7,9	2
9	Mesh	6,8	2
10	Star	11,12,13,14,15,16	1
11	Star	6,10	1
12	Star	10	1
13	Star	10	1
14	Star	10	1
15	Star	10	1
16	Star	10	1
17	Line	18	0
18	Line	17,19	0
19	Line	18	0

9.5.3 Zachary 的空手道俱乐部测试

将我们的算法应用于 Zachary 空手道俱乐部的人际关系网络中，图 9-4 是应用我们的算法即骨干度算法划分的结果。我们的算法将网络划分成了两个社区，表 9-7 是 Zachary 空手道俱乐部应用骨干度算法之后的膨胀度和传导性(Girvan and Newman 2002)图 9-5 是采用 CNM 算法划分的结果，CNM 算法把该网络划分成了三个社区，在社区 1 和社区 2 之间，没有明确的边界和内部结构。采用 CNM 算法，该网络的膨胀度和传导性如表 9-6(Rosvall and Bergstrom 2007) 所示。采用骨干度算法，该网络的膨胀度和传导性如表 9-7 所示。表 9-7 的结果明显优于表 9-6。

表 9-6 CNM 算法对 Zachary 空手道俱乐部的划分结果

Community ID	Community size	Conductance	Expansion
1	9	0.308 952	1.777 778
2	8	0.333 333	1.5
0	17	0.128 205	0.588 235

表 9-7 骨干度算法对 Zachary 空手道俱乐部的划分结果

Community ID	Community size	Conductance	Expansion
0	17	0.128 205	0.588 235
1	17	0.128 205	0.588 235

表 9-8 展示了骨干度算法对 Zachary 的空手道俱乐部数据集实施过程,这个过程不包括步骤 26。我们发现步骤 26 之前,社区 0 和社区 1 是重叠的在顶点 31、10、9。如果我们运行步骤 26,结果如图 9-4 所示,与标准结果完全相同,我们还发现,随着顶点的扩展,社区逐渐减少连接,曲线如图 9-9 所示,社区和顶点们的连接是基于骨干度。这一现象在本书得到了充分的验证,跟踪顶点的顺序和它们的骨干度的记录如表 9-8 所示,表 9-8 中的 MAX_{NC} 在定义 17 中有定义。

表 9-8 骨干度算法对 Zachary 俱乐部数据集实施过程

Vertex ID	Current expansion	Community ID	Joining order	MAX_{NC}
34	13.5	0	1	1.013
33	13.5	0	1	1.013
9	9.333	0	2	0.414
31	6.5	0	3	0.544
30	5.2	0	4	0.408
24	4.166	0	5	0.624
32	3.857	0	6	0.233
27	3.125	0	7	0.207
29	2.666	0	8	0.177
28	2.4	0	9	0.177
19	2	0	10	0.165
23	1.666	0	11	0.165
21	1.384	0	12	0.165
15	1.143	0	13	0.165
16	0.933	0	14	0.165
25	0.812 5	0	15	0.108
26	0.588	0	16	0.236
10	0.555	0	17	0.01
2	11.5	1	1	0.653
1	11.5	1	1	0.653
4	8.333	1	2	0.844
3	7.25	1	3	1.153
8	5	1	4	1.189
14	3.666	1	5	1.134
9	3.286	1	6	0.249
31	2.875	1	7	0.232
13	2.333	1	8	0.185
22	1.9	1	9	0.171
18	1.545	1	10	0.171
20	1.333	1	11	0.168
5	1.307	1	12	0.159
11	1.143	1	13	0.287
7	1.067	1	14	0.27
6	0.875	1	15	0.515
17	0.706	1	16	0.255
12	0.579	1	17	0.01

9.5.4 美国大学橄榄球队

美国大学橄榄球队是美国足球运动会在 2000 年常规赛期间的数据集。骨干度算法可以将这个数据集划分为 12 个网络社区,CNM 算法将网络划分为 5 个社区。美国大学橄榄球队应用骨干度算法的结果如图 9-6 所示。在这一结果中,六个社区同标准数据集比较其结果完全一致,一个社区比标准数据集少了一个顶点,两个社区比标准数据集多了 2 个顶点,一个社区有 3 个顶点和标准数据集不同,两个社区同标准数据集有 5 个顶点的差异。美国大学橄榄球队数据应用 CNM 算法的结果如图 9-7 所示。在表 9-9 和表 9-10 中分别展现骨干度算法和 CNM 算法对该数据集的膨胀度和传导性。通过比较骨干度算法结果优于 CNM 算法的结果,因为虽然 CNM 算法的传导性和膨胀度表现更好,但是 CNM 算法的结果不能反映美国大学橄榄球队人际关系网的实际结构。这证明了骨干度算法能准确地在社交网络中进行社区发现。

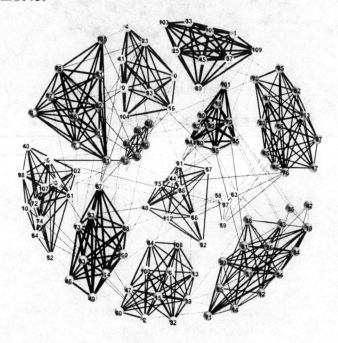

图 9-6、美国大学橄榄球队应用骨干度算法的结果

9.5.5 安然电子邮件公司数据集

安然电子邮件通信网络涵盖了所有电子邮件通信范围内的数据集约 50 万封电子邮件(Leskovec, Lang et al. 2010)。这一数据最初是公开的,并有联邦能源管理委员会在调查过程中公布到网络上。网络的节点是电子邮件的地址,如果一个地址 i 至少向地址 j 发送过至少一个电子邮件,那么这个图中就包含了一条从 i 到 j 的无向边。

将 CNM 算法和骨干度算法应用于安然电子邮件公司数据集,其传导性的散点图如图 9-8 所示,在这一结果中,发现我们的算法略好于 CNM 算法在传导性方面。我们的算法的传导性大多是比 CNM 低,所以比 CNM 算法更紧凑、更稳定。

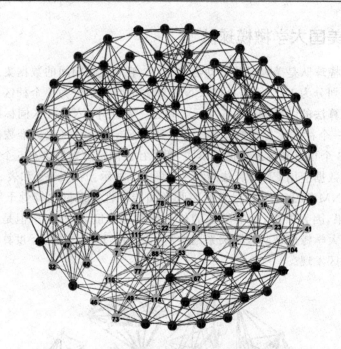

图 9-7　美国大学橄榄球队应用 CNM 算法的结果

表 9-9　骨干度算法对美国大学橄榄球队数据集划分结果

Community ID	Community size	Conductance	Expansion
0	9	0.258	2.778
1	10	0.352	3.800
2	9	0.294	3.333
3	10	0.273	3.000
4	15	0.240	2.400
5	8	0.364	4.000
6	9	0.354	3.778
7	12	0.262	2.833
8	12	0.250	2.667
9	11	0.290	3.273
10	6	0.483	4.667
11	4	0.657	5.750

表 9-10　CNM 算法对美国大学橄榄球数据集划分结果

Community number	Community size	Conductance	Expansion
0	19	0.239 024	2.578 947
1	32	0.193 084	2.093 75
2	15	0.329 268	3.600 00
3	22	0.262 712	2.818 182
4	27	0.218 978	2.222 222

应用 CNM 算法之后，安然电子邮件公司的网络膨胀散点图如图 9-9 所示。从结果中发现骨干度算法传导率略小于 CNM 算法，而膨胀度远远高于 CNM 算法，但是骨干度算法比 CNM 算法更紧凑和稳定。

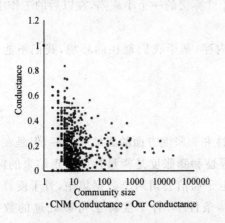

图 9-8 应用骨干度算法和 CNM 算法在安然电子邮件公司数据集中的传导性散点图

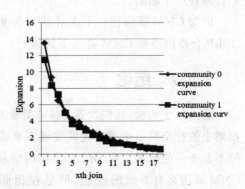

图 9-9 膨胀曲线

我们发现，骨干度算法和 CNM 算法一般在传导率和膨胀度有相同的分布。另外，这些结果表明安然电子邮件公司通过骨干度算法进行社区发现的结果非常接近 CNM 算法。在大规模的社交网络中，很难说哪一种算法比较好，因为除了社交网络数据之间的关系外，还有很多其他的隐性因素。

9.5.6 DBLP 合作网络

将骨干度算法应用于 DBLP 网络的传导率散点图如图 9-10 所示，横轴是社区规模的大小，纵轴是社区的传导性。随着社区规模的增大，传导性逐渐减小，并在大约 0.3 的地方趋于稳定。在 DBLP 网络中，大多数社区大小是 10～100，这一结果也符合大多数社交网络中人数在 100 人以下的常识。

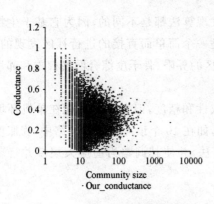

图 9-10 DBLP 的传导性散点图

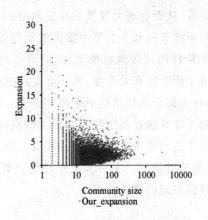

图 9-11 DBLP 的膨胀度散点图

将骨干度算法应用于 DBLP 网络的膨胀度散点图如图 9-11 所示,横轴是社区规模的大小,纵轴是社区的膨胀度。随着社区规模的增加,膨胀度逐渐减小,并在大约 2 的时候趋于稳定。我们发现在 10 个顶点以内规模的社区中,会有更大的膨胀度,这和 CNM 算法划分的安然电子通信公司网络的结果一样。这是骨干度算法的一个小缺陷,在以后的工作中,我们将弥补这个缺陷。

因为 CNM 算法比骨干度算法需要更多的内存,基于我们现在的环境,我们不能得到 DBLP 合作网络在 CNM 算法下的运行结果。

9.5.7 结论

通过以上实验,我们发现 CNM 算法在传导性和膨胀度方面的成绩非常好,但是在小数据集上的社交网络中进行社区发现不准确。传导性和膨胀度是衡量社区发现结果的标准,但不是唯一的标准。在 DBLP 合作网络和安然电子通信公司两个数据集中,骨干度算法和 CNM 算法具有类似的性能,但是在相同的实验条件下,骨干度算法可以处理的数据比 CNM 算法更多。因此,骨干度算法在社交网络的社区发现中,在发现社区结构和内存需求方面优于 CNM 算法。但是对于那些 10 顶点以内的社区,骨干度算法膨胀度比 CNM 算法更大,这是一个缺陷。我们将在后期的工作中,弥补这个缺陷。

本 章 小 结

在本章中,我们专注于社交网络中的非重叠社区的社区发现问题,这是理解网络功能和结构的关键工具,在这方面,已经有了很多的研究和开发,我们已在本章中讨论了这些研究的瓶颈。我们基于骨干度和膨胀度,开发骨干度算法,实验证明,在发现社交网络的结构方面,骨干度算法优于 CNM 的算法,同时骨干度算法需要的内存小于 CNM 算法。骨干度算法基于骨干度寻找核心骨干,然后根据核心骨干的膨胀来寻找社区发展的趋势。它从本地网络开始,然后扩展到全局网络。首先,最大限度地减少每个社区的膨胀度,保证整个网络中每个社区的膨胀度是最小的,从而达到全局最佳。这些特征可以保证骨干度算法扩展到并行运算,从而处理大规模的社交网络。

骨干度算法和 9.2 节中提到的所有的社区发现算法都是不同的,因为它基于生物学和社会学特性的社区森林模型,同时骨干度算法是一个简单而直接的进行社区发现的算法。它集成了膨胀度和骨干度,膨胀度是用来区分社区的界限,骨干度综合网络权重和邻里互惠度,能在大部分网络结构中平衡。

骨干度算法在社区发现方面具有良好的有效性和精度,但它目前只能在单机环境和无向网络中进行非重叠社区发现,并有一点小缺陷,如 10 个顶点以下的网络中,膨胀度不如 CNM 算法性能好。下一步工作是优化骨干度算法,并使其调整为适应大规模并行环境下重叠社区发现的算法。

参 考 文 献

[1] Cui,Y. ,et al. (2014). "Detecting community structure via the maximal sub-graphs and belonging degrees in complex networks." Physica A Statistical Mechanics & Its Applications 416(C): 198-207.

[2] Cui,Y. ,et al. (2014). "Detecting overlapping communities in networks using the maximal sub-graph and the clustering coefficient." Physica A Statistical Mechanics & Its Applications 405(405): 85-91.

[3] Ding,Z. ,et al. (2016). "Overlapping Community Detection based on Network Decomposition." Scientific Reports 6.

[4] Easley,D. and J. Kleinberg (2010). Networks,Crowds,and Markets,Cambridge University Press.

[5] Eustace,J. ,et al. (2015). "Overlapping community detection using neighborhood ratio matrix." Physica A Statistical Mechanics & Its Applications 421: 510-521.

[6] Li,J. ,et al. (2014). "Uncovering the overlapping community structure of complex networks by maximal cliques." Physica A Statistical Mechanics & Its Applications 415: 398-406.

[7] Newman,M. (2010). Networks: An Introduction,Oxford University Press,Inc.

[8] Xu,Y. ,et al. (2015). "A novel disjoint community detection algorithm for social networks based on backbone degree and expansion." Expert Systems with Applications 42(21): 8349-8360.

[9] Airoldi,E. M. ,et al. (2008). "Mixed Membership Stochastic Blockmodels." Journal of Machine Learning Research Jmlr 9(5): 1981-2014.

[10] Arora,S. ,et al. (2004). "Expander flows,geometric embeddings and graph partitioning." Mutation Research/fundamental & Molecular Mechanisms of Mutagenesis 56(2): 181-197.

[11] Clauset,A. ,et al. (2005). "Finding community structure in very large networks." Physical Review E Statistical Nonlinear & Soft Matter Physics 70(6 Pt 2): 264-277.

[12] Easley,D. and J. Kleinberg (2010). Networks,Crowds,and Markets,Cambridge University Press.

[13] Girvan,M. and M. E. J. Newman (2002). "Community structure in social and biological networks." Proceedings of the National Academy of Sciences of the United States of America 99(12): 7821-7826.

[14] Kannan,R. ,et al. (2000). "On Clusterings: Good,Bad and Spectral." Foundations of Computer Science Annual Symposium on 51(3): 367-377.

[15] Karypis,G. and V. Kumar (2006). "A Fast And High Quality Multilevel Scheme For Partitioning Irregular Graphs." Siam Journal on Scientific Computing 20(1):

359-392.

[16] Kleinberg, J. (1999). "Authoritative Sources in a Hyperlinked Environment." Journal of the Acm 46(5): 604-632.

[17] Leighton, T. and S. Rao (1999). "Multicommodity max-flow min-cut theorems and their use in designing approximation algorithms." Journal of the Acm 46(6): 787-832.

[18] Leskovec, J. (2014). "Can Cascades be Predicted?".

[19] Leskovec, J., et al. (2015). "Community Structure in Large Networks: Natural Cluster Sizes and the Absence of Large Well-Defined Clusters." Internet Mathematics 6(1): 29-123.

[20] Leskovec, J., et al. (2010). "Empirical Comparison of Algorithms for Network Community Detection." Proc Www': 631-640.

[21] Radicchi, F., et al. (2003). "Defining and identifying communities in networks." Proceedings of the National Academy of Sciences of the United States of America 101(9): 2658-2663.

[22] Rapoport, A. (1953). "Spread of information through a population with socio-structural bias: I. Assumption of transitivity." Bulletin of Mathematical Biology 15(4): 523-533.

[23] Rosvall, M. and C. T. Bergstrom (2007). "Maps of Random Walks on Complex Networks Reveal Community Structure." Proceedings of the National Academy of Sciences of the United States of America 105(4): 1118-1123.

[24] Seidman, S. B. (1983). "Network structure and minimum degree ☆." Social Networks 5(3): 269-287.

[25] Spielman, D. A. and S. H. Teng (1996). "Spectral partitioning works: Planar graphs and finite element meshes ☆." Foundations of Computer Science Annual Symposium on 421(s 2-3): 96-105.

[26] Xie, J., et al. (2011). "Overlapping community detection in networks: The state-of-the-art and comparative study." Acm Computing Surveys 45(4): 115-123.

[27] Yang, J. and J. Leskovec (2012). "Defining and Evaluating Network Communities Based on Ground-Truth." Knowledge & Information Systems 42(1): 745-754.

第 10 章 大数据技术在文本挖掘和情感分类中的应用

随着互联网和社交网络的蓬勃发展,人类习惯于在互联网和社交网络上发表自己的观点,这些观点文本中蕴含着丰富的信息,可作为商业、政治和文化等研究的样本数据,同时这些数据又是海量的,并且伴随着自媒体的兴起,这些海量信息每时每刻都在产生,依靠传统的手段去对这些文本进行分析和挖掘是无法满足用户需求的。因此必须采用大数据的相关工具和方法对这些海量数据进行量化、分析和挖掘。我们通过对国内相关电商平台商品评论的抓取、评论信息抽取、建立相关模型,从而挖掘海量评论信息中的观点,为厂商提供决策支持。

观点挖掘(Opinion Mining)近年来已成为互联网信息应用领域的热门研究方向。最初观点挖掘的研究集中在对评论文本进行简单的褒贬分类,随着研究的深入以及实际应用的需要,基于被评论对象特征进行观点挖掘由于更具实用价值,因此也吸引了越来越多研究者的关注。然而,互联网上针对某一被评论对象的评论(Reviews)往往是海量、杂乱、非结构化的,甚至充斥着相互矛盾的观点以及垃圾评论内容。要从这些海量的评论中挖掘出有价值的观点也绝非易事,无论是将非结构化或者半结构化的文本信息结构化,还是对文本信息进行情感分类,都面临诸多挑战。

10.1 研究综述

本节对基于被评论对象特征进行观点挖掘的问题进行了形式化定义,并结合具体评论示例进行了阐述,然后概括了针对该问题的三个不同层次的研究内容。

10.1.1 基于产品特征的观点挖掘研究

互联网上的文本信息通常可被分为两类:事实(facts)和观点(opinions)。事实是对事物、现象、话题等被评论内容的客观表述,观点则是作者通过评论表露出的带有个人主观色彩的内容。互联网上的观点可以针对任何事物,例如某种商品、某个服务、某些机构、某类社会事件、某个话题,或者某些人等。表达观点的途径也多种多样,可以通过论坛、博客、邮件、微博、评论网站等各种媒介。如果用对象(object)一词来形容被评论的实体,则这个对象往往由许多部件组成,或包含不同的属性。因此被评论的对象可以按照不同层次进行拆分[①]。例如,一个产品通常由许多部件组成(一个手机由屏幕、电池、外壳、通信模块等组成),一个大的社会事件通常也包含许多小的事件,一个话题可以含有许多子问题等。在英文领域,针对基于产品特征进行观点挖掘的问题,Liu 等人的工作最有代表性,尤其是 Ding 与 Liu 在文献[9]中对该问题给出了更加形式化的定义,参考其内容在本章中把评论中被描述的对象定义如下。

定义 10.1 对象(object):一个对象 O 指的是一个区别于属性(attribute)而存在的实体,可以是一件商品、一个事件、一个人、一个机构或一个话题等。它由相关联的两部分组成:(T,A),其中 T 是指的这个对象按层次划分时的组成部件,A 是 O 的属性集合,而每个部件也都有其子部件和属性集合。

以手机评论为例,每款手机都是一个对象,有一个部件集合,如电池、屏幕、外壳等,还有一个属性集合,如大小、价格、通话质量等。而它的屏幕也有自己的属性集合,如像素、屏幕大小等。本质上来说,一个对象可以用一个树形结构来表示。根节点为这个对象本身,其他节点都是组成这个对象的一个部件或者子部件,每一条边表示一个组成关系,每个节点同样对应一个属性结合。而用户所表达的观点可以只针对这个节点本身,也可以针对这个节点的任何属性。例如,评论者可以表达自己对这个手机本身的观点(根节点),如"我不喜欢这个手机";也可以表达对这个手机的属性的观点,如"这个手机的通话质量很差"。同样,评论者可以表达任何对于这款手机的部件或者部件属性的观点。为了简化问题的表示方法,在本章中用特征(feature)来统一表示对象的部件和属性,这样可以省略掉分层的工作。用特征来描述一件产品是非常实用的,因此对于普通用户来说,用分层的结构来描述产品的不同特征和观点会使信息获取变得复杂。

定义 10.2 显式特征和隐式特征(explicit and implicit feature):如果一个特征 f 直接出现在一条评论中,则称 f 为一个显式特征。如果 f 没有直接出现在评论 r 中,但是通过其他内容可以暗示出该评论所描述的是这个特征,则称 f 为一个隐式特征。

例 10.1 和例 10.2 是两条关于手机的评论,其中被评论对象是"这款手机",它被评论的特征分别是"外观""价格""屏幕"和"电池",其中"外观""屏幕"和"电池"都直接出现在了评论文本中,属于显式特征,而"价格"并未直接出现,"便宜"一词暗示了该语句所描述的是"价格",因此属于隐式特征。此处的"便宜"一词可以被称为特征指示器,可以由它来推断和定位评论所描述的隐式特征。

【例 10.1】 这款手机外观很时尚,也很便宜。

【例 10.2】 屏幕非常细腻,但是电池刚用了一天就没电了。

更进一步,可以定义显式评论与隐式评论。

定义 10.3 显式评论和隐式评论(explicit and implicit sentence):如果一条评论语句至少包含一个显式特征,则称该语句为显式评论。而如果一条评论语句仅仅包含隐式特征,称其为隐式评论。

---

① 本章提出的研究方法是在电商网站的产品评论上进行实验验证与结果分析的,并可直接应用于其他领域的评论分析。为了简化起见,本章叙述时都基于产品评论分析这一具体方向进行阐述,此时的"对象"为某一"产品",特别以手机评论分析作为文中的具体示例。

如上所述，评论可以被分为事实和观点两类，然而，描述事实的评论也能在一定程度上暗示作者的某些观点。在例10.2中，"屏幕非常细腻"表达了一个显式的主观色彩强烈的观点，而第二句——"但是电池刚用了一天就没电了"——虽然陈述的是一个客观事实，但是它仍然暗示了一个针对手机电池性能的贬义情感。因此，客观事实也能反映主观情感，正如定义10.4中所述。本章的研究工作，不仅考虑了包含了显式观点的评论，也处理了评论中的隐式观点，这也使得分析难度更加复杂。

定义10.4 显式观点和隐式观点(explicit and implicit opinion)：针对一个特征 f 的显式观点是直接由表达褒义或者贬义观点的主观性句子给出，而针对 f 的隐式观点是由暗示某个观点的客观性句子给出。

定义10.5 观点持有者(opinion holder)，针对一个特定观点的持有者是指持有这个观点的个人或者组织。

定义10.5阐述了观点持有者的含义，在产品评论、博客、论坛的帖子中，观点的持有者通常是发表这些内容的作者。然而也有例外，例如，在一篇酒店评论中可能有以下内容"小李给我说这家酒店性价比很高，环境也很不错，可是现在看起来根本不是这么回事啊，不但价格贵，房间也不干净"。在前两个句子中，观点的持有者就是"小李"而不是作者本身。

评论观点挖掘的最终目的是分析其中针对产品特征所透露出的情感倾向，观点的情感倾向定义如下。

定义10.6 观点的情感倾向(sentiment orientation of an opinion)：某个观点针对某个特征 f 的语义倾向是指这个观点是否为褒义，贬义或中性。

综合以上内容，可以针对基于对象特征的观点挖掘问题给出一个形式化的模型定义。被评论对象 D 是由一个有限的特征集合来描述的，$F=\{f_1,f_2,\cdots,f_n\}$。每个特征 f_i 可以由一个有限的同义词或者短语的集合 W_i 来表达。也就是说可以用一个同义词集合的集合 $W=\{W_1,W_2,\cdots,W_n\}$ 来表达 n 个特征，$f_i\in W_i$。每条评论的作者或者观点持有者 j 都是针对特征集合 F 的子集 S_j 发表评论，$S_j\subseteq F$。对于每一个观点持有者 j 所评论的特征 $f_k(f_k\in S_j)$，他/她可能会从 W_k 中选择一个词或者短语来描述他/她所评论的这个特征，也可能通过其他内容暗示他/她所评论的特征，并且表达出褒义、贬义或者中性的观点。

上述模型涵盖了产品评论中的绝大多数情况，但是也有例外。例如，"这个手机的耳机插孔和它的开关按钮离得太近了"。此句对手机的两个不同组成部件间的距离表达了一种否定的情感，但是却不是针对某个特征进行单独评论的，上述模型并未涵盖这种情况。不过由于此类情况在实际评论中较少，为了简化模型，在本章工作中直接忽略了这类情况。

针对以上模型，给定一个评论集 D 合作为输入，有以下任务需要处理：鉴别并抽取每条评论 $d(d\in D)$ 中所讨论的产品特征，由于不同评论作者通常会用不同的词语表达同一特征，因此需要对所有特征词进行相似概念聚类；鉴别并抽取描述每个特征的所有产品评论；判断针对每个特征的所有观点的情感倾向；归纳高置信度的评论热点，生成情感文摘。本章讨论的内容针对每条评论文本 d 的最终输出是一个特征、情感倾向以及其他相关信息的集合，可以用结构化的数据表示。该集合中的每个元素是一个四元组，表示为 $(o_j,f_{jk},so_{ijk},h_i)$，其中 o_j 是被描述的对象，f_{jk} 是该对象的一个特征，so_{ijk} 表示文本 d 中观点持有者 i 针对对象 o_j 的特征 f_{jk} 所表达的情感倾向(sentiment orientation)，可以是褒义或贬义(由于中性的观点实际用途不大，此处可以忽略)，h_i 表示观点持有者 i。

评论文本观点挖掘的主要内容是对文本进行处理、分析、归纳、总结,最后以结构化的信息表示方法展现实验结果。综合上述定义,整个观点挖掘的处理流程可以概括性地分为三个层次:

- 文本信息结构化
- 评论信息分类
- 观点挖掘结果归纳

其中评论信息分类是在结构化信息基础上进行的,而观点挖掘结果归纳则综合了前两步的结果。本章主要的研究内容与这三个层次的对应关系如图 10-1 所示。后文将分别给出这几个部分当前的研究现状综述,并引出本章的核心研究内容。

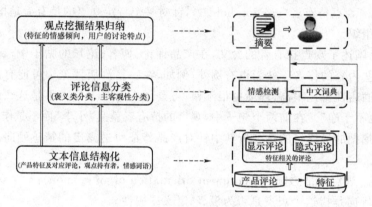

图 10-1 观点挖掘研究的层次框架

10.1.2 产品评论结构化信息抽取方法

互联网上的产品评论往往是海量的、杂乱的、非结构化的,而基于产品特征进行观点挖掘,需要以机器方便处理的结构化信息为基础。文本信息结构化的主要工作包括抽取对象的所有被评价的特征,每个特征对应的所有评论,观点持有者,以及情感词语等有实际意义的信息单元。例 10.3 这条手机评论中所包含的产品特征包括:"外观""音质""价格""屏幕",观点持有者是作者本身,情感词语包括"大方""不错""划算""漂亮",其中"价格"是隐式特征。这些基本信息是后续基于对象特征进行情感分类的基础,而对每类信息的抽取,当前已有许多成熟的研究方法。

【例 10.3】 这款手机外观大方,音质不错,我是 2980 元买的,所以觉得比较划算,可是屏幕分辨率太小了。

1. 产品特征抽取方法

产品的组成部件和属性统一用特征表示,产品特征抽取就是要抽取评论文本中作者所描述的主体。例如,在手机评论中,部分作者可能只评论手机屏幕,而其他作者则会评论手机音质或者电池等。在现有的产品特征提取工作中,大部分研究都主要提取了频繁出现的名词或者名词短语,然后进行处理,通过同义词处理,相似概念聚类等方法,提取出用户主要评论的产品特征。例如 Hu 和 Liu 通过关联规则挖掘的方法提取了评论文本中频繁出现的名词以及名词短语,再通过定义规则进行剪枝去除噪声,从而提取出被描述的产品特征。这种方法的缺点是无法提取出被评论比较少的产品特征。然而,用户评论较少的产品特征往往也是不重要的,或者不被用户关注的特征,因此再继续挖掘非频繁出现的产品特征的实际价值已经不大。Zhai 和 Liu 等人通过添加软性限制,对提取出的产品特征进行了聚类,合并了相似概念(例如"picture"和"photo"在相机评论中都指的是相机拍摄的照片)。Popesc 和 Etzioni 则通过考察提取的候选特征与领域指示词之间的关联度来抽取产品特征,然而领域指示词的获取却是一个难点。

2. 特征相关评论抽取方法

与对象特征相关的显式评论可以轻易获得,而隐式评论抽取却比较复杂。隐式特征指的是未直接出现在评论中,而通过其他内容暗示的对象特征。Hu 和 Liu 最早在文献[8]中提出了隐式特征这一概念,然而,他们在文献[6][7]中直接忽略了此问题,在文献[8]中,他们提出可以通过规则挖掘的方法解决此问题,却并没有进行深入讨论,也未给出任何实验结果。本章实验部分抓取的数据显示,一般的产品评论中大约有 25%～30% 左右的隐式评论,如果直接忽略这一部分内容,无疑会显著降低观点挖掘的召回率,并且遗漏一些用户关注的焦点问题。

Su 等人在文献[12]中利用点对互信息(Point-wise Mutual Information,PMI)分析语义关联度,并推断每个情感词所评论的产品特征。然而,该文章中仅仅给出了部分示例情感词的 PMI 计算结果和少部分的规则挖掘结果,并未详细评估该方法的有效性。在文献[13]中,Su 等人利用产品特征和情感词的内容信息以及情感关联信息分别对其进行了聚类,并通过内部关联度将产品特征簇与情感词语映射起来。虽然该工作能发现产品特征与情感词语之间的一些隐藏关系,但是他们提出的方法仅仅考虑了形容词作为情感词的情况,而且并未定量分析隐式特征挖掘的效果。Hai 等人在文献[14]中利用共现的关联规则挖掘方法来定位隐式特征,他们首先为所有在显式评论文本中出现的情感词构建了一个(情感词,显式特征)的对应列表,当在评论语句中出现情感词并且不含显式特征时,在之前的列表中搜索并选出频率最高的规则将其作为该句的隐式特征。他们的方法取得了比较好的实验结果,然而,他们的实验数据集相对偏小,并且评判实验结果时仅仅计算了和情感词有关的隐式评论的准确率与召回率。该工作的一个不足之处是只处理了由情感词所暗示的隐式特征,而正如前文所述,即便是事实性陈述,也能暗示作者的某些情感观点,因此该方法会降低隐式特征挖掘的召回率,从而遗漏部分评论热点。

3. 观点持有者抽取方法

在产品评论中,作者往往表达的是本人对该产品的观点,观点持有者一般是作者自己,因此很少有学者研究产品评论领域的观点持有者抽取。然而也不尽然,在例 10.4 中,前两句话的观点持有者都是"很多人",却非作者自己。这种情况实际上会对情感分类的结果带来误差,因为这条评论的作者对这款手机是持贬义态度的。然而,这类特殊情况在产品评论中所占比例非常低,因此本文的工作中直接忽略了这类情况,默认产品评论的观点持有者就是作者本人。

【例 10.4】 很多人觉得这款手机屏幕很华丽,外形也很漂亮,我却没啥感觉。

与产品评论分析不同的是,在新闻评论分析中,定位观点持有者却意义重大,因为新闻评论一般涉及了许多不同组织或个人对于某事件的不同态度,所以需要通过观点持有者的抽取来确定不同组织个人的观点以及情感倾向。现在的一些研究主要集中在使用命名实体识别技术来进行抽取,或者利用机器学习的方法,如条件随机场(Conditional Random

Fields,CRF)、最大熵模型(Maximum Entropy,ME)来进行抽取。

4. 情感词抽取方法

情感词语在文本情感倾向的判断中非常重要,因此情感词语的抽取一直是非常热门的研究课题。主流的研究工作有两个方向:基于词典计算和基于语料库统计。

基于词典计算的情感词抽取方法主要通过计算不同词语之间的语义相似度来抽取情感词语,常用的词典是 WordNet(英文)和 HowNet(中文)。该方法一般先设定一个情感种子词典,然后通过语义计算其他词语与种子词的语义相似度,从而得到一个扩充过的情感词典。然而,由于种子词典中词语数量、质量、涵盖范围的限制,用这种方法进行扩充得到的情感词典往往精度不高,而且个别词语由于有多种语义,往往也会同时在褒义词典和贬义词典中出现。在中文领域,Ku 等人在情感词典的基础上提出了一套计算情感词语极性权重的方法,得到了带有权重的情感词典。Fu 等人则通过在现有的情感词典基础上,使用改进的卡方统计的算法计算了单个汉字的情感权重,以此为基础计算了词语、短语的情感权重。总的来说,基于词典的方法,由于涵盖面广,因此召回率较高,但是由于存在一词多义的情况,往往会出现一些歧义词。例如,"这家饭店卫生状况很好"和"这家饭店一点都不卫生",此处"卫生"做名词时没有情感色彩,但是做形容词时则是一个褒义词。基于词典的方法还有一个缺点是不能处理情感极性随着不同领域以及不同的产品特征动态变化的情况。在中文领域,虽然前人已有相当多的研究工作,然而当前仍然没有一个比较权威的中文情感词典。

不同于基于词典的方法,基于语料库统计的情感词抽取方法主要是通过从大的语料库中进行统计,发现一些包含情感色彩的词语并进行褒贬义分类。早期的工作包括利用连接词"but""and"等进行统计,例如,"excellent and awesome""beautiful but thin"。Turney 基于信息检索的方法提出了一种新的解决思路,通过计算搜索引擎检索结果中目标词语与种子词之间的互信息,来衡量词语的情感倾向以及权重。基于语料库统计的方法虽然操作简单,但是由于高质量的评论语料库比较少,并且和领域密切相关,情感词分布也不均匀,因此效果不是尽如人意。

10.1.3 评论信息分类相关研究方法

评论信息分类是在结构化的文本信息基础上,对用户的观点进行分类,按照不同的分类目的,可分为褒贬义情感倾向分类,文本主客观性分类。其中,情感倾向分类又可以按照不同的粒度分为单字、词语、短语、句子、篇章等不同等级的分类。在例 10.3 中,按照主观性分类,"这款手机外观大方,音质不错"和"所以觉得比较划算,可是屏幕分辨率太小了"都是主观性文本,而"我是 2980 元买的"是客观性文本。按照情感的倾向分类,显然"这款手机外观大方""音质不错""所以觉得比较划算"都是针对不同产品特征的褒义评论。

当前文本的主客观分类研究主要有两大类方法,一类方法是判断文本中是否含有情感信息,另一类方法是将主客观文本分类看成是一个二分类问题,然后抽取文本特征,并利用机器学习的算法进行分类。如前文所述,由于客观事实也能反映主观情感,因此本章的情感分类工作不仅考虑了主观性评论,也处理了客观性评论,故没有专门研究文本主客观性分类问题。

情感分类作为评论文本信息分类的热门研究课题,其起源甚至可以追溯到 20 世纪 70 年代。随着 Web2.0 的发展壮大,该研究方向真正开始广泛进入人们的视野是从 20 世纪初开始的。文本的情感倾向分类工作按照不同粒度可以分为单字、词语、短语、句子、篇章等不同等级的分类。其中单字、词语、短语的情感分类实际上就是情感词语抽取以及分类的过程。评论文本中句子、篇章的情感分类一般都被看成是褒贬义二分类的问题。产品评论的情感分类主要有两个研究方向。其中一类研究方向是侧重于将文档整体分为褒义、贬义或中性,这类工作仅仅在篇章粒度上对产品评论进行了分类,而忽略了与产品特征相关联的具体情感信息,因此实用价值不大。另一大类研究方向专注于基于产品特征进行情感分类,这类工作通常是基于语句粒度对文本进行情感分类,最终目的是生成一个针对不同特征的情感摘要,该方向也是本章的主要研究内容。文献[6][7][40]是该研究方向比较有开拓性的一些工作,其他相关研究有[11][41][9]等。

为了实现文本的情感分类,主流的研究工作一般有两大类的方法:基于词典的无监督分类方法和基于属性选择、机器学习的监督分类方法,也有一些研究工作将这两种方法相结合。

1. 基于情感词典的情感分类方法

基于情感词典的情感分类方法由于能在句子粒度上对文本进行情感分类,因此是基于产品特征进行评论挖点挖掘的主流研究方法。Hu 和 Liu 在情感词典基础上抽取了含有褒贬色彩的观点词语,然后加权求和,计算了文本的情感得分。在此工作基础上,Ding 和 Liu 等人进一步提出了一套整合的观点挖掘算法。该工作不仅利用了现有的情感词典,还针对一些特殊的句子结构制定了不同的规则,包括否定结构、转折结构等,并且为了判断部分情感倾向随不同领域以及不同特征动态变化的词语情感倾向,他们还提出了一种通过一些特殊句式在语料库中进行统计继而判断这些词语情感倾向的方法,得到了不错的实验结果。在中文信息处理方面,Ku 等人研究了中文情感词的权重计算方法,进而依据情感词语权重对文本进行了情感分类。

2. 基于机器学习的情感分类方法

在基于机器学习的监督分类方法中,Pang 等人在文献[36]中开拓性的首次将机器学习的方法运用于文本情感分类领域,通过向量空间模型(Vector Space Model,VSM)将文本特征转换为数学向量,并利用三种机器学习领域的分类器进行了测试。结果表明在抽取的几种不同的特征中,unigram 的分类效果最好。在后续的研究中,许多研究者也尝试提取了其他的文本特征来进行分类。基于机器学习的方法进行文本情感分类的一个局限就是用一个领域的已标定文本进行训练,得到的分类模型应用到另一个新领域,往往分类效果较差。这是由于很多词语的情感倾向是和具体领域以及语境相关的。例如,"这个房间的墙壁太薄了"和"这款手机很薄","薄"这个词在这两句话中就有不同的情感倾向。

3. 结合情感词典与机器学习的情感分类方法

基于情感词典的情感分类方法由于受情感词典的完整度与准确度的影响,效果会有一定降低,而基于机器学习的方法由于受到训练语料的限制,应用范围有所局限,为了解决这个问题,Tan 等人在文献[42]中提出了一种将基于词典的技术和基于机器学习的技术相结合的情感分类方法。该方法首先利用基于词典的方法对目标领域的部分文本进行分类,选取高置信度的分类结果作为训练集,再训练分类模型,对剩余的文本进行褒贬义分类,实验结果显示这种方法能在一定程度上克服利用机器学习进行分类的领域局限性。然而,这种策略依然没有摆脱利用机器学习方法进行情感分类粒度较粗的局限性。

本节对基于产品特征进行观点挖掘的若干子问题的研究现状进行了系统的综述,并分析了当前的一些主流研究方法的优缺点。在从评论文本抽取结构化信息的过程中,当前研究在中文领域的产品特征抽取工作仍然有所欠缺,而绝大多数研究工作都忽略了隐式特征抽取这个问题,直接影响了系统的召回率。针对这种情况,本章后续内容重点研究了评论文本结构化信息抽取过程中的特征抽取,尤其是隐式评论抽取的问题,从而有效弥补了当前研究工作中一个被广泛忽略的关键问题。

针对评论信息分类的问题,当前也有丰富的研究成果,在中文领域前人也已做了相当多的研究工作。然而,其中的大部分研究都聚焦于对整篇文档进行褒贬分类,而忽略了评论内部的许多具体信息,尤其是在中文领域基于对象特征进行情感分类的工作依然乏善可陈。本章的另一个研究工作致力于解决中文领域的文本细粒度情感分类问题,并重点研究了上下文相关情感词的情感倾向判断方法,从而有效提高了情感分类的准确度,为生成全面客观的情感摘要奠定了坚实基础。

10.2 评论文本的结构化信息抽取

10.1 节对观点挖掘的相关研究现状进行了系统介绍,并将基于产品特征的评论观点挖掘工作概括性地分为了三个阶段。经调研发现,在产品评论结构化信息抽取过程中,当前针对中文领域的产品特征抽取工作相对研究较少,而目前主流的研究工作大多忽略了和特征相关的隐式评论的抽取。为了实现产品评论结构化信息抽取工作,本节提出了针对中文评论的产品特征抽取方法,并重点介绍了两种不同的隐式特征抽取策略,包括算法思想、流程以及相应细节,以期解决和特征相关的隐式评论分析问题,提高整个观点挖掘系统的召回率。

10.2.1 产品特征抽取

产品特征抽取,即概念提取,是基于对象特征进行观点挖掘的第一步[①]。针对中文文本的一些特殊性,本部分所设计的观点挖掘系统首先通过关联规则挖掘的方法提取了评论文本中频繁出现的名词以及名词短语,再定义规则进行了剪枝以便去除噪声,从而提取出频繁被描述的产品特征。由于本部分重点关注的是被评论的热点概念,而这类名词性短语往往具有规律性特征,根据这些特征,可定义所提取的名词性短语的语法形式(例如,形容词+名词、名词+名词、代词/动词/形容词/名词+"的"+名词,名词+"的"+动词等)。根据这种语法形式识别和划分名词性短语,进而提取。经过上述名词性短语的提取,得到了最原始的候选概念集合。再通过频繁项集提取从最原始的候选集合中提取评论者最为关注、评论最多的名词或者名词短语,作为热点概念候选集。通过频繁项提取,虽然获取了被评论最为频繁的名词或名词短语,但这些频繁项不都是与被评论对象相关的概念特征。其中存在那些在任何领域都被高频率提到的常用词语,而这些词语都是与评论总结无意义的频繁项,应该

---

① 概念提取非本文核心内容,主要基于本课题组前期的研究工作,故此仅作简略介绍,详细内容参见:吉宇婷,文本评论相似概念检测,清华大学,2011。

剔除。对非评论产品属性、特征或者相关评论总结无意义的频繁项，应该剔除。因此，再对非评论产品属性、特征或者相关概念的频繁项进行剪枝，通过分别对频繁项集中的单字单词、多字单词（至少含有两个汉字的中文单词）和名词性短语进行剪枝，就能得到概念集合。

经过概念提取后，从原始文本评论信息中获取了与被评论产品最为相关的热点概念。这些概念中可能有多个概念都指代评论对象的同一属性、特征或者相关概念，例如，"价格""价钱""价位"和"售价"都指代的同一个产品特征。为了获得高效的评论总结，需要对这些相似概念进行聚类，将相似概念聚合为同一产品特征簇。在10.1节中已经介绍过，文献[10]的工作是当前相似概念聚类比较前沿的研究方法，该方法假设评论中经常用相同的内容来描述同一个产品特征，并利用热点特征概念的离散上下文信息对概念进行了聚类。然而，其准确率却仍然未达到能投入实际应用的程度。因此，文本的观点挖掘系统具体实现时，在提取了所有被评论的热点概念之后，并未利用机器全自动对相似概念进行聚类，而是人工对同一个领域产品的相似特征概念进行了聚类，以满足实用系统的准确率要求。

提取出产品特征后，需要从评论中抽取描述该特征的所有评论文本，从而分析评论者针对该特征的所有评论的情感倾向。当前多数研究工作都仅仅提取了直接包含产品特征短语的评论进行分析。然而，这种方法往往召回率较低，例如，"这款手机很便宜"，这句评论描述的是手机的"价格"，而在分析评论者针对"价格"这个特征的评价时，却无法直接将这条评论纳入和"价格"相关的评论集合中，因此需要进行隐式特征抽取。

对于上述抽取评论文本所描述的隐式特征的问题，本章中采用了两种方法：一种是基于关联规则挖掘的方法；另一种是基于监督学习的方法。

10.2.2 基于关联规则抽取评论的隐式特征

1. 算法设计思想与流程框架

对于文本所描述的隐式特征，由于并没有一个包含所有领域和所有产品特征的先验知识库，因此需要从具体的评论文本中挖掘对应的关联信息。正如上例——"这款手机很便宜"，虽然该评论显而易见是描述"价格"这个特征的，然而我们并没有一个包含该信息的先验知识库，即便人工进行总结，也不可能穷举所有领域、所有产品以及所有特征。因此，针对每一个特定领域，直接从评论文本中挖掘这类关联信息是一个比较可行的方法。如果能通过关联规则进行挖掘，抽取出形如"便宜"→"价格"这类规则，那么就能轻易地从隐式评论中挖掘对应的特征了。

本部分通过关联规则挖掘抽取隐式特征时，首先根据描述特征的词和短语从原始数据集中抽取包含显式特征的评论，然后利用词频统计和频繁项集挖掘的方法从中抽取出和目标特征关联密切的词语以及多维频繁项，再利用自然语言处理领域的搭配提取方法对规则进行过滤，从而得到了比较可靠的关联规则。将此规则用于不含显式特征的评论，就能抽取出相关特征的隐式评论了。其中，规则的前项（antecedent）是从和某个具体特征相关的所有显式评论文本中得到的频繁出现的词语或者短语，这些先行词被称作特征指示器（indicator）。不同于前人的研究工作，在本章中，特征指示器不仅考虑了情感词语，也考虑了其他的非情感词语，并且还包括从显式评论中抽取的二维频繁项集。在例10.5中，"一块"是一个二维的频繁项，并且经常被用来描述"电池"。这个句子虽然是描述的事实，但是它隐含地表露了一个贬义的情感。因此,本章中特征指示器考虑了词语以及二维频繁项等信息。生成的关联规则的结果项(consequent)是产品特征,整个关联规则挖掘的主要目的是找出产品特征与特征指示器的共现关系,以达到挖掘隐式特征的目的。

【例10.5】 这个手机只配了一块电池。

图10-2描述了算法在一个简单的评论集上进行挖掘的流程。该算法的主要目的是从每个特征的显式评论中挖掘特征指示器与特征词相对应的关联规则,并应用这些规则挖掘隐式特征。在得到了分词、词性标注以及产品特征簇之后,能够轻易得到与每个特征簇相关联的所有显式评论,其中,每特征簇被冠以了一个有代表性的描述词。在关联规则挖掘阶段,由于已经得到每个特征的所有显式评论,算法针对每个特征的分析流程都是在该特征的显式评论上独立进行的,因此不需要用传统的关联规则挖掘算法在整个评论文本中挖掘特征与指示词之间的对应规则。在抽取候选特征指示器时,本部分不仅统计了单个词语,还使用 FP-tree 来从显式评论集合中筛选二维频繁项作为特征指示器。为了计算候选特征指示器与产品特征之间的关联程度,本部分使用了一些在自然语言处理领域常用的搭配提取算法,包括频率(frequency)、点互式信息(Pointwise Mutual Information,PMI)、频率*点互式信息(frequency * PMI),t 检验(t test)和 χ^2 检验(chi-square test)。针对每一种方法都设定了不同的阈值以筛选有效的规则(特征指示器→特征),如果某个特征指示器对应了多个特征,那么只保留关联度最高的那条规则,最后,这些筛选出的关联规则被用于挖掘隐式特征。

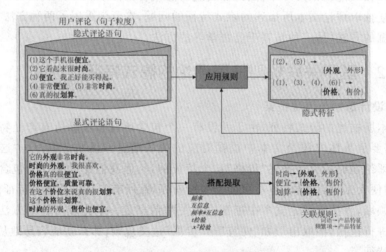

图 10-2 利用关联规则挖掘隐式特征

算法 1 以伪代码的形式总结了利用关联规则挖掘隐式特征的主要步骤。在算法中有许多参数需要设置,并会直接影响实验结果。当从显式评论中抽取候选特征指示器时(第 6 行),所有候选特征指示器都通过词性以及最小出现次数进行了剪枝。算法中用到的搭配提取方法(第 7 行)将在下一小节详细介绍。所有比置信度阈值高的候选规则都被筛选出来作为该特征的关联规则(第 8~12 行)。高的阈值可以剪枝掉低频度的规则,提高准确率,但是也会降低一些召回率。在实际应用中,需要通过实验挑选合适的阈值,最后筛选出的规则被用于挖掘隐式特征(第 13~22 行)。

Algorithm 1　利用关联规则挖掘隐式特征
1： for each f_i in feature clusters do
2：　　$ES_i \leftarrow$ extract explicit sentence set from the corpus
3： end for
4： $IS \leftarrow$ implicit sentence set with no feature
5： for each f_i in feature clusters do
6：　　$CFI_i \leftarrow$ select candidate feature indicators from ES_i
7：　　$CR_i \leftarrow$ generate candidate rules from CFI_i by collocation selection method M
8：　　for each cr in CR_i do
9：　　　　if the value of $cr > threshold_m$ then
10：　　　　　Add cr to $f_i's$ rule set R_i
11：　　　　end if
12：　　end for
13：　　for each s in implicit sentence set IS do
14：　　　　if the feature of S is $null$ then
15：　　　　　for each r in R_i do
16：　　　　　　if s satisfies r then
17：　　　　　　　the feature of $s \leftarrow f_i$
18：　　　　　　　break
19：　　　　　　end if
20：　　　　　end for
21：　　　　end if
22：　　end for
23： end for

2. 利用搭配提取方法挖掘关联规则

通过关联规则挖掘抽取隐式特征,非常类似于自然语言处理领域的搭配提取,因为此时的输入数据集已经是和某个特征相关的所有显式评论。在自然语言处理领域,一个搭配通常是由两个或多个字/词按照习俗组合在一起用于表达特定的含义。搭配可以有多种形式,例如,"make up""strong tea"。搭配提取和关联规则挖掘有一个显著地相似之处就是两者都是用于发现经常同时出现的元素。常用的搭配提取方法有频率、点互式信息、频率 * 点互式信息、t 检验和 χ^2 检验等,本部分创新性的将这些方法应用到了隐式特征抽取问题中,下面将逐一介绍。

很显然最简单的提取固定搭配的方法是计算某个搭配出现的频率。如果特征指示器和产品特征经常同时出现,那么就有迹象表明该特征指示器经常用于修饰这个产品特征。特征指示器必须通过词性进行剪枝,仅仅保留那些会经常被用来描述产品特征的词,例如形容词、动词、名词等。

点互式信息是在信息论中用来衡量有趣搭配的一个指标,也经常被用于自然语言处理的各个领域。在本章的隐式特征抽取问题中,产品特征 f 和特征指示器 w 之间的点互式信息用下式计算:

$$\text{PMI}(f,w) = \log_2 \frac{P_{f\&w}}{P_f P_w} \tag{10-1}$$

其中 $P_{f\&w}$ 是特征 f 和指示器 w 在显式评论中同时出现的概率,P_f 是特征 f 在显式评论中出现的概率,P_w 是指示器 w 在显式评论中出现的概率。点互式信息是一个非常好的用于衡量独立性的指标,但是却不是一个合适的用于衡量依赖性的指标。因为对于依赖性来说,上式得分主要取决于 f 和 w 各自出现的频率。在其他条件相等的情况下,f 和 w 单独出现次数较少时得分会更高。这与提取常用搭配的初衷相悖,因为如果词语出现的频率高,表示这个搭配很常用,可信度更好,也应该给一个更高的得分。一种改进的方法是将频率的信息添加进去,即频率*点互式信息:

$$\text{frequency} * \text{PMI}(f,w) = P_{f\&w} * \log_2 \frac{P_{f\&w}}{P_f P_w} \tag{10-2}$$

另一种经典的搭配提取方法是假设检验,这种方法经常被用来判断某个事件是否是一个偶然事件。判断特征 f 和指示器 w 同时出现是否是偶然事件,可以用假设检验的方法。先用虚假设 H_0 表示 f 与 w,除了偶然同时出现之外没有其他关联,然后计算如果 H_0 为 true 时事件发生的概率 P,最后根据 P 的值确定之前假设的真假。

一种常用的假设检验方法是检验。它假设样本服从均值为 h 的正态分布,然后计算样本的均值与方差。通过比较实际计算的均值与期望均值之间的差异来确定是否接受这个假设。在本问题中 t 检验可以通过式(10-3)计算:

$$t = \frac{\bar{\chi} - \mu}{\sqrt{\frac{s^2}{N}}} \tag{10-3}$$

其中,$\bar{\chi}$ 是样本均值,s^2 是样本方差,N 是样本空间大小,μ 为分布的均值。将这种方法用到搭配提取中,$\mu = P_f P_w$,由于 $P_{f\&w}$ 非常小,近似的方差 $s^2 = P_{f\&w}(1 - P_{f\&w}) \approx P_{f\&w}$,$\bar{\chi}$ 取值为语料库中特征 f 和指示器 w 实际同时出现的概率 $P_{f\&w}$。如果检验的值足够大,那么之前提出的虚假设就为 false。

t 检验假设样本服从正态分布,而在实际情况中不一定总是成立,另一种不需要样本服从正态分布的假设检验是 χ^2(卡方)检验。基于 χ^2 检验的评价法通过计算 $\bar{\chi}$ 值来评估产品特征以及指示器的关联程度。在最简单的情况下,以 2×2 的表 10-1 来说明 χ^2 检验的用法。χ^2 检验的实质是比较期望的独立分布频率与表中观测到的频率。如果观测到的频率与期望的频率相差很大,那么就可以拒绝之前的独立分布的虚假设。

表 10-1 一个 2×2 的表来展示特征"外观"与指示器"漂亮"之间的依赖性

	$w =$"漂亮"	$w \neq$"漂亮"
$f =$"外观"	8 (例如,"外观漂亮")	202 (例如,"外观不错")
$f \neq$"外观"	509 (例如,"屏幕漂亮")	7986 (例如,"屏幕不错")

χ^2 检验对每个表格中观测频率与期望频率的差异进行求和,并通过期望频率进行了归一化,计算公式如下:

$$\chi^2 = \sum_{i,j} \frac{(o_{ij} - e_{ij})^2}{e_{ij}} \qquad (10\text{-}4)$$

其中,i 是表的行数,j 是表的列数,o_{ij} 是表格 (i,j) 的观测频率,e_{ij} 是其期望值。期望频率 e_{ij} 通过边际概率计算。例如表格 10-1 的期望频率("外观漂亮")通过用"漂亮"作为搭配的一半的边界概率乘以"外观"作为搭配的一半的边界概率:

$$e_{1,1} = \frac{8+202}{N} \times \frac{8+509}{N} \times N \qquad (10\text{-}5)$$

通常情况下,在搭配提取的问题中,t 检验和 χ^2 检验的区别并不大。然而,χ^2 检验也同样适用于大概率的情况,而这时 t 检验的正态分布假设是不成立的。这也是为何 χ^2 检验被广泛应用于搭配提取的问题之中。

10.2.3 基于监督学习抽取评论的隐式特征

1. 算法设计思想与流程框架

和利用关联规则挖掘进行隐式特征抽取的前提类似,与每个特征簇相关的所有显式评论是很容易得到的。正如前文所述,对于文本所描述的隐式特征,并没有一个针对所有领域和所有产品特征的先验知识库。然而,在得到与每个特征相关联的所有显式评论之后,经常被用于描述该特征的一些评论信息,都是包含在对应的显式评论集合中的。因此,如果对该集合进行学习,从中抽取出用于评论该特征的有用信息,然后建立一个针对该特征的分类模型,就能对隐式评论语句进行分类了。

鉴于此,本章提出了一种利用监督学习训练分类模型的算法用于挖掘隐式特征,将包含显式特征的评论作为训练集,其他评论则作为预测集,算法流程如图 10-3 所示。该方法主要包括以下步骤:抽取包含显式特征的相关文本;将相关文本数字化;利用机器学习的方法训练分类模型;对其他语句是否包含隐式特征进行分类,进而判断每条评论所描述的隐式特征。

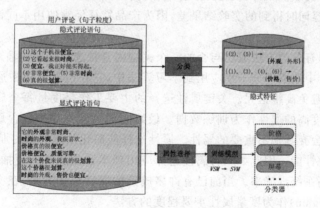

图 10-3　利用监督学习挖掘隐式特征

算法 2 以伪代码的形式总结了利用监督学习挖掘隐式特征的主要步骤。在训练时,训练集中的正例是当前特征的所有显式评论(第 6 行),而负例则是其他特征的显式评论(第 7

行)。在模型训练阶段,本部分使用了不同的方法进行属性选择[①],并用 VSM 将评论文本数字化(第 8 行)。

Algorithm 2　利用监督学习挖掘隐式特征

1： for each f_i in feature clusters do
2：　　$ES_i \leftarrow$ extract explicit sentence set from the corpus
3： end for
4： IS $\leftarrow$ implicit sentence set with no feature
5： for each f_i in feature clusters do
6：　　$PE_i \leftarrow$ explicit sentences in ES_i as positive examples
7：　　$NE_i \leftarrow$ explicit sentences in $ES_j (j \neq i)$ as negative examples
8：　　$PD_i \leftarrow$ generate training data based on PE_i and NE_i by VSM
9：　　$C_i \leftarrow$ use SVM to train classification model with TD_i
10： for each s in implicit sentence set IS do
11：　　if the feature of s is *null* then
12：　　　result $\leftarrow$ use C_i to classify s
13：　　　If result is positive then
14：　　　　the feature of $s \leftarrow f_i$
15：　　end if
16：　end if
17：　end for
18： end for

---

2. 监督学习方法中的属性选择以及机器学习模型

利用监督学习挖掘隐式特征时,需要设置一些参数。在利用向量空间模型生成训练数据时,所有的属性都通过词性以及最小出现次数进行了剪枝。不同的属性选择方法会得到不同的实验结果。例如,如果仅仅选择形容词作为训练属性,得到的结果很可能比同时选择名词、动词以及形容词时得到的实验结果差,因为产品特征经常使用不同词性的词语或短语进行描述。

机器学习中所有分类方法成功与否的一个关键因素是选择合适的输入变量。属性选择指的是从数据集合中选取部分子集应用到学习算法中,它在机器学习中通常是一个重要的步骤,可以有效地避免高维诅咒。关键属性选择的主要工作是度量每个属性与目标值的关联度,并选择关联度高的属性作为训练数据。最好的训练子集往往包含最少的能提高分类准确率的属性,并舍弃其他不重要的属性。属性选择能简化预测模型的训练过程,并增强其对未知数据的泛化性能。因此如果将属性选择应用到本章的隐式特征抽取算法中,应该能在一定程度上提高系统准确率。当前已有许多成熟的属性选择方法,在文本中采用了信息增益(information gain)作为度量属性重要程度的方法。

---

① 在机器学习领域,经常用"属性"或者"特征"一词来表述数据的每一维度上的具体信息,为了区别于文本中的"产品特征",故本章中仅用"属性"一词表示训练集和测试集中的数据的每一维度的信息。

支持向量机(Support Vector Machine,SVM)在传统的文本分类中一直表现出了优异的性能。它本质上是一个最大间隔分类器,在二分类问题中,该方法的思想是找出一个用支持向量表示的超平面,该超平面不仅能对已有的数据进行分类,并且要求间隔越大越好。由于支持向量机在文本分类问题中性能表现突出,文本中选择其作为机器学习模型,并用SVM－light①进行训练和测试,所有参数均采用默认参数。

在产品评论结构化信息抽取的问题中,隐式特征往往是被前人忽略的问题,本节重点介绍了两种截然不同的隐式特征抽取算法。第一种方法基于关联规则挖掘,并将自然语言处理领域广泛使用的搭配提取方法应用到该问题中。第二种方法利用机器学习算法为每个特征训练了分类模型,首次将监督学习的方法应用到隐式特征提取的问题中。最后将详细评估本章所介绍的算法的实验结果。

10.3 情感分类研究综述

在抽取了结构化评论信息的基础上,需要对评论文本基于产品特征进行情感分类,以挖掘市场的评论热点以及舆论导向。作为产品评论观点挖掘的核心内容,对评论文本进行情感分类一直是热门的研究方向,现有研究工作中也有许多成熟的方法。本节对现有工作的优点与不足之处均进行了仔细分析,提出了一套完整的在语句粒度上基于产品特征的情感分类的算法。基于评论的结构化信息以及情感分类的结果,可以对整个观点挖掘的结果进行归纳,生成情感文摘。

本节内容如下:首先,介绍了评论信息分类算法的处理细节;其次,介绍了观点挖掘结果归纳的方法;第三,在完成了所有观点挖掘算法之后,介绍一套中文产品评论观点挖掘系统;第四,对其进行了简要介绍;最后,对本部分内容进行了总结。

10.3.1 基于词典与语言规则进行情感分类

情感分类主流的研究工作主要有两类方法:基于词典的无监督分类方法;基于属性选择和机器学习的监督分类方法。基于监督学习的分类方法通常在篇章粒度上对产品评论进行分类,而由于单个语句信息含量少,且无法处理上下文关系,因此基于监督学习的方法无法在句子粒度上对评论文本进行情感分类,从而会忽略与产品具体特征相关联的情感信息,故实际应用价值不大。本部分基于产品特征进行观点挖掘的工作,采用了基于词典的无监督分类方法对评论文本进行了情感分类。本小节将详细介绍分类算法的具体细节,以及词典等输入语料的来源,并提出了一种判断与上下文相关情感词的情感倾向的方法,然后分析了整个情感分析算法的计算开销。

1. 在句子粒度对评论进行情感分类

基于词典的情感词抽取方法是情感分析的重要方法之一,该方法主要通过句子中的情感词以及情感短语来判断该句的情感倾向。本节提出的算法在语句粒度上对评论进行情感

---

① http://svmlight.joachims.org/

分类,如果该句含有产品特征,则该句的情感倾向即为针对该产品特征的情感倾向。算法首先通过情感元素判断语句的基本情感倾向,再加入用户的语言表述习俗进一步调整语句的情感倾向。例 10.6、例 10.7、例 10.8、例 10.9 共描述了"外观""价格""屏幕""内存"四个产品特征,后续将以这几个例句说明本文情感分类算法的工作流程。

【例 10.6】 这款手机外观很时尚[+1],但价格太高[−1]。

【例 10.7】 屏幕非常细腻[+1],内存也很大[+1]。

【例 10.8】 价格很低[+1],但是屏幕太小[−1]。

【例 10.9】 屏幕稍微发黄[−1],但是价格低[+1]。

算法首先定位评论中的所有情感元素,主要是情感词语以及短语,通过评论中的情感词语能初步确定部分语句的情感色彩,例如"时尚""细腻"。通过这一步,可以确定"这款手机外观很时尚","屏幕非常细腻"的情感倾向为褒义。然后上述 4 个例子中的其他语句情感色彩尚未确定,主要原因是其中包含许多未出现在情感词典之中的情感词。这类词语的情感色彩随着上下文语境以及所修饰的产品特征动态变化,需要特殊处理。因此,算法加入了一些常用的语言习俗规则,进一步推断其余评论的情感色彩。

(1) 否定:句子中的否定词或短语会使该句的情感倾向发生反转。在处理包含否定词或短语的语句时,有以下几条规则需要纳入情感分类算法中:(1)否定+褒义→贬义;(2)否定+贬义→褒义;(3)否定+中性→贬义。上述三条规则中值得一提的是,如果语句中本身没有情感元素,但是出现了表示否定的词或短语,则该句的情感倾向绝大多数时候是贬义的。例如,在手机评论中,"这款手机没有 GPS",该句陈述了一个事实,但是加上了否定前缀却隐含了一个贬义的情感倾向。当句子中包含多重否定时,对每一层否定都套用上述规则,即可推断出该句的情感色彩。

(2) 转折:句子中出现表达转折的词或短语(例如,"但是""可是""却"等)时,该句的情感倾向通常和上一句相反。应用这一条规则之后,在例 10.6 中,"但价格太高"的情感倾向与上一句相反,为贬义。而与该规则对应的是,如果一条语句表达了一定的情感色彩,但是该句中并不含任何转折词或短语,则该句的情感色彩通常和上一句相同。在例 10.7 中,第二句——"内存也很大"——虽不含明显的情感词,但是,"小"是和上下文语境以及产品特征相关联的情感词,说明该句是有一定的情感色彩的,由于该句并未含转折词,则可推断其情感倾向与上一句相同,为褒义。应用本条规则,如果知道了后一条语句的情感色彩,同样可以推断出前一条语句的情感色彩。

(3) 程度:句子中包含表程度/强度的词或短语时,该句通常含有一定的情感色彩。在例 10.9 中,"屏幕稍微发黄",虽然该句并不包含任何情感词,依然可以由"稍微"推断出该句表达了一定的情感倾向。而例 10.6、例 10.7、例 10.8 的第二句不仅可以从与上下文相关的情感词推断出它们包含一定的情感色彩,也可以从表达程度的词语("太""很")推断出其含有一定的情感色彩。

通过以上几条语言习俗规则,可以基本推断出评论中每条语句的情感倾向。然而,以上仅仅是几条概念性的规则,在实际评论中可能以各种不同的形式出现,因此在实际应用系统中需要灵活处理各种情况。而更为特殊的是,即便某条语句满足上述规则,该句也并不是一定包含相应的情感倾向,这也使得基于词典的情感分类越发复杂。随着研究的深入,以上规则也可以做适当的调整,并加入新的针对特殊情况进行处理的规则,以提高分类的准确率。

在情感词典的基础上,将以上规则应用于例 10.6、例 10.7、例 10.8、例 10.9,可以推断出例 10.6 和 10.7 中所有语句的情感色彩,然而,例 10.8 和 10.9 依然无法处理,因为以上两句都不含明显的情感词,需要从上下文推断出其情感色彩。

2. 相关中文词典构建

基于词典进行情感分类,需要以完备的情感词库为基础。而当前中文情感词典的情感词数量的局限性,往往制约了情感分类的效果。在中文情感词典方面已经有许多相关研究工作,也有许多研究机构总结了各自的情感词库,然而均不够完备。我们在前人工作的基础上,综合了已有的情感词典、语言学情感研究成果等资源构建了相对完整的情感词典。主要筛选了台湾大学自然语言处理实验室总结的中文情感词典①,清华大学自然语言处理组的中文褒贬义词词典②,以及知网(HowNet)发布的情感词典与评价词典③。通过对上述情感词典进行筛选与补充,构建了一个相对完备的中文褒贬义词词典,有效地提高了情感分类准确率。除此之外,还整理了三个与 10.3.1 节提出的语言习俗规则相关的中文词典,分别是否定词典、转折词典与程度词典。以上词典均应用到了本节的情感分类算法中。

3. 为产品特征构建上下文相关情感词典

虽然大部分情感词都能直接通过情感词典进行抽取和情感倾向判断,然而评论中却经常存在少数情感随着不同领域和所描述的特征动态变化的词语,这些词语往往会给情感分类过程带来很大的干扰。例如,"这个酒店周围噪声很大""这款手机屏幕很大",在这两个句子中,"大"针对不同的描述对象表露了不同的情感色彩。因此,这类情感色彩与上下文相关的情感词无法直接放在普通褒贬义情感词典中,它们严重制约了情感分类算法的准确率,故需要在前述情感分类算法的基础上,对这类上下文相关情感词进行特殊处理。虽然已有研究者提出了通过一些特殊句式在英文语料库中进行统计继而判断这些词语情感倾向的方法,但是,由于这些特殊句式往往比较少,而且很难定位哪些是情感倾向动态变化的词语,所以这方面研究仍然是一大难点。

在 10.3 节介绍的情感分类算法中,针对例 10.6 进行分析,第一句通过"时尚"一词推断出其为褒义,第二句由于包含转折词"但是",因此为贬义。在该句中,"高"是一个上下文相关的情感词,从而可以推断出其在该句中针对"价格"表达了一个贬义的情感色彩。同理,在例 10.7 中,"大"针对"内存"表达了一个褒义的情感色彩。以上结果可以表示为:价格+高→贬义;内存+大→褒义。由于"高"和"低","大"和"小"互为反义词,因此可得:价格+低→褒义;内存+小→贬义。而将此推断出的结论用于例 10.8,则第一句"价格很低"为褒义,由"但"可以推断出第二句"但是屏幕太小"为贬义,从而可得:屏幕+小→贬义;屏幕+大→褒义。同理,可以推断出例 10.9 第一句为贬义,第二句为褒义。

本节提出的情感分类基础算法,仅仅能对例 10.6、例 10.7 进行情感分类,而以上推理过程则从例 10.1、例 10.2 的情感分类结果中推断出了例 10.8、例 10.9 的情感倾向。简言之,在不同领域中,与上下文相关的情感词针对不同的产品特征所表达的情感倾向是动态变

---

① http://nlg18.csie.ntu.edu.tw:8080/lwku/pub1.html

② http://nlp.csai.tsinghua.edu.cn/site2/

③ http://www.keenage.com/html/e_index.html

化的。当前并不存在一个完备的先验知识库来描述这些信息,然而,这类信息却可以从海量的产品评论中通过上下文推断出来。因此,本部分提出了一种新的推断上下文相关情感词的情感色彩的方法,通过对语料库进行统计,可以为每个产品特征建立一个情感极性随着上下文动态变化的词典,例如(大—小,高—低,厚—薄),再通过对评论的上下文语境分析,推断出这些词语在该领域中针对某个对象特征的情感倾向。

一些特殊情况在该算法中需要做相应的处理,在一款产品的所有评论中,同一个词针对同一个产品特征,也可能表露出不同的情感倾向。例如,一个消费者可能很喜欢"大"屏幕,而另一个消费者却可能觉得屏幕太"大"会不方便。因此,在本文的算法中,为每一个特征构建上下文相关情感词典时,采用了"遵循大多数人的意见"的策略。如果同一个词针对同一个产品特征在不同评论中有不同的情感倾向,则对整个评论语料进行统计,最后采用多数人的意见作为该词语针对该产品特征的情感倾向。该算法的另一个难点是如何定位上下文相关的情感词。幸运的是,在中文领域,该类词语实际上并不多,因此本章中人工整理了一个中文领域的比较全面的与上下文相关的情感词典。

通过上述介绍的算法推理流程可以发现,在算法第一轮进行时,"价格"的上下文相关情感词典里还没有任何信息,"高"针对"价格"的情感倾向是未知的,因此在例 10.8 中,是无法推断出"小"针对"屏幕"的情感色彩的。如果将上述介绍的算法重复执行一次,此时"价格"的上下文相关情感词典中,"高"为贬义,"低"为褒义,通过该词典便可以推断出例 10.8 中所有语句的情感色彩。因此,本节中构建上下文相关的情感词典的过程与情感分类过程需要迭代进行,情感分类时针对每个特征可以用到上下文相关情感词典中的信息。这两步一直迭代,直到上下文相关的情感词典不再变化,就能得出更精确的情感分类结果。算法 3 以伪代码的形式总结了本节提出的算法的主要步骤。

Algorithm 3　为每个产品特征构建与上下文相关的情感词典
1:　while true do
2:　　for each r in Review set do
3:　　　Sentiment detection on r
4:　　end for
5:　　$change \leftarrow false$
6:　　for each f in Feature set do
7:　　　Build sentiment lexicon for f
8:　　　if $f's$ lexicon changes then
9:　　　　$change \leftarrow true$
10:　　　end if
11:　　end for
12:　　if ! $change$ then
13:　　　Break
14:　　end if
15:　end while

综合以上分析，本节提出的文本情感分类算法的计算开销主体上包含两部分，其一是对评论文本进行情感分类，其二是为每个特征构建上下文相关情感词典。在基于词典对评论进行情感分类时，只需顺序扫描所有评论一遍即可，计算开销为 $O(MN)$，其中 M 为情感词数量，为评论中语句数量。而在为每个特征构建上下文相关情感词典时，也只需对语料库顺序扫描一次进行统计，计算开销为 $O(N)$。故整个情感分析算法每轮迭代的时间开销均为 $O(MN)$。而算法在进行情感分类时，一个原则是优先考虑情感词典，其次考虑语言习俗规则。即如果该句含有情感元素，如情感词和短语，与特征和上下文相关的情感词等，则优先通过情感元素判断该句情感倾向；如果该句不包含情感元素，则通过上下文推断其情感色彩。在采用情感词典优先的原则下进行情感分析，算法经过每轮迭代，与特征和上下文相关的情感词典都得到进一步完善，并将被用于下一轮的情感分类。因此，每一轮迭代之后，上下文相关的情感词典都会趋于完善，而不会呈现波动状态，故算法必定会一直收敛，并在数次迭代后结束。

10.3.2 观点挖掘结果归纳

观点挖掘的最终目的是对产品的全部评论进行分析总结，并从中提炼出主流的情感倾向和评论热点。因此，在完成情感分析工作之后，需要将情感分析结果进行归纳，以更直观、更简洁的方式向用户展现，比较主流的一种方式是生成产品评论的情感文摘。由于本研究中基于产品特征对评论文本进行了观点挖掘，因此基于产品特征为每个产品的所有评论生成了情感文摘。情感文摘主要包含两方面的内容。

（1）产品特征的情感总结：在观点挖掘算法中，抽取了评论语句所描述的产品特征，并对所有评论进行了情感分类。因此，针对每一个产品特征，可以统计所有用户针对该特征的所有评论中，褒义评价和贬义评价的百分比，从而直观地反映出该产品在该特征上的市场口碑如何。

（2）产品特征的评论热点：评论热点是指比较有代表性的评论。给出每个产品特征的褒义评论和贬义评论的百分比，仅仅能反映出该特征的普遍评价情况，而用户却并不了解为何该产品特征会收到如此的评价，因此需要挑选出部分有代表性的评论语句加入情感摘要，以便用户能从一定程度了解到该特征的优势，以及为人诟病的不足之处在哪里。

通过10.3.1节提出的评论情感分类算法，能够得到每个特征的褒义评价和贬义评价百分比，因此只需再提取部分有代表性的评论热点，即可生成简洁的情感摘要。在从每个特征的评论中提取评论热点时，首先对评论在篇章粒度上进行了筛选，去除了内容较短，或重复内容过多的评论，因为这类评论的作者往往评价态度不够认真，因此评论内容的可信度并不是很高。其次，对该特征的所有褒义和贬义评论按照情感得分进行了排序，并依据褒义和贬义评论各自的百分比，选出了部分情感色彩强烈的语句作为该产品特征的情感摘要。

图10-4展示了所开发的观点挖掘系统中，以图形化的方式所展现的基于产品特征的评论情感分类结果。从图中可以直观地看出该产品不同特征的市场口碑，非常方便潜在的消费者更直观地了解此产品的优势与不足之处，而将不同产品的评论情感分类结果图合并也能非常直观地将两款产品在不同特征维度上进行对比。图中每个特征的褒义和贬义评论也都各自对应了少量有代表性的热点评论作为其摘要。

基于前几节中所提出的观点挖掘算法，我们开发了一套针对中文的基于产品特征的互

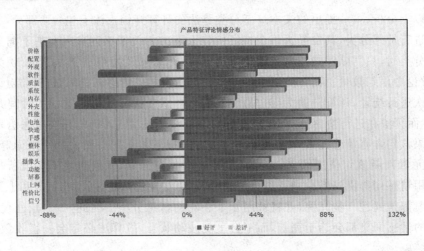

图 10-4 系统的具体实现

联网评论观点挖掘系统,流程如图 10-5 所示。该系统对互联网产品评论进行观点挖掘主要包含两个模块:首先是系统的准备阶段;其次是系统的使用阶段。在系统准备阶段,主要需要完成后台的产品评论舆情分析。首先,系统针对某些特定领域,抓取相应产品评论,然后对不同产品的评论进行产品特征抽取以及观点挖掘,形成舆情分析结果。在系统的使用阶段,用户可以查询自己所关注的产品的评论分析结果,发现产品的优点与不足,并对比不同产品的优势与劣势。该系统的分析结果不仅能给潜在的消费者的购物决策提供参考,还能给产品的生产厂商提供改进建议。

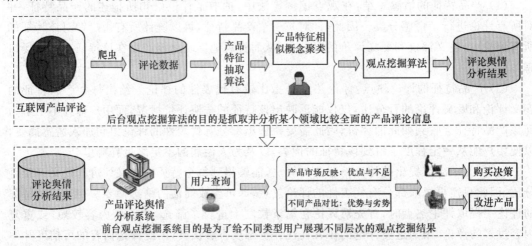

图 10-5 观点挖掘系统详细实施流程图

所开发的情感分析系统的具体实现架构如图 10-6 所示。整个系统自顶向下可以分成三大主要层次:顶层是用户界面模块;中间是数据库接口模块;底层是各个算法功能模块。用户界面模块主要是给观点挖掘系统的使用者提供一个图形化的友好的用户操作界面,以方便用户浏览自己感兴趣的产品的评论分析结果。数据库接口模块提供了整个系统的数据库读写接口,方便其他各个不同的功能模块进行数据的 I/O 操作。底层算法模块主要包括:(1)爬虫模块。用于从互联网上抓取产品评论数据;(2)产品特征抽取模块。用于从评论中抽取频繁被描述的产品特征;(3)观点挖掘模块。用于基于产品特征对评论进行细粒度的情感分类;(4)情感文摘生成模块。根据情感分类结果生成热点情感文摘。

针对评论观点挖掘中的核心问题,提出了一套完整的基于词典的评论情感分类算法,能在句子粒度上基于产品特征对评论文本进行情感分类,并且还提出了上下文相关情感词的情感倾向判断方法。整合的情感分类算法不仅满足了细粒度的基于产品特征进行情感分类的要求,还解决了与上下文相关的词语情感倾向判

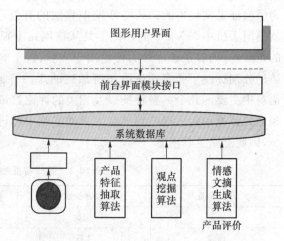

图 10-6 观点挖掘系统的实现架构图

断的难点,有效提高了情感分类算法的准确率。在上述算法基础上,开发了一套完整的产品评论观点挖掘系统,将文中提出的算法真正应用到实际系统中。

10.4 算法评估结果与分析

10.3 节针对基于产品特征进行观点挖掘的问题,介绍了产品评论的结构化信息抽取方法,并重点介绍了两种不同的隐式特征提取方法,以期能使观点挖掘系统获得更高的召回率。在产品评论的结构化信息基础上,本节重点介绍了基于产品特征在语句粒度上对评论文本进行情感分类的算法,并提出了一种分析与上下文相关情感词的情感倾向的方法。在本节中将对以上算法进行详细评估,以验证其有效性。

本节主要内容:首先,将介绍评论结构化信息提取工作中,隐式特征抽取算法的实验结果;其次,介绍了在篇章粒度上情感分类算法的实验结果;再次,介绍了在语句粒度上情感分类算法的实验结果;最后,对本章内容进行了总结。

10.4.1 隐式特征抽取实验结果及分析

本节将主要介绍在产品评论结构化信息抽取中,所提出的两种不同的隐式特征抽取算法的实验结果,主要内容包括实验数据集介绍,基于搭配提取方法所获得的关联规则结果分析,以及基于关联规则和基于机器学习算法抽取隐式特征的实验结果。实验结果验证了前几部分中提出的隐式特征抽取算法的有效性。

1. 实验数据集

当前中文评论观点挖掘领域的公开实验数据集还稍显匮乏,大部分数据集仅仅标注了评论整体的褒贬义情感倾向,主要用于验证基于篇章粒度的情感分类算法效果。而就当前所了解到的情况,当前中文领域并没有公开的基于产品特征进行观点挖掘的权威数据集。

为了验证上文提出的隐式特征挖掘算法的有效性,从国内著名电子商务网站上[①]抓取了一款热门手机中兴 V880 的评论。共从该网站上抓取了 4 545 条评论,并从中选取了前 1343 的足够长、内容足够详尽的评论用于实验,该 1 343 条评论共包含 10 148 条评论语句。人工协助分别标注了所有评论语句所描述的产品特征并互相进行了验证。表 10-2 描述了评论语料中主要的几个典型特征以及相关的评论数量,一共包含了 2 775 条显示评论语句和 993 条隐式评论语句。这些特征在本章的实验中都进行了评估,其它产品特征由于显式评论较少,因此忽略了其内容。

表 10-2 隐式特征抽取实验数据集

产品特征	显式评论数量	隐式评论数量	评论总数
屏幕	810	183	993
质量	135	63	198
电池	343	127	470
价格	950	418	1 368
外观	164	128	292
软件	329	51	380
摄像头	44	23	67

2. 基于搭配提取的关联规则挖掘结果与讨论

在获得了分词、词性标注以及每个特征簇的显式评论语句集合之后,本部分用 5 种不同的搭配提取方法挖掘了特征指示器与对应的产品特征之间的关联规则。当从显式评论语句集合中筛选候选特征指示器时,所有的特征指示器都通过词性与最少出现次数进行了剪枝,在部分的实验中,特征指示器至少需要出现两次。表 10-2 展示了"价格""外观"和"电池"三个产品特征的部分关联规则挖掘结果。由于篇幅所限,表中仅仅列出了这三个特征在每种方法中排名靠前的 8 条规则。

当通过词性对候选规则进行剪枝时,仅仅保留了名词(nouns,n)、动词(verbs,v)和形容词(adjectives,a)作为候选词。不同的剪枝策略往往会得到迥异的实验结果。在前人的相关研究中,大多数工作仅仅选取了情感词作为特征指示器,通常是形容词。然而,从表 10-2 中可以发现,一些合乎常理的规则却不是形容词。在"价格"的挖掘结果中,"跌"是动词,也是一条合理的规则。例如,在例 10.10 中,第二条语句显然是针对价格的评论,尽管它陈述了一个事实,但是却明显地表达了一个贬义的情感倾向。

【例 10.10】 很漂亮,但是我刚买的第二天就跌了 20%。真倒霉!

在表 10-3 中,下划线的词是一些不太合理的规则。有些错误是由于分词或词性标注程序的错误引起的。例如,"超"在"价格"的评论中多数时候是副词,但是词性标注结果却是动词。从表中还可以发现,当使用 frequency * PMI 时,这三个特征的前 6 条规则均是合理的。而 t 检验和 χ^2 检验的结果虽然与 frequency * PMI 的结果比较接近,但是这两种方法抽取的前 6 条规则中仍然有不合理的。从表中还可以发现,frequency 和 PMI 两种方法的结果均

---

① http://www.360buy.com

不如其他三种方法。尽管在这两种方法的结果中错误并不多,但是它们却遗漏了很多重要的规则,例如,"便宜"→"价格"。从表10-3中还可以发现,在"外观"的所有规则结果中,仅仅出现了一个错误的结果。这个现象不难解释,针对"外观"的绝大多数规则均是形容词,并且也都是情感词。不同于其他名词或动词,这些含有情感色彩的形容词通常均是用来形容"外观"的,用法比较单一。而与形容词不同的是,动词和名词往往有许多用法。例如,"能力"既可以用来形容电池的续航能力,也可能用来形容CPU的处理能力。因此,"能力"并不是一条合理的描述"电池"的规则。从中也可以看出,不仅处理了情感词,也处理了其他词语,这使得该工作比前人的研究难度更高。

表10-3 "价格""外观"和"电池"的部分关联规则挖掘结果(仅仅显示前八条规则)

产品特征	frequency		PMI		frequency * PMI		t test		χ^2 test	
	规则	值	规则	值	规则	值	规则	值	规则	值
价格	对得起	33	足	3.86	便宜	306.21	便宜	8.59	便宜	866.64
	实惠	31	对得起	3.64	对得起	119.99	对得起	5.28	对得起	382.98
	贵	10	对得起	3.63	实惠	108.41	实惠	5.07	实惠	320.97
	对得起	8	实惠	3.50	值	70.59	值	4.18	值	178.52
	具	5	跌	3.45	贵	29.64	贵	2.75	对得起	93.11
	划算	5	划算	3.45	对得起	29.13	对得起	2.60	贵	65.39
	无敌	5	合理	3.45	划算	17.25	超	2.09	足	55.65
	足	4	优势	3.45	具	15.93	划算	2.03	划算	49.65
外观	大气	13	时尚	5.99	大气	73.15	大气	3.53	大气	628.65
	时尚	10	酷	5.83	漂亮	65.02	漂亮	3.38	时尚	625.25
	好看	9	轻薄	5.83	时尚	59.85	时尚	3.11	漂亮	499.01
	大方	4	大方	5.83	薄	55.70	薄	3.10	好看	452.43
	酷	3	好看	5.68	好看	51.13	好看	2.94	大方	224.18
	轻薄	3	大气	5.63	大方	23.33	大方	1.96	酷	168.12
	瑕疵	2	薄	5.57	酷	17.50	酷	1.70	轻薄	168.12
	美观	2	漂亮	5.42	轻薄	17.50	轻薄	1.70	美观	112.07
电池	一块	19	耗电	5.32	耐用	296.31	耐用	7.54	耐用	1 716.14
	容量	15	容量	4.90	一块	91.77	一块	4.21	一块	521.51
	续航	11	续航	4.90	一天	74.50	一天	3.84	容量	434.75
	能力	9	电量	4.90	容量	73.56	容量	3.74	续航	318.70
	短	7	耐用	4.86	续航	53.94	续航	3.21	能力	210.08
	待机	7	一块	4.83	时间	51.49	能力	2.88	耗电	157.08
	配	5	一天	4.65	能力	41.53	短	2.53	短	154.61
	耗电	4	能力	4.61	短	31.79	待机	2.52	待机	137.78

在本节提出的算法中,特征指示器不仅仅包含了单个的词语,还包括了在评论中经常出现的二维频繁项。例如,"充满电只能用一天",该句中"一天"是由数词与量词组成的二维频繁项,并且经常被用来描述电池的续航能力,是针对"电池"的一条合理的规则。表10-2中的部分规则也验证了算法的有效性,例如"一天""一块"都是针对"电池"的合理规则。在抽取二维频繁项作为候选特征指示器时,词性被限定为名词、动词、形容词、代词(pronoun, p)、数词(numeral, m)和量词(quantifier, q)。

3. 基于关联规则的隐式特征抽取结果与讨论

在本章提出的关联规则挖掘策略中,所有的候选规则均通过置信度阈值进行了过滤,低于阈值的候选规则或者在多个产品特征的候选规则集中同时出现的规则均被移除。高的阈值能去除低频出现的规则和置信度低的规则,可以提高算法准确率,但同时也降低了召回率。因此,只有设定合适的阈值才能得到最佳的 F 值。在文部分的实验中主要评估了经常用于信息检索领域的传统的 F 值,也被称作 F_1 measure[①],此处准确率和召回率是同等权重的。计算公式如下:

$$F = 2 * \frac{precision * recall}{precision + recall} \tag{10-6}$$

在实际应用中,合适的置信度阈值需要通过实验进行调整。图10-7展示了利用5种不同的搭配提取算法在本部分的实验数据集上挖掘隐式特征的实验结果。

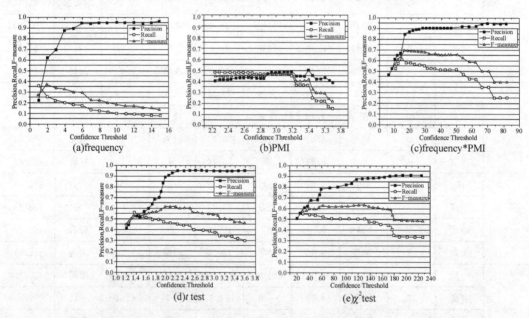

图 10-7 不同搭配提取算法的实验结果

从图10-7中可以明显看出算法准确率随着阈值升高而升高,同时召回率随之降低。在这5种方法中,使用 frequency * PMI 时并且当阈值在20左右时,算法获得了最高的 F 值——69.23%。t 检验和 χ^2 检验两种方法的最好结果比较接近,但是均没有 frequency * PMI 高。而使用PMI挖掘关联规则时,算法性能却不如前三种方法,此结果正如本部分在

---

① http://en.wikipedia.org/wiki/F-score

10.2.2 节中所阐述的,PMI 并不是一个好的衡量依赖性的指标。当使用 PMI 从文本中提取搭配时,其他条件相同的情况下,出现次数较少的特征指示器反而会比出现次数较高的特征指示器获得更高的得分。然而,在本部分的应用场景中,出现次数越多更能证明该特征指示器经常用来描述对应的产品特征。正因如此 frequency * PMI 的实验结果要明显优于 PMI。与 Hai 等人的实验结果不同的是,利用 frequency 提取关联规则的实验结果是 5 种方法中 F 值最低的。最重要的一个原因是 Hai 等人在其工作中仅仅处理了情感词,并且在评估实验结果时也仅仅评估了包含情感词的评论语句的情况。从 10.4.1 节中介绍的"外观"的关联规则提取情况可知,仅仅处理情感词是比较容易获得高的准确率和召回率的。而本部分的研究工作致力于提取所有隐式评论语句,并且在实验中既评估了直接包含情感观点的语句,也评估了只包含事实的语句,这也使本项工作更难获得高的召回率。也因为这个原因,利用 frequency 提取关联规则时,虽然召回率很低,但是其准确率非常高。

当从显式评论语句集合中筛选候选特征指示器时,所有特征指示器均通过词性进行了剪枝。图 10-8 展示了使用不用的词性过滤规则时,算法的最好结果。从图中可以看出,当候选词的词性限定为名词、动词和形容词时,即 $\{n,v,a\}$,使用 frequency * PMI 方法获得了最高的 F 值。仅保留 $\{v,a\}$ 的剪枝策略的实验结果和 $\{n,v,a\}$ 非常接近,表明了形容词和动词在评论语句中出现时,通常会用来暗示某些产品特征。然而,名词也同样可以用来暗示产品特征,因为从实验结果可以发现,保留 $\{n,a\}$ 的剪枝策略的实验结果要优于仅保留 $\{a\}$ 的实验结果。综上分析可知,相比于前人工作,本部分所提出的算法能在所有评论整体上获得高的召回率。

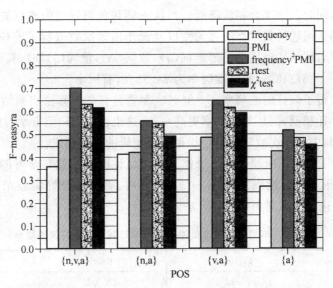

图 10-8　使用不同词性过滤规则时不同算法的最好实验结果

4. 基于监督学习的隐式特征抽取结果与讨论

基于监督学习的隐式特征抽取算法为每个产品特征训练了一个分类器,再用这些分类器预测每个隐式评论语句所描述的特征。在为每个特征训练分类器时,训练数据集为显式评论语句,其中正例为当前产品特征的显式评论语句,负例为其他所有特征的显式评论语句。由于正例与负例数据严重不均衡,本文中使用了 SVM-light 中的支持向量回归机

（Support Vector Regression，SVR）来对隐式评论进行分类，所有参数都使用默认值。图 10-9 展示了使用不用的词性筛选策略下监督学习算法的实验结果。

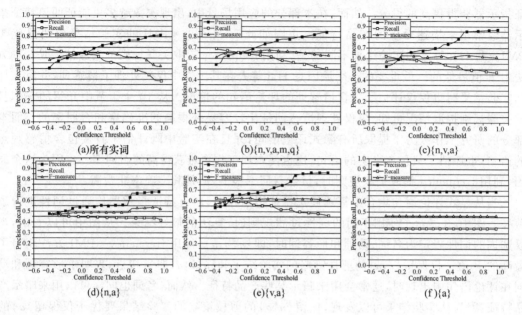

图 10-9　不同词性筛选策略下基于监督学习的算法实验结果

实验得到的 SVR 预测结果需要通过置信度阈值划分为正例和负例，并且准确率会随着阈值升高而升高，同时召回率会相应降低。当从正例和负例评论中进行属性选择生成训练数据集时，所有用于训练的属性都通过词性以及最小出现次数进行了剪枝。当用于训练的词语词性限定为$\{名词(n),动词(v),形容词(a),数词(m),量词(q)\}$时，算法在阈值 0.25 处获得了最高的值——67.43%，此时准确率为 74.33%，召回率为 61.70%。当置信度阈值接近 1.0 时，算法取得了最好的准确率——85%。尽管监督学习算法实验结果中最高的 F 值比 frequency * PMI 稍低，但是其召回率更高一些，这也说明利用监督学习的方法，能够更深入的挖掘训练语料中出现次数较低但是却更符合逻辑的规则信息。

表 10-4 展示了使用不同词性的词语作为训练属性时基于监督学习的隐式特征抽取算法的最好实验结果。当词性限定为$\{n,v,a,m,q\}$时，算法的最好实验结果非常接近利用 frequency * PMI 进行关联规则挖掘的方法。

表 10-4　不同词性筛选策略下监督学习算法的最好实验结果

词性	Precision	Recall	F-measure
所有实词	70.12%	62.20%	65.92%
$\{n,v,a,m,q\}$	74.34%	61.70%	67.43%
$\{n,v,a\}$	67.75%	58.40%	62.72%
$\{n,a\}$	74.64%	51.50%	60.95%
$\{v,a\}$	68.17%	43.70%	53.26%
$\{a\}$	69.08%	34.40%	45.93%

在机器学习算法中,属性选择通常是对训练数据进行降维的重要步骤,它可以简化预测模型的学习过程,并且增大其对于未知数据的泛化性能。因此,如果在本部分提出的基于监督学习挖掘隐式特征的算法中加入属性选择,排除不相关的或多余的属性,应该能提升算法的性能。在实验过程中,利用信息增益(information gain)进行了属性选择,当所有用于训练的词语词性限定为$\{n,v,a,m,q\}$时,实验数据中总的属性数量为1 330。图10-10展示了选取相关度评分靠前的不同数量的属性作为训练数据集时算法的实验结果。当属性数量为600时,算法在置信度阈值为0.2处获得了最好的F值——67.91%,此时准确率为75.37%,召回率为61.80%。加入属性选择策略后,算法的最好结果比未加入属性选择之前提高了0.5%。尽管算法性能经过属性选择之后有所提升,但是提升效果并不显著。在所研究问题中,产品特征可以通过任意词语暗示,而并不仅仅是形容词,因此算法中的属性数量并非越多越好,而需要合适的取值。

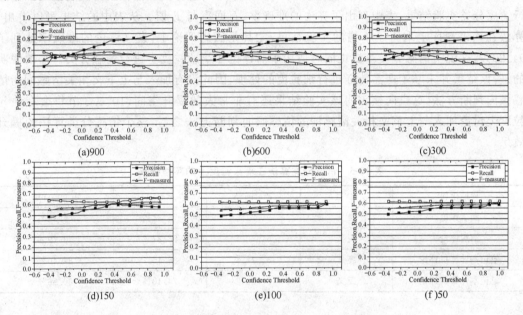

图10-10 不同属性数量下基于监督学习的算法实验结果

10.4.2 篇章粒度情感分类实验结果及分析

情感分类算法核心是在语句粒度上基于产品特征对评论进行情感分类。然而,当前中文领域大多数情感分类研究工作都集中于在篇章粒度上对评论进行情感分类。为了验证本章提出情感分类算法的有效性与通用性,本小节将介绍用本文的算法对评论在篇章粒度上进行情感分类的实验结果,包括实验数据集介绍,情感分类的实验结果以及讨论分析。

1. 实验数据集

当前中文领域评论观点挖掘的公开实验数据集并不多,不过仍然有相关的研究。其中,中科院计算所的谭松波博士所整理的酒店和笔记本计算机的情感分类语料[①]可以用来进行

---

① http://www.searchforum.org.cn/tansongbo/senti_corpus.jsp

本项实验。他们公布的语料包括10 000篇非平衡的酒店评论以及4 000篇平衡的笔记本计算机评论。其中,酒店评论包含7 000篇褒义评论和3 000篇贬义评论,而笔记本计算机评论中,褒贬各占二分之一。本小节将在此数据集上对情感分类的算法进行评估。

2. 情感分类实验结果及讨论

本章所提出的情感分类算法主要是在语句粒度上对评论进行情感分类,分类结果中每条语句都会获得相应的情感得分,而得分的权重根据语句中程度词的不同而有所不同。为了在篇章粒度上对评论进行情感打分,只需将每条语句的得分求和,便能得到该评论的整体情感得分。例如,"这款手机非常漂亮,但是屏幕有点差",该例子中第一句为褒义,第二句为贬义,然而第一句中有表示程度增强的词"非常",在本部分算法中,受程度词加权,该句得分为1.75,而第二句中由于有表示程度减弱的词"有点",该句得分为-0.5,因此在本部分算法中该评论整体得分为1.25,为褒义。表10-5展示了情感分类算法在篇章粒度上对评论进行情感分类实验结果,表中列出了算法的准确率、召回率与F值。从表中的结果可以看出,算法在该语料库上取得了不错的实验结果,尤其是酒店评论中,褒义评论的准确率达到了94.22%,这说明情感分类算法也同时适用于对评论在篇章粒度上进行情感分类。需要说明的是,该结果并未基于产品特征进行细粒度的处理,因此没有加入与上下文相关情感词的情感倾向判断方法,这也间接表明该实验结果还有非常大的提升空间,10.4.3节将会在语句粒度上讨论加入与上下文相关情感词的情感倾向判断方法之后,整个情感分类算法的提升效果。

表10-5 情感分类算法在篇章粒度上的实验结果

评论语料	褒/贬	Precision	Recall	F-measure
酒店评论	褒义	94.22%	76.34%	84.34%
酒店评论	贬义	64.40%	86.37%	73.79%
笔记本计算机评论	褒义	82.72%	86.15%	84.40%
笔记本计算机评论	贬义	87.84%	74.40%	80.56%

10.4.3 语句粒度情感分类实验结果及分析

本小节将主要介绍情感分类算法在语句粒度上基于产品特征进行情感分类的实验结果,包括实验数据集介绍,基于词典进行情感分类的实验结果,以及加入上下文相关情感词处理之后算法的提升效果。

1. 实验数据集

由于当前中文评论观点挖掘领域在细粒度上进行情感分类的公开实验数据集比较少,在评估情感分类算法性能时,依然在所介绍的手机评论数据集上进行了评估,并且对实验数据集进行了进一步扩充标注。共标注了1 844篇评论,每条评论语句都标注了其所描述的产品特征以及情感倾向。整个语料一共包含14 565条评论语句,其中包含8 432条褒义评论,4 216条贬义评论和3 917条中性评论。在所有评论语句中共有1 905条句子既包含上下文相关情感词又描述了至少一个产品特征。而本实验所用到的上下文相关情感词典共包含50个左右的与上下文相关的情感词语,其中每个词语都整理了对应的同义词与反义词。

2. 与上下文相关的情感分类实验结果及讨论

表 10-6 展示了与上下文相关的情感词的情感分类算法实验结果，该结果仅针对包含上下文相关情感词的语句，表中列出了算法的准确率、召回率与 F 值。在没有为每个产品特征构建上下文相关情感词典之前，该部分语句值仅为 36.56%，这也表明所提出的上下文相关词典构建算法非常重要。通过一次迭代为每个特征建立上下文相关情感词典之后，F 值升高到了 85.10%，此结果证明所提出的算法在中文领域非常有效。算法经过第二轮迭代后，F 值进一步提升到了 86.21%，多一轮迭代之后算法效果的提升也证明了前文对迭代算法分析的正确性。此后实验结果不再发生变化，表明每个特征的上下文相关情感词典已经趋于稳定。因此，所提出的迭代构建情感词典的方法能在一定程度上提升算法性能，而迭代次数取决于实验数据。

表 10-6 与上下文相关的情感分类算法实验结果

迭代次数	Precision	Recall	F-measure
0	26.98%	76.24%	36.56%
1	84.15%	86.95%	85.10%
2	85.83%	87.08%	86.21%
3	85.83%	87.08%	86.21%

图 10-11 展示了算法经过不同迭代次数之后，在所有语句和在上下文相关语句上的值。在情感检测阶段，既处理了明显的观点型评论，也处理了包含一定情感色彩的事实性评论，这也使得算法很难取得非常高的分类效果。从图 10-11 可以发现，上下文相关情感词的处理方法使情感分类在所有语句上的整体值从 74.80% 提升到了 82.06%，提升效果非常显著。尽管如此，情感分类算法在所有语句上的整体 F 值依然不是非常令人满意，仍然有一些提升的空间。评论文本中的一些语言表述习俗对情感分类的效果有很大影响，例如虚拟

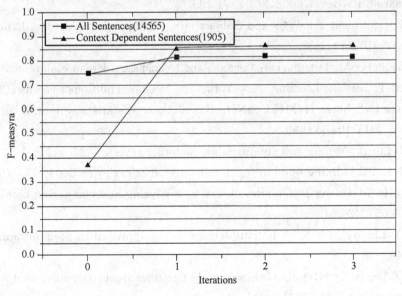

图 10-11 不同迭代次数下的 F 值

语气等,这类语句基于情感词典往往会得到错误的情感倾向,从而降低了基于词典的算法的整体准确率,因此这类语句也需要进一步的处理。

本节对隐式特征抽取算法以及产品评论情感分类算法进行了详细的实验评估。隐式特征抽取作为评论结构化信息抽取过程中被前人忽略的问题,它的效率高低直接影响了评论观点挖掘的召回率。首先,详细评估了两大类隐式特征抽取算法的实验结果,证实了所提出的基于关联规则挖掘隐式特征的算法的有效性。其次,针对评论观点挖掘的核心问题,详细评估了前文提出的基于词典在语句粒度进行情感分类的算法准确率,并对所提出的上下文相关情感词的情感倾向判断方法进行了评测。实验结果表明情感分类算法在细粒度上对评论文本进行情感分类的结果非常优异,并且有效解决了与上下文相关的情感词的情感倾向判断问题,使算法整体的准确率有了大幅提升。

本 章 小 结

基于大数据思维对文本进行挖掘,进而采用相关机器学习的算法挖掘文本中蕴含的丰富情感和观点信息,这些工作对于产品和服务的提供者具有重要的决策指导作用。同时帮助企业在海量的信息中精准的定位用户的个性化需求,并把握用户的痛点,对于新产品的推出和营销等活动具有至关重要的作用。

参 考 文 献

[1] Pang B,Lee L. Opinion mining and sentiment analysis. Foundations and Trends in Information Retrieval,2008,2(1-2):1-135.

[2] Liu B. Sentiment Analysis and Subjectivity. Handbook of Natural Language Processing,2010,(1):1-38.

[3] Han J,Kamber M. Data mining:Concepts and techniques. Morgan Kaufmann,2006.

[4] Mitchell T. Machine Learning. New York:The McGraw-Hill Companies,Inc,1997.

[5] Manning C,Schütze H,MITCogNet. Foundations of statistical natural language processing. MIT Press,1999.

[6] Hu M,Liu B. Mining and summarizing customer reviews. 2004:168-177.

[7] Hu M,Liu B. Mining opinion features in customer reviews. 2004:755-760.

[8] Liu B,Hu M,Cheng J. Opinion observer:analyzing and comparing opinions on the Web. 2005:342-351.

[9] Ding X,Liu B,Yu P S. A holistic lexicon-based approach to opinion mining. 2008:231-240.

[10] Zhai Z,Liu B,Xu H,et al. Grouping product features using semi-supervised learning with soft-constraints. 2010:1272-1280.

[11] Popescu A,Etzioni O. Extracting product features and opinions from reviews.

2005:339-346.

[12] Su Q,Xiang K,Wang H,et al. Using Pointwise Mutual Information to Identify Implicit Fea-tures in Customer Reviews. 2006,4285:22-30.

[13] Su Q,Xu X,Guo H,et al. Hidden sentiment association in chinese web opinion mining. 2008:959-968.

[14] Hai Z,Chang K,Kim J. Implicit Feature Identification via Co-occurrence Association Rule Mining. 2011,6608:393-404.

[15] Kim S,Hovy E. Determining the sentiment of opinions. 2004. 1367.

[16] Choi Y,Cardie C,Riloff E,et al. Identifying sources of opinions with conditional random fields and extraction patterns. 2005. 355-362.

[17] Kim S,Hovy E. Identifying and analyzing judgment opinions. 2006. 200-207.

[18] Kim S,Hovy E. Automatic detection of opinion bearing words and sentences. 2005. 61-66.

[19] Zhu Y,Min J,Zhou Y,et al. Semantic orientation computing based on HowNet. Journal of Chinese Information Processing,2006,1:14-20.

[20] Ku L,Liang Y,Chen H. Opinion extraction,summarization and tracking in news and blog corpora. 2006,(2001).

[21] Fu G,Wang 10. Chinese sentence-level sentiment classification based on fuzzy sets. 2010. 312-319.

[22] Hatzivassiloglou V,McKeown K. Predicting the semantic orientation of adjectives. 1997. 174-181.

[23] Turney P. Thumbs up or thumbs down? semantic orientation applied to unsupervised classifi-cation of reviews. 2002. 417-424.

[24] Hatzivassiloglou V,Wiebe J. Effects of adjective orientation and gradability on sentence sub-jectivity. 2000. 299-305.

[25] Yu H,Hatzivassiloglou V. Towards answering opinion questions: Separating facts from opin-ions and identifying the polarity of opinion sentences. 2003. 129-136.

[26] Yao T,Peng S. A study of the classification approach for Chinese subjective and objective texts. Proc. of the NCIRCS,2007,2007:117-123.

[27] Carbonell J. Subjective Understanding: Computer Models of Belief Systems. 1979.

[28] Wilks Y,Bien J. Beliefs,points of view,and multiple environments. Cognitive Science,1983,7(2):95-119.

[29] Das S,Chen M. Yahoo! for Amazon: Extracting market sentiment from stock message boards. 2001,35:43.

[30] Dini L,Mazzini G. Opinion classification through information extraction. 2002. 299-310.

[31] Morinaga S,Yamanishi K,Tateishi K,et al. Mining product reputations on the web. 2002. 341-349.

[32] Cardie C,Wiebe J,Wilson T,et al. Combining low-level and summary representa-

tions of opinions for multi-perspective question answering. 2003. 20-27.

[33] Dave K, Lawrence S, Pennock D. Mining the peanut gallery: Opinion extraction and semantic classification of product reviews. 2003. 519-528.

[34] Liu H, Lieberman H, Selker T. A model of textual affect sensing using real-world knowledge. 2003. 125-132.

[35] Nasukawa T, Yi J. Sentiment analysis: Capturing favorability using natural language process-ing. 2003. 70-77.

[36] Pang B, Lee L, Vaithyanathan S. Thumbs up? sentiment classification using machine learning techniques. 2002. 79-86.

[37] Riloff E, Wiebe J. Learning extraction patterns for subjective expressions. 2003. 105-112.

[38] Gamon M, Aue A, Corston-Oliver S, et al. Pulse: Mining Customer Opinions from Free Text. 2005, 3646: 741-741.

[39] Pang B, Lee L. Seeing stars: exploiting class relationships for sentiment categorization with respect to rating scales. 2005. 115-124.

[40] Hu M, Liu B. Opinion feature extraction using class sequential rules. 2006.

[41] Archak N, Ghose A, Ipeirotis P G. Show me the money!: Deriving the pricing power of product features by mining consumer reviews. 2007. 56-65.

[42] Tan S, Wang Y, Cheng 10. Combining learn-based and lexicon-based techniques for sentiment detection without using labeled examples. 2008. 743-744.

[43] Han J, Pei J, Yin Y. Mining frequent patterns without candidate generation. Proceedings of Proceedings of the 2000 ACM SIGMOD international conference on Management of data, New York, NY, USA: ACM, 2000: 1-12.

[44] Quinlan J R. Induction of Decision Trees. Machine Learning, 1986, 1: 81-106.

[45] Joachims T. Text categorization with Support Vector Machines: Learning with many relevant features. 1998, 1398: 137-142.

[46] Ku L, Chen H. Mining opinions from the Web: Beyond relevance retrieval. Journal of the American Society for Information Science and Technology, 2007, 58(12): 1838-1850.

[47] Boelsma E, Vijver L, Goldbohm R, et al. Human skin condition and its associations with nutrient concentrations in serum and diet. The American journal of clinical nutrition, 2003, 77(2): 348-355.

[48] Grove G, Zerweck C, Heilman J, et al. Methods for evaluating changes in skin condition due to the effects of antimicrobial hand cleansers: Two studies comparing a new waterless chlorhexidine gluconate/ethanol-emollient antiseptic preparation with a conventional water-applied product. American journal of infection control, 2001, 29(6): 361-369.

[49] Redman T. Data quality: management and technology. Bantam Books, Inc. , 1992.

[50] Liu H, Hussain F, Tan C, et al. Discretization: An enabling technique. Data mining

and knowledge discovery,2002,6(4):393-423.

[51] Kononenko I,Hong S. Attribute selection for modelling. Future Generation Computer Sys-tems,1997,13(2):181-195.

[52] Quinlan J. C4. 5:Programs for machine learning. Morgan kaufmann,1993.

[53] Breiman L. Classification and regression trees. Chapman & Hall/CRC,1984.

[54] Sokal R,Rohlf F. Biometry (2nd ed). New York:WH Feeman and Company,1981.

[55] Pearson E. The choice of statistical tests illustrated on the interpretation of data classed in a 2×2 table. Biometrika,1947,34(1/2):139-167.

[56] Sun Y. Iterative RELIEF for feature weighting:algorithms,theories,and applications. Pattern Analysis and Machine Intelligence,IEEE Transactions on,2007,29(6):1035-1051.

[57] Johnson R,Wichern D. Applied multivariate statistical analysis,volume 4. Prentice hall Upper Saddle River,NJ,2002.

[58] Elman J. Finding structure in time. Cognitive science,1990,14(2):179-211.

[59] Pham D,Liu 10. Dynamic system modelling using partially recurrent neural networks. Journal of Systems Engineering,1992,2:90-97.

[60] Shi X,Liang Y,Lee H,et al. Improved Elman networks and applications for controlling ultrasonic motors. Applied Artificial Intelligence,2004,18(7):603-629.

第 11 章　大数据技术在电力系统中的应用

本章主要介绍两个内容：一种云可视化机网协调控制响应特性数据挖掘方法；基于电力数据分析的河北南网电力市场化风险对冲方法。这两种方法均基于大数据思维对电力系统中数据进行了深入挖掘和分析。

11.1　一种云可视化机网协调控制响应特性数据挖掘方法

2015 年 6 月 24 日召开的国务院常务会议通过了《"互联网＋"行动指导意见》（下称《意见》）。"互联网＋"这一新兴产业模式正式成为中国的国家行动计划。2015 年 7 月 1 日国务院发布的《关于积极推进"互联网＋"行动的指导意见》明确提出"互联网＋"智慧能源，这里"＋"的是智慧能源，而不是仅限于已有的智能电网、能源互联网现有概念，具有更深刻含义，包含了我国能源创新的核心竞争力。因此在智能发电技术领域开展云计算技术研究已经刻不容缓，能够在保证现有电力系统硬件基础设施基本不变的情况下，对当前系统的数据资源和处理器资源进行整合，从而大幅提高网内机组对特高压电网实时响应和高级分析的能力，为智能电网技术的发展提供有效的支持。

火电机组 DCS 系统实时控制的运行数据点在 10 000 点以上，对于每时每刻都在产生的实时数据，已经能够达到海量数据级别。传统的方法无法为运行人员提供更为丰富的三维立体数据互动关系，只能根据生产过程经验判断；火电机组过程控制，是一个复杂的多变量的过程控制系统，传统的方法由于被控对象本身信息不足，均是以先验知识和局部知识为基础的，无法发现深层次的数据关系；电网调度人员之前只能通过调度指令来对电厂进行经验性操作，无法深入了解发电机组的内部具体情况，从而做出对电网整体性能最优的调度决策，网侧和源侧缺乏直观有效的沟通机制。

在河北南网，利用成果和方法实现了河北南网主力发电机组的实际数据与调度仿真模型对接，有机紧密地将生产实际与科研联系起来，同时结合电网运行的可靠性和解决遇到的各种问题初步分析，并开展了系列化的优化策略体系研究。利用网源协调数据骨干度可视化分析方法，建立了河北南部电网网源能量平衡仿真调度平台，制定了电网安全稳定裕度评价体系，最终达到以生产带来的效益推动科技研发的目的，进一步促进科研成果的孵化，开启了"以科研奠定生产，以生产促进科研"的良性循环的研发模式。通过整合先进控制策略的迭代优化工作，减少调试时间和增加试验安全性，同时取得了较好的经济效益。

网源协调数据骨干度可视化分析方法，将原有的机组仿真平台改进为可以满足电网调度验证的试验仿真平台,针对河北南部电网内所有机组建立网源协调仿真模型,使仿真平台成为可以真正服务于电网调度运行的技术支撑平台;应用基于R语言的超临界机组增网源协调数据骨干度可视化分析方法对电网调度试验划分边界进行仿真建模评估后,将网内机组响应电网调度平均速率提高了7%,缩减机组运行成本5%;电网安全稳定裕度提高了11%,对机组和电网冲击幅度降低了81%。

11.1.1 技术领域

本节内容属于智能电网的云计算领域,具体涉及一种云可视化机网协调控制响应特性数据挖掘方法。

11.1.2 背景技术

火电机组DCS系统实时控制的运行数据点在10 000点以上,对于每时每刻都在产生的实时数据,已经能够达到海量数据级别。在以往常规的控制过程中,海量的实时数据都是以2D平面的关系映射到运行画面上,或者根据传统控制方案和现代控制理论,采用其中有限的一组关键运行数据点,作为运行和监控方案的输入输出,提供给运行人员和DCS机组进行合理的控制;传统的方法无法提供运行人员更为丰富的三维立体数据互动关系,只能根据生产过程经验判断。

火电机组过程控制,是一个复杂的多变量的过程控制系统,关键的运行数据,比如主汽温和主汽压,往往是经过一个比较明显的滞后时间后,才会发生相应的变化,而给实际控制性能带来影响,对循环流化床锅炉的机组尤其如此。归根到底,是由于被控对象本身信息不足引起的;而传统的方法,都是基于热力平衡关系或者传递函数关系得出的分析模型,均是以先验知识和局部知识为基础的,无法发现深层次的数据关系。

火电机组信息复杂,技术门槛高,电网调度人员之前只能通过调度指令来对电厂进行经验性操作,无法深入了解发电机组的内部具体情况,从而作出对电网整体性能最优的调度决策,网侧和源侧缺乏直观有效的沟通机制。

11.1.3 方案内容

本方案所要解决的技术问题是提供了一种符合机组网源协调实际生产、能够反映电网最优调度决策的云可视化机网协调控制响应特性数据挖掘方法。为解决上述问题,所采取的技术方案是:一种云可视化机网协调控制响应特性数据挖掘方法,实施例以600MW超临界机组为例,进行网源协调可视化数据挖掘分析。

1. 具体实施步骤

(1) 在在线热力性能数据校验处理分析平台基础上,实时采集机组的热力性能数据并对所采集机组的热力性能数据进行规范化校验;

(2) 实现机理仿真模型建立:在机组建模过程中将其划分为不同的功能组,对每个功能组建立子模型,所述子模型建好后通过模型合并,搭建出整个机组模型;

(3) 对机理仿真模型进行热力性能精度校验:将在线热力性能数据校验处理分析平台采集到的实时机组的热力性能数据输入(2)中的机理模型仿真模型,通过机理仿真模型计算得到热力性能指标计算值,对热力性能指标计算值与最优热力性能曲线求得偏差 A,对机理仿真模型中已输入的热力性能指标理想值与最优热力性能曲线求得偏差 B,针对同一功率所对应的偏差 A 和偏差 B 进行比较,判断并采用偏差 A 和偏差 B 中较小值所对应的热力性能指标,得到最优机理仿真模型。

(4) 根据机网协调控制原理,确定机网协调控制响应特性为响应时间 k_i;机网协调响应时间的变化由各控制指标的独立变化所引起的响应变化速率叠加而成,从(3)的最优机理仿真模型中获取样本,建立如下机网协调控制响应特性方程如下(11-1):

$$k_i = \sum_{i=1}^{n}(a_i x_i^2 + b_i x_i + c_i), i = 1, 2, \cdots, n \tag{11-1}$$

其中,k_i 为机网协调 AGC 响应时间;x_i 为影响机网协调 AGC 响应时间的控制指标的变化速率;n 为采集数据样本的个数。

(5) 确定机网协调响应特性的原始样本数据矩阵 $R_{n \times p}$,其中脚标 p 为影响机网协调 AGC 响应时间的控制指标的个数;对原始样本数据矩阵 $R_{n \times p}$ 中的每个值进行标准化归一处理的计算公式(11-2)如下,消除数据不同量级对计算的影响。

$$\dot{x}_{ij} = \frac{x_{ij} - E(x_{ij})}{\sqrt{\mathrm{var}(x_{ij})}}, i = 1, 2, 3, \cdots, n; j = 1, 2, 3, \cdots, p \tag{11-2}$$

其中,x_{ij} 为原始样本数据矩阵 $R_{n \times p}$ 中第 i 样本的第 j 个控制指标原始数据;$\dot{x}_{ij}$ 为标准化归一处理后的值;$E(x_{ij})$ 为原始样本数据矩阵 $R_{n \times p}$ 中第 j 个控制指标原始样本数据的平均值;$\sqrt{\mathrm{var}(x_{ij})}$ 为第 j 个控制指标原始样本数据方差;原始样本数据矩阵 $R_{n \times p}$ 中的每个值标准化归一处理后得到矩阵 R^*。

(6) 在 labview 平台上,使用矩阵和簇工具箱,求解矩阵 R^*,获得机网协调控制响应特性 $y_1, y_2, \cdots, y_p$ 个主成分,同时得到 p 个非负的特征值,将所述 p 个非负的特征值从大到小排列为 $\lambda_1, \lambda_2, \cdots, \lambda_p$,同时得到分别与 $\lambda_1, \lambda_2, \cdots, \lambda_p$ 对应的特征向量 $u_1, u_2, \cdots, u_p$。

(7) 利用步骤 6 中从大到小排列的特征值 $\lambda_1, \lambda_2, \cdots, \lambda_p$,计算满足累积方差贡献率 $\alpha(k)$ 大于 80% 所对应的 k 值,计算公式(11-3)如下。

$$\alpha(k) = \frac{\sum_{i=1}^{k}\lambda_i}{\left[\sum_{i=1}^{p}\lambda_i\right]} > 80\%, 1 \leqslant k \leqslant p \tag{11-3}$$

求得 k 值后,取 $\lambda_1, \lambda_2, \cdots, \lambda_p$ 中前 k 个特征值所对应的主成分代替原来 p 个主成分。

(8) 以机网协调控制响应特性前 k 个特征值所对应的主成分为基础,在 R 语言平台,对(3)的仿真模型数据进行聚类可视化分析,采用 k-medoids 聚类方法,根据(3)的仿真模型数据,绘制机网协调控制响应特性主成分数据散点图。

(9) 以(8)中所述网源能量平衡主成分数据散点图为基础,根据主成分特征值关联程度,绘制机网协调控制响应特性数据骨干度可视化模型图。

所述(2)中不同的功能组包括风烟系统、主蒸汽系统、高压缸及高旁系统、高压缸及高旁系统、高加及抽汽系统。

所述(4)中影响机网协调 AGC 响应时间的控制指标包括锅炉控制指标和汽机控制指标。

所述锅炉控制指标包括：主蒸汽压力、主蒸汽温度、磨煤机出口温度、烟气排烟温度、一次风温度、二次风温度、炉膛负压、再热器入口温度、再热器出口温度、省煤器入口温度、省煤器出口温度、烟气含氧量、主给水温度和过热度。

所述汽机控制指标包括：调节级压力、调节级温度、♯1高加排汽压力、♯1高加排汽温度、♯2高加排汽压力、♯2高加排汽温度、♯3高加排汽压力、♯3高加排汽温度、♯4除氧器排汽压力、♯4除氧器排汽温度、♯5低加排汽压力、♯5低加排汽温度、♯6低加排汽压力、♯6低加排汽温度、♯7低加排汽压力、♯7低加排汽温度、凝结水温度和凝结水真空度。

所述(9)中采用 labview 语言将所有数据转换成 CSV 格式，供 R 语言使用。将在线机组数据和仿真模型对接，建立实际机组特性相似度满足精度要求的仿真。

采用上述技术方案所产生的有益效果在于：本方法实现了按照网内运行机组响应网侧能量需求调度的云可视化数据挖掘仿真技术和仿真平台进行实时数据传输，将仿真平台调制至和实际机组与电网特性逼近，验证高级优化算法并建立网源安全稳定裕度评估体系，为电网调度服务。

2. 模型的具体方法

将在线机组数据按照工况分为若干工况预置条件，首先按照任一工况运行静态数据对机组进行仿真设计校验，使得仿真模型的设计工况满足实际生产试验的精度要求，比如原有仿真模型只要求在50%和100%负荷工况满足仿真操作要求精度即可，那么为了满足仿真试验的要求，就进一步将仿真机工况细分，以10%为档位，分别设置10%、30%、50%、70%、100%等负荷工况条件，需要将机组在线数据对仿真模型进行修正，提高模型的精确性和可用性；其次，针对所述仿真模型的动态特性，利用在线机组数据和仿真模型输出数据的偏差，迭代优化最优的仿真模型参数数值，完成实际机组特性相似度满足精度要求的仿真模型。

对数据进行预处理的具体方法如下：根据网源能量平衡的关系，将仿真模型的所有有关网源协调数据的原始变量进行标准化处理；输入原始数据矩阵或相关系数矩阵列到 principal()和 fa()函数中，在计算前确保数据中没有缺失值。

在新华 OC6000E 仿真平台上，基于实际机组特性高度吻合的600MW 超临界火电机组仿真模型，针对网源协调控制回路，使用 R 语言平台对网源协调控制回路产生的海量实时数据进行主成分分析和 k-medoids 聚类分析，最终确立基于骨干度的网源协调数据云可视化深度数据挖掘方法。

11.2 基于电力数据分析的河北南网电力市场化风险对冲方法

随着电力市场化改革的深度开展，发电、用电、配电各方企业，迫切需要一种能够迅速反应市场供求情况的价格发现工具，帮助电力价格从国家定价模式转化为市场定价模式。由于电力不能存储的特殊性，无法采用常规方式来进行电价市场化调节，所以采用金融资本市场作为电力行业改革和发展的突破口，加快电力市场化的进程，成为必行之路。本节从电网对发电侧、用电侧两个方向进行开展电力期货可行性分析，提出切实可行的河北南网电力市场化风险对冲方法。

在传统的电力工业管理体制下,政府统一管理电价,电价的波动很小,几乎没有独立发、输、配电企业,因此不会面临由于电价波动造成的风险。但随着电力体制向市场化方向改革的进行,电力市场中批发电价和零售电价都将逐步放开。

2015年11月30日,《中共中央国务院关于进一步深化电力体制改革若干意见》公布以来,新一轮电力体制改革正向核心区快速推进。

发电和售电环节引入竞争,建立购售电竞争新格局;建立市场化价格机制,引导资源优化配置电价;建立"管住中间、放开两头"的体制架构在发电侧和售电侧引入竞争机制,将建立购售电竞争新的格局。在可竞争环节充分引入竞争,符合准入条件的发电企业、售电公司和用户可自主选择交易对象,确定交易量和价格,打破电网企业单一购售电的局面,形成"多买方—多卖方"的市场竞争格局;电价通过市场竞价方式来确定,将不可避免地导致市场价格的波动。日内负荷处于高峰时的实时电价与负荷处于低谷时的实时电价可以相差几倍,而不同日期、不同月份的电价则相差更大。由此带来的电价的剧烈波动将使电力市场的参与者面临巨大的价格风险。事实证明,电力市场一旦出现大的价格风险,其严重程度一点也不亚于国际金融业中一些十分著名的金融风险事件。

价格是资源配置最重要的手段,计划经济条件下,价格信号是失真的,不可能实现资源的优化配置;进入市场经济后,单一的现货市场也无法实现;只有期货市场与现货市场相结合,才能使资源的优化配置得到充分实现。缺乏期货市场的预期价格,政府只能根据现货价格进行宏观调控,电力发展缺乏科学的规划能力,造成社会资源的巨大浪费。期货市场产生的价格具有真实性、超前性和权威性。政府可以依据其来确定和调整宏观经济政策,引导企业调整生产经营规模与方向,使其符合国家宏观经济发展的需要。

11.2.1 电网对发电侧市场化风险对冲分析

为了更科学、严谨地推进煤电联动以及更准确地监测电煤价格,国家发改委于2015年9月30日推出中国电煤价格指数,作为煤电联动价格基础。

对煤电价格实行区间联动。以5 000大卡/千克代表规格品电煤价格为标准,当周期内电煤价格与基准煤价相比波动不超过每吨30元(含)的,成本变化由发电企业自行消纳,不启动联动机制。当周期内电煤价格与基准煤价相比波动超过每吨30元的,对超过部分实施分档累退联动,即当煤价波动超过每吨30元且不超过60元(含)的部分,联动系数为1;煤价波动超过每吨60元且不超过100元(含)的部分,联动系数为0.9;煤价波动超过每吨100元且不超过150元(含)的部分,联动系数为0.8;煤价波动超过每吨150元的部分不再联动。按此测算后的上网电价调整水平不足每千瓦时0.2分钱的,当年不实施联动机制,调价金额并入下一周期累计计算。按煤电价格联动机制调整的上网电价和销售电价于每年1月1日实施。

以此次全国燃煤发电上网电价下调3分钱为例,煤价将有50元/吨左右的下调空间,后期幅度有可能更大。也就是说,煤价下调引发电价下调时,将会压缩煤电企业利润,对煤电企业均为利空消息。反之,当煤价上涨触发煤电联动机制时,煤价上涨依然提高煤企收入,而电价上涨将提高电力企业收入,利好煤电企业。

新的煤电联动机制则直接提到工商业用电价格相应调整,对降低企业成本有好处。最新的煤电联动价格机制是基于现货的一种风险对冲方法,要求电网公司和发电企业必须 100% 从现货市场购电购煤，无法提供反映长期供求关系的价格信号。一旦发生长期的下跌局面，则对电网企业和发电企业造成长期的不利影响，所以经过分析，采用动力煤期货合约和焦煤期货合约，分析动力煤和焦煤的期货价格走势，根据季节性规律和统计套利回归，利用期货价格发现功能，合理的参与动力煤和焦煤期货，可以对冲煤电联动的风险，具体如表 11-1 所示。

表 11-1 电力风险对冲煤电联动关系示意表

	煤炭企业	发电企业	电网企业
风险对冲方法	煤电联动的同时，根据期货发现远期煤炭下跌前兆，做空动力煤期货和焦煤期货空头头寸，对冲煤炭现货下跌带来的风险，同时在现货跌势稳定后，逐步建立期货多头头寸，以弥补煤炭企业因为市场不景气带来的利润损失	根据季节性规律，在淡季做多动力煤期货，在旺季做空动力煤期货，期现套保规避风险	根据季节性规律和统计套利回归，在淡季等待统计套利底部回归做多动力煤期货，在旺季等待统计套利顶点回归动力煤期货，利用煤电联动机制，规避风险

11.2.2 电网对用电侧市场化风险对冲分析

由于工业用电远超于民用电，所以在本章中，用电企业以工业用电企业为研究对象，煤炭企业作为特殊的用电企业另作讨论，发电企业主要以火力发电分析。在实际社会生产体系中，关系如下：

煤炭企业→火电厂→电网输配→工业用电企业

根据生产供求关系，存在能体现电价的关联组合，如表 11-2 所示。

表 11-2 电网对用电侧市场化风险对冲组合表

电网	煤炭	钢铁	化工	焦化
煤电联动	动力煤/焦煤	动力煤/螺纹钢	动力煤/（塑料、聚丙烯、PTA）	动力煤/焦炭

以上各品种在期货市场中均存在相对应的品种。这就为采用金融手段建立对冲机制提供了现实可能性。

季节性图表法是指在研究价格季节性变动时，计算出相应的价格变动指标，并绘制成图表来发现商品的季节性变动模式。它主要包括的指标有上涨年数百分比、月度收益率、平均最大涨幅与平均最大跌幅、平均百分比等。

(1) 月度收益率＝(本月底价格－上月底价格)/上月底价格
(2) 最大涨幅＝期间最高价－期初价
(3) 最大跌幅＝期间最低价－期初价
(4) 期初百分比＝(期初价格－该期最低价)/(该期最高价价格－该期最低价)
(5) 期末百分比＝(期末价格－该期最低价)/(该期最高价价格－该期最低价)

运用季节图表法可以对煤钢焦化工价格的季节运行规律进行分析，总结出动力煤及其上下游价格在一年中不同月份的强弱关系，并对三者之间的季节性传导及主导这种传导机制的钢铁和化工行业的季节性进行指导。

按照以上方法，结合煤电联动机制可以建立电网与用电企业的风险对冲关系。

由于商品的供需层面存在着某些季节性变化特点,即随着季节的转换商品供给或需求的增减趋势相对固定,这些商品的价格也因此带有季节性波动特性,我们将这种波动特性称为季节性波动规律。

下面以动力煤和铜为分析对象进行煤电联动季节性分析。季节性分析的基本逻辑为:淡旺季交替形式的价格波动。

1. 动力煤季节性规律分析

动力煤跨季节风险对冲基本逻辑:淡旺季交替形成的价格波动。

动力煤活跃的三个合约1月、5月、9月在时间跨度上恰好经历几个季节性波动周期:旺季夏季用电高峰和冬储用煤高峰。

夏季用电高峰源自工业用电与居民商户用电高峰的叠加,夏季高温时期空调的广泛使用及工厂生产及降温措施通常是夏季耗电的主要因素,由于中国主要发电来源于火电,因此7、8月份也是煤炭需求旺盛的季节。

冬储用煤高峰主要源自冬季取暖用煤的增加及春节放假的生产安排。进入冬季以后取暖用煤需求增加,在北方,都有冬季屯煤的习惯。每年2月份前后,多数煤矿安排放假,即使生产也考虑到安全性问题而减少产量,港口作业几乎停滞。通常进入十月份冬储活动就开始了,一直持续到12月月底,旺季结束。

穿插在两个旺季之间是淡季,通常用煤下降,港口船只数量较少,价格也进入低谷。

动力煤的三个活跃合约1、5、9月份合约,交割期处于一个旺季1月和两个淡季5月和9月之间。随着交割期的临近旺季合约价格贴近现货而淡季合约价格下跌,价差逐渐拉开。形成独特的套利风险对冲机会。图11-1显示临近旺季合约和淡季合约价差逐渐放大,形成套利风险对冲机会。

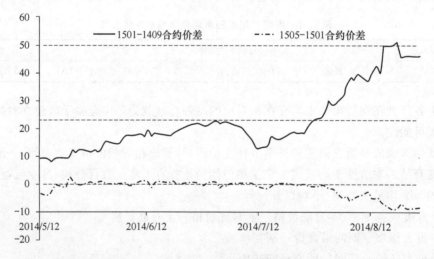

图 11-1　动力煤跨期季节性风险对冲分析图

2. 铜季节性周期规律分析

如图11-2所示,每年的2月份到5月月初,铜消费处于春季旺季,铜价通常持续大幅走高,一年当中的最高点也常常出现在这个阶段;随后春季高峰结束,到6月中旬期间,铜价常常会经历较大幅度的调整;接着铜价一年中的第二轮上涨开始,一般从6月月底持续到9月份,迎来秋季消费高峰,涨幅通常不及春季旺季,现年内次高点;随后铜价回落,进入休整阶段,这一阶段的调整持续的时间往往较长。

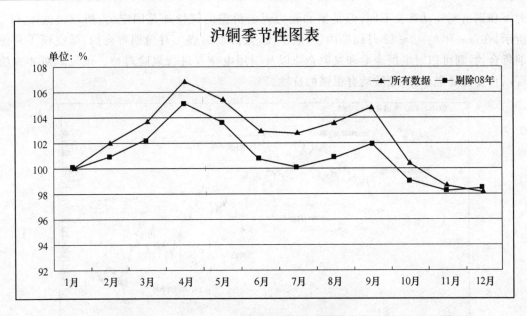

图 11-2 铜季节性风险对冲分析图

对以往 16 年数据进行了涨跌概率的统计,如表 11-3 所示。

表 11-3 铜历年风险分析统计概率表

月份	上涨概率	平均涨幅	上涨年数	下跌年数
1月	75.00%	2.40%	12	4
2月	68.75%	2.61%	11	5
3月	68.75%	2.26%	11	5
4月	50.00%	3.65%	8	8
5月	31.25%	−0.62%	5	11
6月	43.75%	−1.77%	7	9
7月	62.50%	0.44%	10	6
8月	62.50%	1.45%	10	6
9月	68.75%	1.69%	11	5
10月	31.25%	−3.55%	5	11
11月	56.25%	−1.17%	9	7
12月	50.00%	0.21%	8	8

3. 动力煤铜季节性风险对冲分析

可以从上面的对动力煤和铜的季节性规律分析看出,从 2013—2015 年,每一年的 10 月中旬开始,到 12 月上旬,都会有规律地出现铜和动力煤的价差的下跌,即使当时时间段的动力煤和铜出现波动都会不同,但是铜和动力煤的价差的规律却是固定的,所以根据图 11-3 所示,在每一年的 10~12 月周期内,采取手段,做多动力煤 1 月份期货合约,做空铜 1 月份期货合约,则可以对电网企业和发电企业以及铜用电企业进行风险对冲。该风险对冲方法可以重复且稳定,对风险波动有很强的抗性。

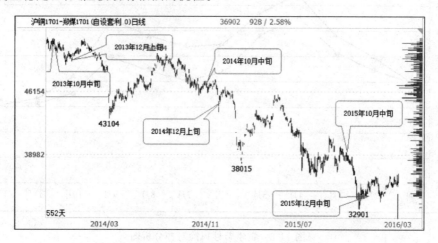

图 11-3 动力煤 & 铜季节性风险对冲分析图

11.2.3 基于方差偏离规律的统计套利对冲方法

统计套利策略是一种市场中性策略,它通过对相关品种进行对冲来获得与市场相独立的稳定性收益。统计套利策略背后的基本思想就是均值回归,也就是说两个相关性很高的投资标的价格之间如果存在着某种稳定性的关系,那么当它们的价格出现背离走势的时候就会存在套利机会,因为这种背离的走势在未来会得到纠正。在实际投资中,在价格出现背离走势的时候买进表现相对差的,卖出表现相对好的,就可以期待在未来当这种背离趋势得到纠正时获得相对稳定的收益。

不过单纯的统计套利存在一定的问题,即单纯的数学方差统计判断风险对冲的方式,由于存在相当程度的统计随机波动性,并不是完全适用于实际操作环境,因此综合季节性风险对冲分析方法,对统计套利体系进行周期和方向性的筛选,可以提高风险对冲体系的可行性。

首先,建立风险对冲的监控体系,对各种风险对冲组合进行实时监控,如图 11-4 所示。

其次,在季节性规律的前提下,对风险对冲组合进行统计套利对冲分析。以动力煤和铜为例,可以看到如图 11-5 所示,该策略是可以在已经确定明确季节性规律的前提下获得统计对冲风险收益的成功。

本节从电网对发电侧、电网对用电侧两个方向进行开展电力市场化风险应对开展可行性分析,提出切实可行的河北南网电力市场化风险对冲方法。提出了一种基于季节性规律的风险对冲方法,进一步提出一种基于方差偏离规律的统计套利风险对冲方法。并开发了一套完整的风险对冲工具,可以实时通过对电网侧、发电侧、用电侧各期货相关品种的分析跟踪,利用金融手段合理有效的实施风险对冲,用以达到帮助电力价格从国家定价模式转化为市场定价模式的目的。

同品种对冲	主力	次主力	价差模式	价差	持仓量比	相关性	波动率	冲击成本	价差走势
PTA	TA1605	TA1609	协整	0.79	0.19	92.1%	0.007		
菜油	OI1605	OI1609	协整	-1.57	0.79	85.3%	0.007		
动力煤	ZC1605	ZC1701	协整	1.32	16.61	88.3%	0.015		
菜粕	RM1605	RM1609	协整	-1.59	0.58	89.8%	0.009		
强麦	WH1605	WH1705	协整	#DIV/0!	1.00	100.0%	0.000		
白糖	SR1605	SR1609	协整	-0.32	1.17	98.0%	0.004		
棉花	CF1609	CF1701	协整	0.00	0.39	91.2%	0.017		
早籼稻	RI1605	RI1607	协整	#NUM!	3.33	91.2%	1.555		
郑醇	MA1605	MA1609	协整	-0.50	0.14	97.7%	0.008		
玻璃	FG1605	FG1609	协整	0.84	0.16	97.0%	0.009		
PVC	V1605	V1609	协整	0.39	0.24	99.5%	0.004		
棕榈	P1605	P1609	协整	0.69	0.37	94.7%	0.009		
豆粕	M1605	M1609	协整	0.88	1.10	89.7%	0.009		
铁矿石	I1605	I1609	协整	-2.97	0.41	99.0%	0.012		
鸡蛋	JD1605	JD1609	协整	-1.01	0.30	68.3%	0.019		
PP	PP1605	PP1609	协整	-3.13	0.40	99.0%	0.008		
塑料	L1605	L1609	协整	-2.20	0.38	99.4%	0.007	5	
豆油	Y1605	Y1609	协整	-1.57	0.87	93.4%	0.005		
玉米	C1609	C1701	协整	-1.08	0.88	77.2%	0.019		
豆一	A1605	A1609	协整	2.33	0.70	97.4%	0.006	2	
焦炭	J1605	J1609	协整	-2.30	0.33	99.2%	0.006	1	
焦煤	JM1605	JM1609	协整	-2.26	0.27	98.2%	0.009	0	
沪铝	AL1605	AL1604	协整	0.79	0.51	99.7%	0.002		
橡胶	RU1605	RU1609	协整	-0.48	0.59	79.6%	0.015		
沪锌	ZN1605	ZN1604	协整	1.12	0.66	100.0%	0.001		
沪铜	CU1605	CU1701	协整	2.35	55.63	58.4%	0.013	100	
黄金	AU1606	AU1612	协整	0.37	0.10	100.0%	0.001		
螺纹钢	RB1605	RB1610	协整	-2.18	0.68	99.5%	0.005	1	
沪铅	PB1604	PB1605	协整	0.09	0.73	98.3%	0.006		
白银	AG1606	AG1612	协整	-0.33	0.02	97.8%	0.004		

跨品种对冲		品种1	品种2	价差模式	价差	相关性	波动率	冲击成本	价差走势
金属	沪铜/沪铝	CU1605	AL1605	协整	2.36	73.8%	0.011	95	
	沪铜/沪锌	CU1605	ZN1605	协整	2.52	86.9%	0.008	95	
	沪铜/沪铅	CU1605	PB1604	协整	3.06	88.4%	0.008	90	
	沪铝/沪锌	AL1605	ZN1605	协整	0.28	89.1%	0.012		
	沪铝/沪铅	AL1605	PB1604	协整	0.81	83.8%	0.014		
	沪锌/沪铅	ZN1605	PB1604	协整	1.08	95.1%	0.013		
	黄金/白银	AU1606	AG1606	协整	2.92	82.4%	0.030	1.05	

图 11-4　风险对冲组合实时监控系统

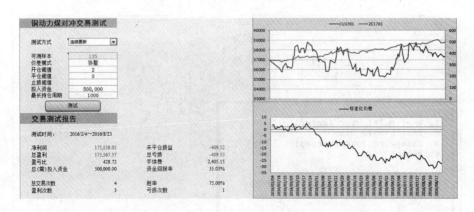

图 11-5　风险对冲组合品种关联度分析示意图

本 章 小 结

大数据思维在电力系统中的应用尚有很大空间可以挖掘，本章提出了两种方法对电力大数据进行挖掘分析，希望能对读者有抛砖引玉的启示。

附录 FreeBSD 操作系统安装

在 FreeBSD 上有许多免费的软件,这些软件大都已移植收录于 FreeBSD ports 中,这就使得 FreeBSD 的安装变得十分轻松。除了传统的光盘安装外,也可以使用网络安装、MS-DOS 分割区安装等。当然,我们也可以在计算机中同时安装多种不同的操作系统,例如 Windows XP 和 FreeBSD 同时并存也是件非常容易的事情。在这里我们主要介绍如何使用光盘进行安装。注意,本例子是使用整个硬盘来创建的,这样做之后原硬盘的所有数据都将丢失,所以安装之前一定要考虑清楚,有必要的话最好把重要的数据都复制下来!

安装前的准备:FreeBSD 的光盘一张,如果没有可以到 www.freebsd.org 下载一张最新版本的镜像文件(ISO)。

然后设置主版以及光驱的启动,具体操作如下:

首先,在开机时按 DEL 键,在 ADVANCED 选项中把第一启动改为 cd-rom,然后放入光盘并重新启动电脑,此时就会看到下面的界面,如图 1 所示。

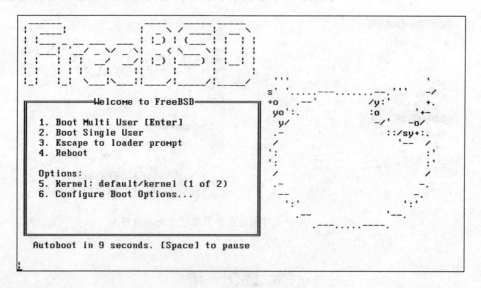

图 1

此时进入到了安装模式,等待几秒后会自动进入下一个界面。由于 FreeBSD 是以文本模式进行安装的,初学者可能不太习惯,但是认真学习,会发现其实它很简单,也很安全。

注意:选项之间的选择是通过键盘的方向键或 Tab 键进行切换的,按回车键表示选择默认方式。

通过鼠标上下键选 45 China,然后切换到 OK,按回车键,如图 2 所示。

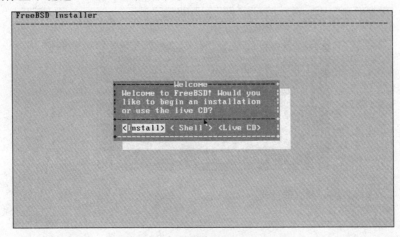

图 2

接下来是键盘布局选择,这里选默认,按回车键,如图 3 所示。

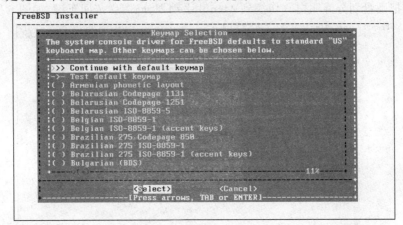

图 3

通过键盘输入 hostname,按回车,如图 4 所示。

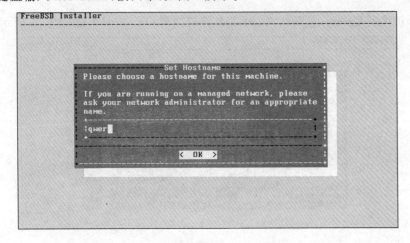

图 4

进入下一步后,选择 OK,如图 5 所示。

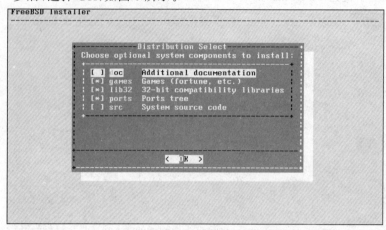

图 5

马上就要到最危险的地方了,一般数据的丢失都是由于这里的错误操作引起的,所以一定要认真地把硬盘划分弄明白。切换到 Manul 手动划分磁盘,按回车键,如图 6 所示。

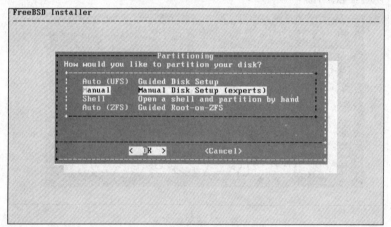

图 6

下一步切换到 Create,选默认项,用 Tab 键切换到 OK,按回车键,如图 7 所示。

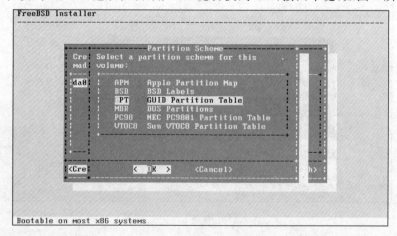

图 7

这里仍然选择 OK,按回车键,如图 8 所示。

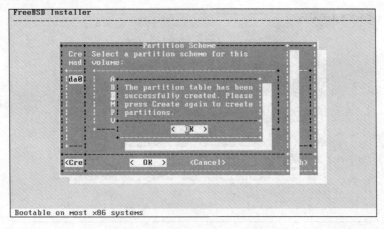

图 8

下面就要开始划分硬盘空间了,要特别注意这里的操作,不合理的划分可能会带来很多麻烦,一定小心。这里是分给:根目录"/"16G,交换分区"swap"4G。当然用户也完全可以根据自己的需求划分,一般 swap 是内存(RAM)的 2 倍,内存容量太大是没有必要的。用 Tab 切换到输入框,输入要划分的大小,例如这里写 16G,如图 9 和图 10 所示。

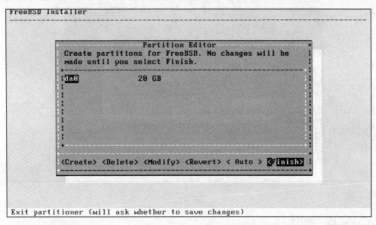

图 9

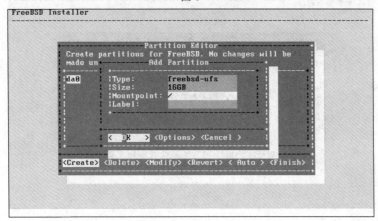

图 10

按回车键,如图 11 所示。

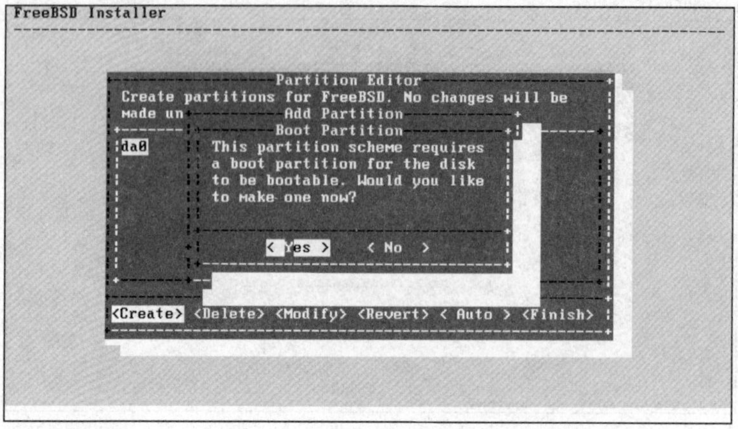

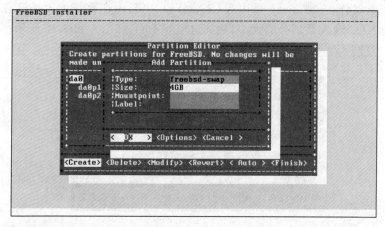

图 11

类似以上步骤,现在给 swap 划分空间,首先切换到 Create 创建,再切换到输入框,输入需要划分的大小(一般是物理内存(RAM)的 2 倍),这里输入的是 4G,如图 12 所示。

图 12

按 Q(Finish)完成,如图 13 所示。

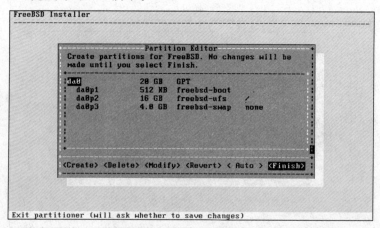

图 13

是否要提交所做的改变，按回车键继续，如图 14 所示。

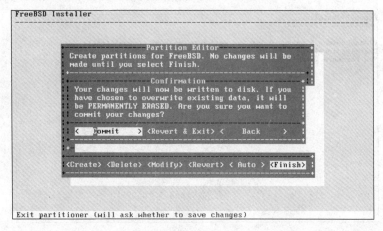

图 14

接下来，初始化硬盘分区及文件系统，如图 15 所示。

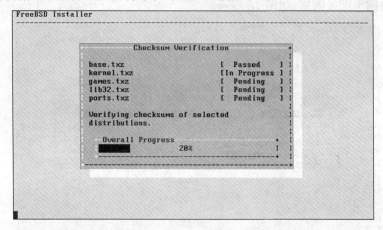

图 15

正在安装，需要等待一段时间（时间的长短和计算机的配置有关，我们可以通过看进度条来进行观察），如图 16 所示。

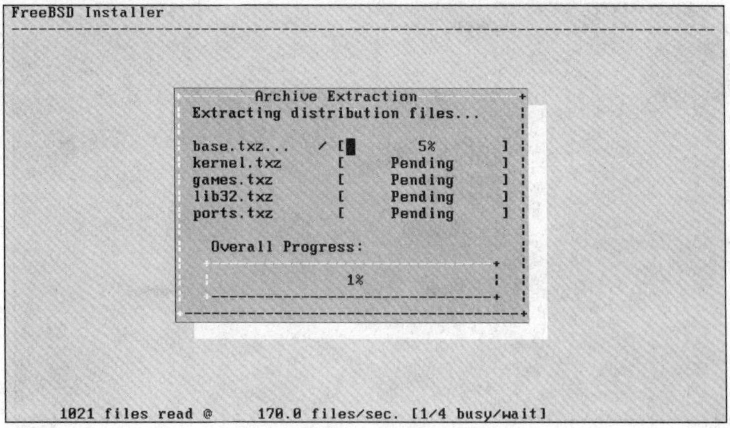

图 16

安装成功,提示输入密码,如图 17 所示。

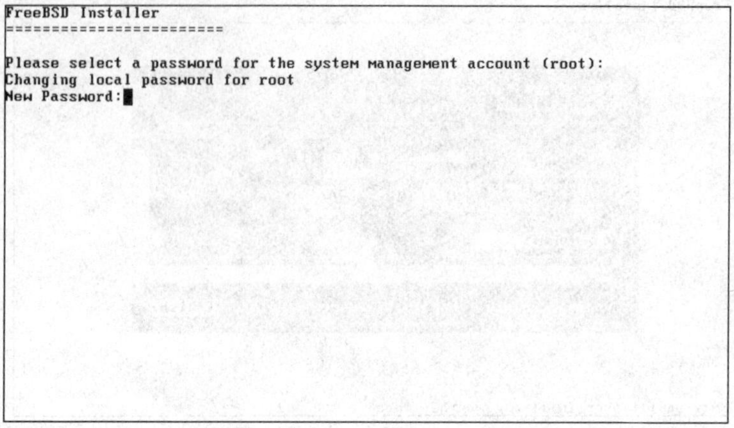

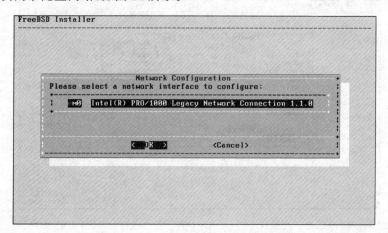

图 17

选择一块网卡配置网络,如图 18 所示。

图 18

配置 IP,选择 Yes,按回车键继续,如图 19 所示。

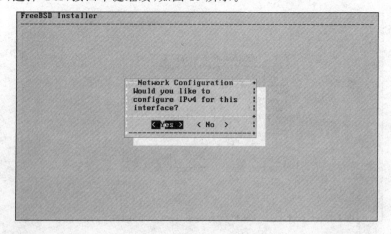

图 19

是否使用DHCP服务自动获取IP,选择Yes按回车键继续,如图20所示。

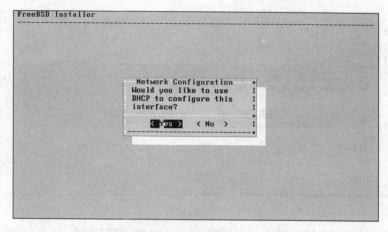

图20

是否要设置IPv6,选择No,按回车键继续,如图21所示。

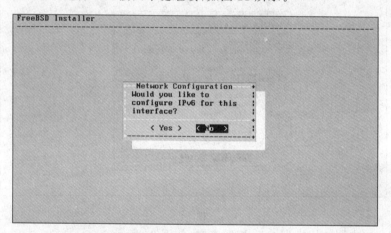

图21

配置DNS服务器,默认即可,按回车键,如图22所示。

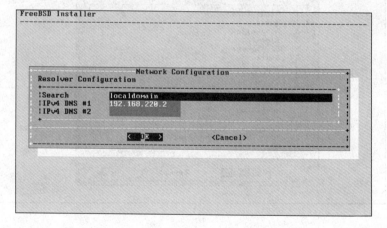

图22

设置时钟,切换到 No,按回车键继续,如图 23 所示。

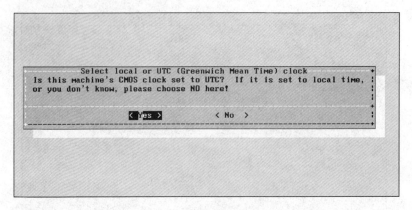

图 23

到这个界面,用方向键选择 Asia(亚洲),切换到 OK,按回车键,如图 24 所示。

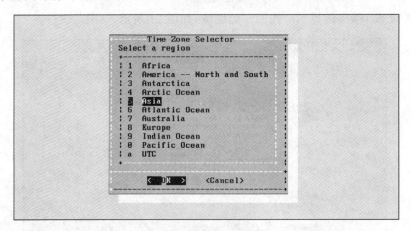

图 24

选择 China(中国),切换到 OK,按回车键,如图 25 所示。

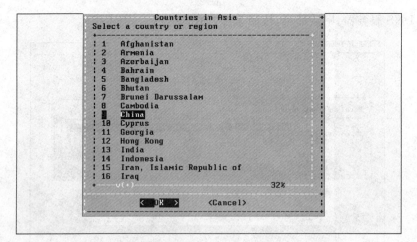

图 25

根据自己的地理位置进行选择,这里我们选 1,切换到 OK,按回车键,如图 26 所示。

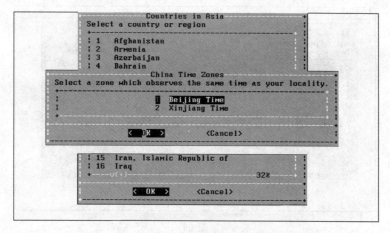

图 26

在选择开机自启动的服务,可以根据自己的情况进行选择,如图 27 所示。

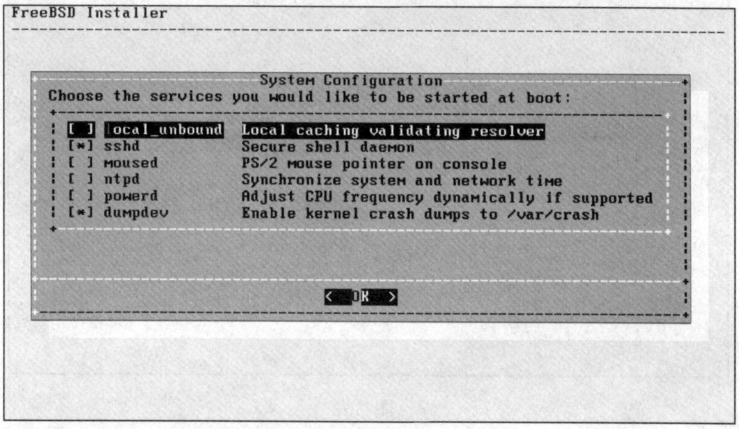

图 27

询问是否要添加新用户,选择 No,如图 28 所示。

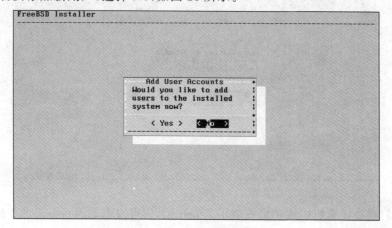

图 28

如果有还需要设置从这里可以重新进行设置,没有的话,按回车继续,如图 29 所示。

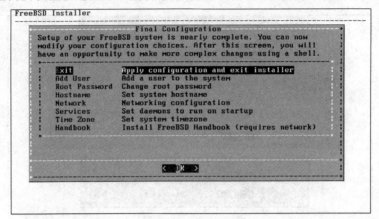

图 29

这里选择 No,按回车键继续,如图 30 所示。

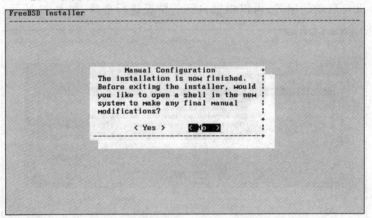

图 30

安装成功,选择 reboot 重启,按回车键继续,如图 31 所示。

图 31

到此我们就在计算机中成功地安装了 FreeBSD,你可以启动运行一下此系统,熟悉一下它的界面环境,实践一些基本的命令。